Kohlhammer | *Pflege*
Wissen und Praxis

W0345549

Die Autoren:

Angela Conzelmann ist Krankenschwester und war in der kardiologischen Abteilung des Klinikums Großhadern in München, auf der Stroke Unit der Universitätsklinik Tübingen und zuletzt in der Wendelsteinklinik, Privatklinik für Neurologie, Psychiatrie, Psychosomatik und Innere Medizin, tätig.

Peter Manz ist Krankenpfleger mit der Fachweiterbildung Anästhesie und Intensivmedizin und arbeitet an der Universitätsklinik Tübingen. Hier war er bisher in der urologischen Intensivüberwachungseinheit, der anästhesiologischen Intensivstation, der Intensivüberwachungseinheit der Thorax-, Herz- und Gefäßchirurgie sowie der Stroke Unit tätig. Seit Januar 2003 ist er als Krankenpfleger in der Kinder- und Jugendpsychiatrie tätig.

C. von Arx ist Physiotherapeutin mit Zusatzausbildung im Bereich Neurologie und war u. a. an der Universitätsklinik Tübingen auf Intensivstationen und Stroke Unit tätig. Seit Anfang 2003 arbeitet sie im Bereich Frührehabilitation in Rheinfelden.

Angela Conzelmann
Peter Manz

Schlaganfall

Pflege in der Akutphase

Verlag W. Kohlhammer

Dieses Werk einschließlich aller seiner Teile ist urheberrechtlich geschützt. Jede Verwendung außerhalb der engen Grenzen des Urheberrechts ist ohne Zustimmung des Verlages unzulässig und strafbar. Das gilt insbesondere für Vervielfältigungen, Übersetzungen, Mikroverfilmungen und für die Einspeicherung und Verarbeitung in elektronischen Systemen.

Die Wiedergabe von Warenbezeichnungen, Handelsnamen oder sonstigen Kennzeichen in diesem Buch berechtigt nicht zu der Annahme, dass diese von jedermann frei benutzt werden dürfen. Vielmehr kann es sich auch dann um eingetragene Warenzeichen oder sonstige gesetzlich geschützte Kennzeichen handeln, wenn sie nicht eigens als solche gekennzeichnet sind.

1. Auflage 2003

Alle Rechte vorbehalten
© 2003 W. Kohlhammer GmbH Stuttgart
Umschlag: Gestaltungskonzept Peter Horlacher
Gesamtherstellung: W. Kohlhammer
Druckerei GmbH + Co. Stuttgart
Printed in Germany

ISBN 3-17-016326-4

Geleitwort

Kaum ein Gebiet der Medizin der großen Volkskrankheiten hat in den letzten Jahren einen größeren Wandel erlebt als die medizinische Versorgung von Schlaganfallpatienten. Der bis dato diagnostische und therapeutische Nihilismus ist einem aktiven Vorgehen gewichen, das bestrebt ist, in kürzester Zeit („Jede Minute zählt!") diagnostische Klarheit über die Ursache des Schlaganfalls zu schaffen, um gezielt akuttherapeutisch oder sekundärprophylaktisch vorgehen zu können. Entscheidend für diese Entwicklung waren das zunehmend bessere Verständnis um Schlaganfallursachen und Risikofaktoren, die Erkenntnis, dass frührehabilitative Maßnahmen effektiv sind, und die auf dem „Penumbra"-Konzept beruhende Einführung akuttherapeutischer Maßnahmen, insbesondere der Thrombolyse.

Hieraus ergibt sich zwangsläufig eine ernste Herausforderung für die medizinische Versorgung auf allen Ebenen. Während die akuten medizinischen Maßnahmen in vielen Publikationen ausreichend gewürdigt wurden, fehlte bisher eine zusammenfassende Darstellung der pflegerischen und therapeutischen Maßnahmen, die sowohl in der Akutsituation als auch in den Tagen nach dem Schlaganfall wesentlichen Anteil an der optimalen Versorgung von Schlaganfallpatienten haben. Diese Lücke schließt das hier vorgelegte Buch in didaktisch hervorragender Weise. Es soll insbesondere Pflegenden und Therapeuten aktuelle Informationen zur Versorgung von Schlaganfallpatienten für die tägliche praktische Arbeit an die Hand geben.

Karlsbad-Langensteinbach,
im Januar 2003

Prof. Dr. med. Michael Fetter
Leitender Arzt
der Abteilung Neurologie II
Klinikum Karlsbad-Langensteinbach

Vorwort

Der Schlaganfall stellt für viele Menschen neben der Diagnose Krebs das am häufigsten gefürchtete Krankheitsbild dar. Dies hängt u. a. damit zusammen, dass die scheinbar unumgänglichen Folgen des Hirnschlags, der wie ein Blitz, urplötzlich und mit aller Gewalt ins Leben einschlägt, von den meisten Menschen mit angstvollen Vorstellungen verbunden werden. Man assoziiert mit der Krankheit Schlaganfall stets Hilflosigkeit, Pflegebedürftigkeit und ein hoffnungsloses Ausgeliefertsein an das Schicksal, die umgebenden Menschen und die Situationen des Alltags. Es scheint, als ob man mit dieser Diagnose sein Selbstbestimmungsrecht an andere abgeben müsste – und das innerhalb von Sekunden.

Bisher selbstverständliche und alltägliche Tätigkeiten wie z. B. Essen, Trinken, zur Toilette gehen, sich bewegen, kommunizieren, ja eben sämtliche Aktivitäten des täglichen Lebens sind offensichtlich ganz oder teilweise verloren gegangen und müssen mühevoll, mit viel Kraft und unter oftmals großer Anstrengung, neu erlernt werden. Dass diese physischen Einschränkungen nicht ohne gravierende psychische Folgen bleiben, liegt auf der Hand.

Noch vor einigen Jahren wurden solche Patienten „schlagartig“ zum Pflegefall und blieben es auch meistens. Ein einheitliches medizinisch-therapeutisches Konzept gab es nicht, und die bis dahin vorhandenen Forschungsergebnisse reichten nicht aus, eine moderne und erfolgreiche Rehabilitationsbehandlung zu verwirklichen. Zum heutigen Zeitpunkt ist das Wissen in diesem Bereich enorm gewachsen. Man weiß jetzt, dass nur eine ganzheitliche Behandlung dem Patienten helfen kann, seine Funktionsdefizite wieder zu erlangen und so Schritt für Schritt zur Selbstständigkeit zurückzukehren.

Unsere Intention ist es, dieses ganzheitliche Behandlungskonzept, welches von der ersten Minute nach Eintreten der Schlaganfallsymptomatik an die absolute Grundlage für eine maximal erfolgreiche Rehabilitation ist, vorzustellen. Wir möchten aufzeigen, dass nur durch das Ineinandergreifen und Ausschöpfen aller therapeutischen Möglichkeiten eine effektive Behandlung und dauerhafte Wiedererlangung verloren gegangener Fähigkeiten des Betroffenen zu erzielen ist. Wir erheben keinen Anspruch auf Vollständigkeit, da ständig neue Erkenntnisse und Erfahrungen hinzukommen und somit die Präsentation eines endgültigen und lückenlosen Schemas in diesem Bereich nicht möglich ist. Dennoch glauben wir, mit diesem Buch eine gute und umfassende Grundlage für die Pflege von

Schlaganfallpatienten in der Akutphase gelegt zu haben, und wünschen allen Lesern, in diesem Werk einen nützlichen Begleiter für ihre tägliche Arbeit am und mit dem Patienten gefunden zu haben.

Bedanken möchten wir uns bei Herrn Prof. Dr. Fetter, der uns schon in den Anfängen dieses Buches unterstützte und für Fragen jederzeit offen war. Ebenso gilt unser Dank den Kolleginnen und Kollegen der Stroke Unit in der Uniklinik Tübingen, deren Interesse an unserem Buchprojekt auch oftmals neuen Ansporn für uns darstellte. Besondere, ständige und persönliche Begleiter waren Katja Streicher-Manz und Frank Conzelmann, die durch ihre emotionale Unterstützung und Motivation einen bedeutenden Anteil am Gelingen dieses Buches haben und deshalb für ihr Engagement und ihre Hilfe unseren herzlichsten Dank verdienen.

Sigmaringen und Tübingen,
im Frühjahr 2003

Angela Conzelmann
Peter Manz

Inhaltsverzeichnis

1 Theoretisches Grundwissen zur Stroke Unit

(A. Conzelmann)

1.1 Definition

Definition: Stroke Unit bedeutet übersetzt »Schlaganfalleinheit« und stellt die Bezeichnung für die in den letzten Jahren vermehrt entstandenen Intensiv-Überwachungseinheiten für Schlaganfallpatienten dar. Dies sind stationäre Spezialeinrichtungen, die sich die Umsetzung eines frühzeitigen Behandlungskonzeptes für Schlaganfallpatienten im Akutstadium zur Aufgabe gemacht haben. Dazu findet sich auf solchen Stationen ein speziell trainiertes Team, das Diagnostik, Therapie, Überwachung, optimale Pflege und frühzeitig einsetzende Krankengymnastik, Ergotherapie und Logopädie ganzheitlich verwirklicht. Eine apparative Ausstattung, die mit der auf Intensivstationen vergleichbar ist, bildet eine wesentliche Voraussetzung für eine solche Einrichtung.

1.2 Epidemiologie

Häufigkeit

- In Europa kommen auf 100 000 Personen ca. 150–300 Schlaganfallpatienten mit bleibenden Defiziten.
- In Deutschland rechnet man bundesweit mit bis zu 350 000 Schlaganfallpatienten pro Jahr.
- Über 70 000 von ihnen versterben (also über 20%), womit der Schlaganfall die dritthäufigste Todesursache nach kardiovaskulären Erkrankungen und Malignomen ist.
- Er steht jedoch an erster Stelle der Ursachen für schwere Behinderungen und Hilfsbedürftigkeit:
  - 30% der Überlebenden sind dauerhaft pflegebedürftig.
  - Nur 30% der Patienten können nach einem Schlaganfall beruflich und sozial wieder vollständig integriert werden.

Folgen

Daher sind die **sozialpolitischen Folgen** des Schlaganfalls besonders gravierend: Krankenhausaufenthalte, Rehabilitationsaufwand, Arbeitsausfall oder vorzeitige Berentung sowie meist lang bestehende Pflegebedürftigkeit erfordern einen hohen Kostenaufwand und stellen eine extreme psychische Belastung für die Betroffenen und Angehörigen dar. Effektivere Maßnahmen in der Frühbehandlung des Schlaganfalls sollen dazu beitragen, den Anteil der dauerhaft pflegebedürftigen Patienten nach einem Schlaganfall zu vermindern.

> **Merke:** Lt. Deutscher Schlaganfallstiftung könnten jährlich 120 000 Schlaganfälle durch frühzeitiges Erkennen, Präventivdiagnostik und -therapie vermieden werden. Besonders wichtig ist hierbei die Aufklärung der Bevölkerung und auch der Hausärzte, um ein frühzeitiges Erkennen der Symptome zu gewährleisten, um eine folgerichtige Handlungskette einleiten zu können.

1.3 Intentionen

Rückblick

Früher wurden Patienten mit dem Krankheitsbild Schlaganfall in der Regel auf internistische oder neurologische Stationen aufgenommen. Bei mangelhafter Therapie durch fehlende Therapiemöglichkeiten und nach wochenlanger Bettlägerigkeit blieben sie häufig ein **Pflegefall.**
Die ersten Mobilisationsversuche bei hemiplegischen Patienten zielten darauf ab, die vorhandenen Kräfte der nicht betroffenen Seite vermehrt zu unterstützen, um das Defizit der gegenüberliegenden Körperseite zu kompensieren. Dabei entstanden unphysiologische Bewegungs- und Haltungsmuster, die zudem durch ein einseitiges Behandlungskonzept herbeigeführt und verstärkt wurden. Dennoch akzeptierte man solche Zustände, die scheinbar unweigerlich zum Krankheitsbild des Schlaganfalls gehörten.
Die Entwicklung eines ganzheitlichen Behandlungskonzeptes in der Frührehabilitation verdanken wir dem Ehepaar **Bobath**, das bereits in den 40er-Jahren erkannte, dass die spezielle Lagerung und Bewegung der betroffenen plegischen Extremitäten zu einer deutlichen Spastikreduzierung führte, oder diese sogar ganz aufhebt.

Lyseverfahren

Medizinisch wurden Schlaganfallpatienten noch bis in die 90er-Jahre nicht hinreichend behandelt, da sich ein effektives Therapiekonzept bis zu diesem Zeitpunkt noch nicht durchsetzen konnte. Seit Mitte der 90er-Jahre beschäftigt man sich jedoch vermehrt mit dem **Lyseverfahren**, das im Bereich der Kardiologie bereits seit geraumer Zeit erfolgreich zur Behandlung des Herzinfarktes angewandt wird. Ferner hat man erkannt, dass eine Früherkennung des Krankheitsbilds und eine anschließende folgerichtige Handlungskette bezüglich Einweisung, Notfallaufnahme, Erstdiagnostik und -therapie Voraussetzungen zum Erzielen bestmöglicher klinischer Ergebnisse sind. Forschungsergebnisse und Klinik zeigen, dass eine optimale Erstversorgung des Patienten von größter Wichtigkeit ist: Die Vitalwerte, insbesondere Blutdruck, Blutzucker, Sauerstoffsättigung und Temperatur, sollen sich im optimalen Bereich eines speziell entwickelten Schemas befinden und ggf. nach den eigens für Schlaganfallpatienten definierten Richtwerten korrigiert werden. Untersuchungen wie CT,

Doppler und Angiographie sollen möglichst in den ersten drei Stunden nach dem Infarktgeschehen durchgeführt werden, damit ein Lyseverfahren in Betracht gezogen werden kann. Entscheidend für die Aufnahme auf eine Stroke Unit sind sog. **Ein-** und **Ausschlusskriterien.** Hierzu zählen v. a. der Zeitpunkt des Geschehens und die Art der Ischämie.
Lediglich Patienten, die die genannten Haupteigenschaften positiv erfüllen, sind für eine Lysetherapie geeignet.

1.3.1 Rückblick

Anfänge

Die ersten »Stroke-Units« wurden in den 60er-Jahren in den USA eingerichtet. Sie sollten eine Anlehnung an die »Coronary Care Units« darstellen, welche sich auf die Intensivbehandlung kardialer Krankheitsbilder, insbesondere des Herzinfarktes spezialisiert hatten.
Diese ersten Schlaganfall-Einheiten hatten jedoch eine geringe Erfolgsquote bzgl. der Therapie von Schlaganfallpatienten, und in einer Studie zeigte sich, dass weder die Frühmortalität noch die funktionellen Störungen und Ausfälle der Betroffenen positiv beeinflusst werden konnten. Dennoch konnten Diagnostik, Forschung und Fortbildungen für das Krankheitsbild Schlaganfall verbessert und Komplikationsraten gesenkt werden.
Die meisten klinischen Studien entstanden in den 70er-Jahren, als besonders in Skandinavien und England sog. Rehabilitations-Stroke-Units eingerichtet wurden. Man erreichte, dass die Patienten durch intensive Rehabilitation (im engeren Sinne Mobilisation) bessere funktionelle Ergebnisse erzielen konnten (z. B. Gehfähigkeit).

1.3.2 Entwicklungsstand heute

Aktueller Stand

In den 90er-Jahren wurde die Idee der »Intensive Care Stroke Units« aufgegriffen. In der BRD wurde sie erstmals als Kombinationsmodell aus Medizin, Pflege und Frührehabilitation von Prof. Diener in Essen realisiert. Im Wesentlichen handelt es sich um akute Schlaganfalldiagnostik und -therapie auf der einen und dem frühzeitigen Einsatz optimaler Pflege, Mobilisation und Rehabilitation auf der anderen Seite. Hinzu kommt der intensive Überwachungscharakter und -anspruch einer solchen Einheit.
Unterstützt wird dieses Modell von den neuesten Forschungserkenntnissen der Schlaganfall-Lysetherapie. Voraussetzung zur Durchführung dieser Therapie ist die bereits beschriebene, reibungslos funktionierende Handlungskette aus Früherkennung (insbesondere durch Angehörige und Hausärzte), Einweisung des Patienten direkt auf die Stroke Unit der Klinik, Notfallversorgung, Diagnostik und anschließender Therapie. In Stroke-Unit-Einheiten werden überwiegend Schlaganfallpatienten in der Akutphase behandelt. Sie sind ausschließlich auf Frühbehandlungsmaßnahmen spezialisiert. Hierzu gehören neben der »Erstversorgung« des Pa-

tienten mit Überwachung und Monitoring u. a. die Frühmobilisation und -rehabilitation.
In der Regel werden die Patienten zwei bis drei Tage auf der Station behandelt, um Rezidivinfarkte und instabile Allgemeinzustände zu verhindern bzw. zu behandeln.
Anschließend steht die Entscheidung der Verlegung an, womit der Stroke Unit auch eine Art »Verteilerfunktion« zukommt. Die Verlegung auf Allgemeinstationen, in spezielle Rehabilitationszentren, kleinere Kreiskrankenhäuser oder die Direktverlegung nach Hause sind Möglichkeiten, die in Betracht gezogen und individuell ausgewählt werden.
Nicht immer entwickelt sich das Krankheitsbild jedoch in die angestrebte Richtung, und so ist es erforderlich, die Grenzen einer Stroke Unit zu erkennen und richtig einzuschätzen, damit im Akutfall die Aufnahme auf eine Intensivstation jederzeit gewährleistet ist.
Neben der medizinischen Diagnostik und Therapie kommt der Pflege auf Stroke Unit-Stationen große Bedeutung zu. Sie stellt für die Intensivpflege eine völlig neue Herausforderung dar. Für die Tätigkeit einer Stroke Unit sollte das Pflegepersonal über eine fundierte Allgemeinausbildung hinaus über folgende Spezialkenntnisse verfügen:

Erforderliche Fachkenntnisse des Pflegepersonals

- ein breit gefächertes **Fachwissen** im **neurologischen** sowie **internistischen Bereich,**
- Flexibilität und rasche Reaktionsfähigkeit in Bezug auf unerwartet eintretende **Akut- und Notfallsituationen,**
- Präzision in der **Überwachung** und **Beobachtung** des Patienten,
- Sensibilität für Patienten und Angehörige,
- besondere physische und psychische Belastbarkeit.

Merke: Es sind die Pflegenden, die sich am meisten mit dem Patienten beschäftigen und somit ein sehr umfangreiches Informationsbild über seinen Allgemeinzustand erhalten. Deshalb ist eine intensive Zusammenarbeit zwischen Ärzten und Pflegepersonal unumgänglich. Aber auch die stetige Auseinandersetzung und der Informationsaustausch zwischen den behandelnden Therapeuten (Physio- und Ergotherapeuten, Logopäden) sollte einen hohen Stellenwert haben.

Nur durch ein ganzheitliches Behandlungskonzept ist die Chance auf eine ganzheitliche Heilung des Patienten am größten!

1.4 Voraussetzungen für die Einrichtung von Stroke Units

1.4.1 Bedarf

Bedarf an Stroke Units

- In einem Einzugsgebiet von **500 000–1 000 000 Menschen** ist eine Stroke Unit mit **4–8 Betten** ausreichend.
- Stroke Units sollten zuerst in Ballungsräumen und anschließend flächendeckend eingerichtet werden.
- Betroffene, Angehörige und Ärzte müssen ausreichend über das Krankheitsbild, dessen Erkennung sowie die Dringlichkeit der nachfolgenden richtigen Handlungsweise informiert und sensibilisiert werden.
- Notärzte und Rettungsassistenten müssen über den Standort einzelner Stroke Units im Einzugsgebiet informiert sein und sofort einschätzen können (ggf. nach Rücksprache mit einem Arzt der Stroke Unit), welche Patienten sich hierfür eignen.
- Ein reibungsloser Ablauf (Handlungskette) und eine optimale Organisation innerhalb der Klinik ist absolute Vorraussetzung für die Einhaltung des Zeitfensters.

1.4.2 Personelle Ausstattung

Die Personalkapazität einer Stroke Unit ist dem Stellenschlüssel einer Überwachungseinheit angeglichen. Somit sind Ärzte und Pflegepersonal im 24-Stunden-Schichtbetrieb angestellt.
Das erfordert nach dem derzeit gültigen BAT

Personalbedarf

- 5,6 Ärztestellen, davon ein Internist (vorzugsweise ein Kardiologe),
- zwei Krankenschwestern/-pfleger pro Bett,
- einen Physiotherapeuten,
- 1/2 Stelle für einen Logopäden,
- 1/2 Ergotherapiestelle,
- 1/2 Sozialarbeiterstelle,
- 1/2 Stelle für eine Schreibkraft.

Dieser Personalbedarf stellt ein Minimum der zu beschäftigenden Fachkräfte für eine Stroke Unit mit 4–8 Betten dar.

1.4.3 Apparative Ausstattung

Auf der Station:

Station

- EKG-Monitoring,
- kontinuierliche (invasive) Blutdruckmessung,
- Pulsoxymetrie,
- Temperaturmonitoring,

- Atmungsmonitoring,
- zusätzliches EKG-Gerät.
- Blutzucker- und idealerweise auch Elektrolytbestimmung sowie Blutgasanalyse auf der Station.
- Ausreichend vorhandene Perfusoren und Infusomaten,
- evtl. Defibrillator,
- evtl. Doppler-Gerät.

Wichtige Untersuchungen, die jederzeit möglich sein sollten:

- Transkranielle und extrakranielle Doppler-Sonographie,
- Farbduplex-Sonographie,
- Echokardiographie (auch transösophageale),
- EEG,
- Langzeitemboliedetektion,
- Angiographie bei Lyseindikation.

1.4.4 Grundvoraussetzungen im Bereich des Krankenhauses

- Computertomographie 24 Stunden verfügbar,
- arteriell-zerebrale Angiographie mit 24-Std.-Bereitschaftsdienst,
- extrakranielle und transkranielle Doppler-Sonographie in 24-Std.-Bereitschaft oder auf Station sowie Farbduplex-Sonographie,
- EKG,
- Echokardiographie, auch transösophageal innerhalb von 24 Stunden verfügbar,
- Präsenzlabor in 24-Std.-Bereitschaft.

1.4.5 Investitionskosten und laufende Kosten

Kosten

Je nach Bettenzahl ist für die Einrichtung einer Stroke-Unit mit Kosten zwischen **250 000 und 750 000 €** zu rechnen. Die technische Grundausstattung des Krankenhauses mit Computertomographie, Echokardiographie und Angiographie wird hierbei vorausgesetzt.
Bei einer 80 %igen Auslastung der Station entstehen **zusätzliche Betriebskosten** von ca. **500 000 €** jährlich. Bei Aufnahme von 350 Patienten pro Jahr entspricht dies einem Mehraufwand von 750 € tgl. pro Patient zusätzlich zum regulären Basispflegesatz während der ersten drei Tage.

2 Medizinisches Grundwissen

(A. Conzelmann/P. Manz)

2.1 Definition Schlaganfall

Der Begriff Schlaganfall (vom englischen »stroke«) beschreibt ein plötzlich auftretendes neurologisches Ereignis, dessen Symptomatik auf ein gefäßbedingtes Krankheitsbild im arteriellen Bereich schließen lässt.
Dennoch können nicht alle zerebrovaskulären Erkrankungen als Schlaganfall bezeichnet werden. Im engeren Sinne ist unter Neurologen meistens der **ischämische Insult**, d. h. der thrombotische oder embolische Verschluss eines arteriellen Hirngefäßes (= Hirninfarkt) gemeint. Auch die Deutsche Schlaganfallstiftung bezieht sich in ihrem Informationsmaterial ausschließlich auf Hirninfarkte. Verschiedene Lehrbücher beziehen zusätzlich die differentialdiagnostisch abzuklärende Hirnblutung und Hirnvenenthrombose in die Definition ein. Vor allem amerikanische Literatur verwendet den Begriff Schlaganfall für die beiden Möglichkeiten Infarkt und Blutung, solange diagnostisch noch nicht feststeht, um welches Krankheitsbild es sich handelt. In diesem Buch umfasst der Begriff Schlaganfall an erster Stelle den Hirninfarkt.

Krankheitsbild

Da der Ausschluss einer Hirnblutung jedoch höchste Priorität für alle weiteren Therapiemaßnahmen hat und zudem identische Ausfallserscheinungen hervorrufen kann, wird diese ebenfalls kurz beschrieben.

Einteilung

Schlaganfall (Stroke)

- 20 % Hirnblutungen,
- 80 % ischämische Insulte,

davon

- arteriosklerotisch bedingte Thrombose/Embolie 60–70 %,
- kardiale Hirnembolie 10–15 %,
- Mikroangiopathie 10–20 %.

Kurz und knapp

- Ein **ischämischer Insult** ist eine **akute zerebrale Durchblutungsstörung im Bereich des arteriellen Gefäßsystems.** Er kann **reversibel** oder **irreversibel** sein!

- Ein **Infarkt aufgrund eines Gefäßverschlusses** (Thromben, Plaques) oder durch Minderperfusion (Blutdruckabfall) des betroffenen Gefäßes **ist grundsätzlich irreversibel und geht immer mit Gewebeuntergang (Nekrose) einher.**
- **Hirnblutungen entstehen durch Gefäßrupturen.** Es wird zwischen Subarachnoidalblutungen und intrazerebralen Blutungen unterschieden.

Merke: Der Schlaganfall ist eine Notfallsituation, in der umgehend behandelt werden muss!

2.2 Anatomie und Pathophysiologie

2.2.1 Anatomie des Gehirns

Das Zentralnervensystem besteht aus Gehirn und Rückenmark.

Bei einem Gewebeschnitt lässt sich strukturell die graue und weiße Substanz erkennen. Die graue Substanz besteht aus Neuronen, die weiße entspricht den Nervenbahnen. Gehirn und Rückenmark sind von Hirnhäuten, den Meningen umkleidet. Diese sind Dura mater, Arachnoidea und Pia mater. Zwischen Schädelkalotte und Dura mater befindet sich der Epiduralraum, zwischen Dura mater und Arachnoidea der Subduralraum und zwischen Arachnoidea und Pia mater der Subarachnoidalraum.

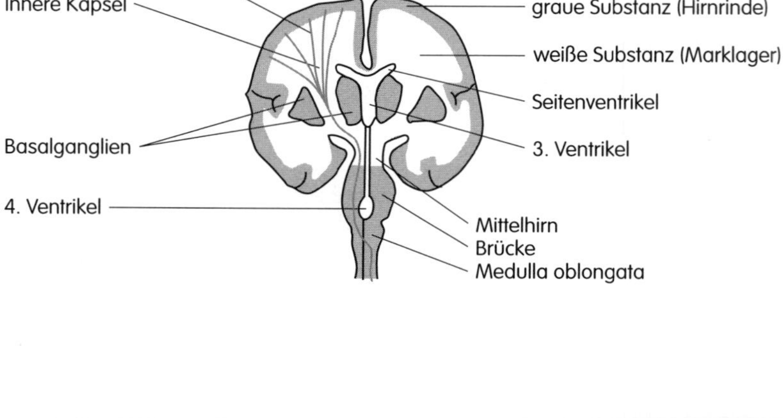

Abb. 1: Frontalschnitt durch das Gehirn mit grauer und weißer Substanz, innerer Kapsel und Hirnstamm [1]

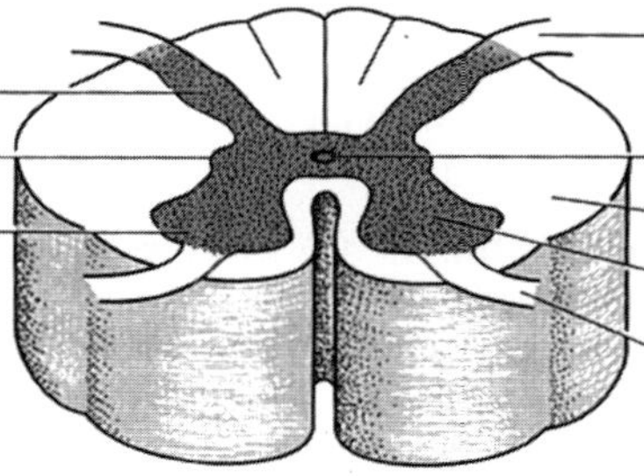

Abb. 2: Querschnitt durch das Rückenmark [1]

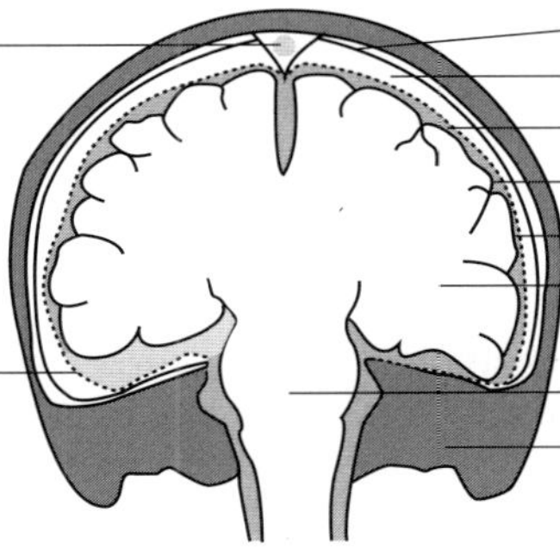

Abb. 3: Hirnabschnitte [1]

Hirnbereiche und ihre Funktion

Das Gehirn lässt sich in
I. **Hirnstamm** (Truncus encephali),
II. **Kleinhirn** (Cerebellum),
III. **Zwischenhirn** (Diencenphalon und
IV. **Großhirn oder Endhirn** (Telencephalon)

einteilen.

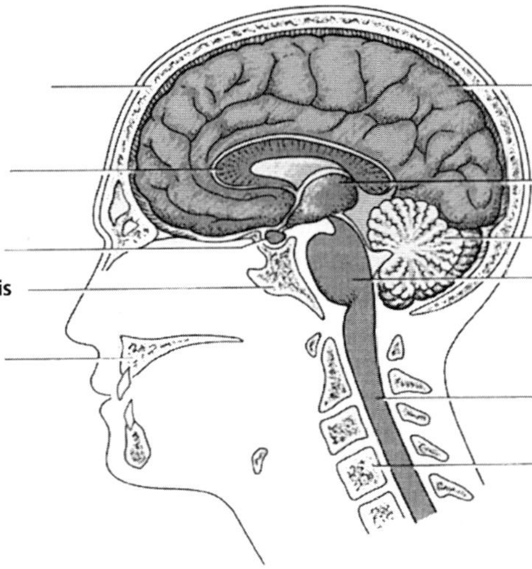

Abb. 4: Medianschnitt durch den Kopf [1]

I. Verlängertes Mark (Medulla oblongata), **Brücke** (Pons) und **Mittelhirn** (Mesencephalon) werden zusammenfassend als **Hirnstamm** bezeichnet. Er stellt die Verbindung zwischen dem Groß- und Zwischenhirn und dem Rückenmark dar. Hier befinden sich vor allem

- die Hirnnervenkerne des III. bis XII. Hirnnervs,
- aufsteigende (afferente) und absteigende (efferente) sensorische und motorische Bahnen zwischen Gehirn und Rückenmark,
- Verbindungen zum Kleinhirn,
- die Formatio reticularis: Sie zieht sich durch die graue Substanz der drei Hirnstammbereiche und steuert viele wichtige Körperfunktionen wie Atmung, Kreislauf, Bewusstsein, Erwachen, Vasomotorik, Schlucken, Erbrechen, Husten und Niesen.

II. Das **Kleinhirn (Cerebellum)** ist das wichtigste Koordinationszentrum der motorischen Aktivitäten. Seine Aufgaben sind:

- Kontrolle und Steuerung der Körperhaltung und -bewegung,
- Feinabstimmung der Blickmotorik (Fixierung eines Blickziels),
- Koordination und Regulation der Feinmotorik (vor allem die Zielmotorik der Extremitäten).

III. Im **Zwischenhirn (Diencephalon)** hebt sich als größter und bedeutendster Hirnanteil der **Thalamus** hervor:
Hier enden nahezu alle sensiblen und sensomotorischen Bahnen, die aus der kontralateralen Körperhälfte von hier aus gekreuzt zur Großhirnrinde verschaltet werden. Er leitet somit einen Großteil aller Sinnesempfindungen an die Großhirnhemisphären weiter und interpretiert zentral Sinnesimpulse wie Schmerz, Temperatur, Berührung und Druck sowie Emotionen und Gedächtnis. Seine Funktion beschränkt sich jedoch nicht auf die Umschaltung sensibler Impulse zum Großhirn, in ihm finden darüber hinaus zahlreiche Integrationsvorgänge sowohl für sensorische als auch für motorische Impulse statt.
An den Thalamus grenzt der **Hypothalamus:**
Seine Regulationszentren kontrollieren vor allem das autonome (vegetative) Nervensystem und den größten Teil des Hormonsystems. An seiner Unterseite befindet sich die **Hypophyse:**
Sie produziert wichtige Hormone, z. B. zur Schilddrüsenstimulation (TSH), zur Gelbkörperbildung (LH), das adrenokortikotrope Hormon (ACTH) und auch das Wachstumshormon (STH).
Das Zwischenhirn enthält zudem die Hirnnervenkerne des II. Hirnnervs; an der Großhirnbasis befinden sich diejenigen des I. Hirnnervs.

IV. Das Endhirn setzt sich aus den beiden Großhirnhemisphären zusammen, die jeweils die gegenüberliegende Körperseite steuern. Dazwischen befindet sich der Längsspalt (Fissura longitudinalis cerebri). Verbunden sind die beiden Hirnhälften durch eine große Kommissur, dem Balken (Corpus callosum). Jede Hemisphäre besteht aus zahlreichen Hirnwindungen (Gyri) und lässt sich durch sog. Furchen (Sulci) in vier Hirnlappen unterteilen. Diese sind: **Frontal-, Parietal-, Temporal- und Okzipitallap-**

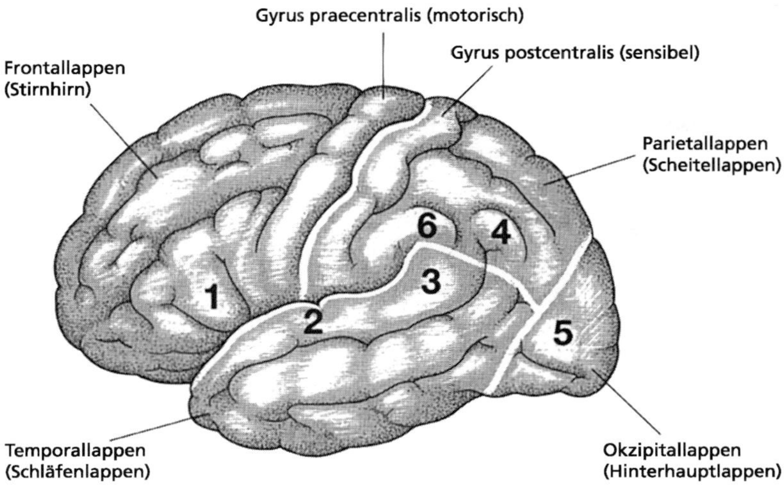

1. motorische Sprachregion (Broca)
2. amnestische Sprachregion
3. sensorische Sprachregion (Wernicke)

} *Aphasie*

4. Gyrus angularis: *Agraphie, Alexie, Akalkulie*
5. Okzipitallappen: *optische Agnosie*
6. Gyrus supramarginalis: *Apraxie*

Abb. 5: Lappeneinteilung des Großhirns und Lokalisation einiger neuropsychologischer Störungen in der Großhirnrinde [1]

pen (siehe Tabelle 1, Seite 30). Frontallappen und Parietallappen sind durch die Zentralfurche (Sulcus centralis) voneinander getrennt.
Jede Hirnhälfte steuert die Funktionen der gegenüberliegenden Körperseite; beim Rechtshänder ist in der Regel die linke Hemisphäre dominanter als die rechte.
Unmittelbar vor der Zentralfurche im Bereich des Frontallappens befindet sich die motorische Hirnwindung (Gyrus praecentralis). Hier werden die Bewegungsabläufe ausgelöst. Dahinter, im Parietallappen liegt die sensorische Hirnwindung (Gyrus postcentralis), die für den Körperfühlbereich zuständig ist.

Limbisches System

Es setzt sich aus einigen inneren Gebieten der Großhirnrinde, des Zwischenhirns und der Stammganglien zusammen und ist zu einem Schlagwort für die »Emotionslokalisation im Gehirn« geworden.
Es ist insbesondere an der Steuerung von Gedächtnis, Verhalten, Orientierung, Bewusstsein, Motivation, Affektverhalten und den Sexualfunktionen beteiligt.
Das limbische System ist für das reibungslose Zustandekommen dieser Funktionen zwar unerlässlich, aber nicht ausschließlich verantwortlich. Deshalb können auch bei einer Hirnschädigung **ohne** Befall des limbischen Systems schwere Persönlichkeitsveränderungen in o. g. Bereichen beobachtet werden!

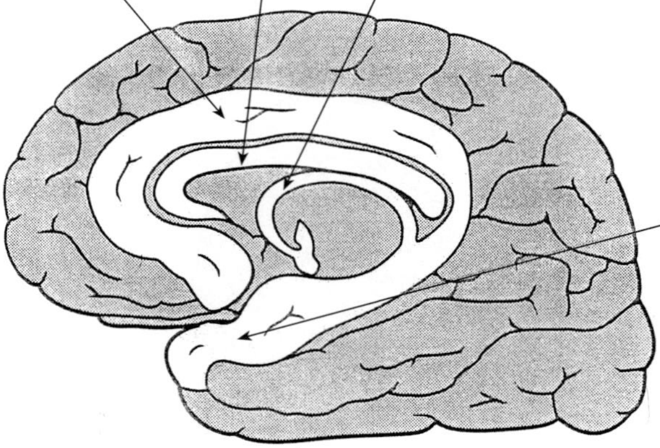

Abb. 6: Das limbische System umgibt wie ein Saum (Limbus) den Balken und die Stammhirnganglien. Zu ihm gehört der Hippocampus und das Gewölbe (= Fornix) [1]

Tabelle 1: Verteilung der Aufgabenbereiche

Frontallappen	Parietallappen	Temporallappen	Okzipitallappen
Körpermotorik, willkürliche Bewegungen. **Broca-** (früher: motorisches) **Sprachzentrum** Höhere psychische und geistige Leistungen des Menschen.	Körperfühlsphäre: Wahrnehmung und Interpretation von Berührung, Wärme, Temperatur, Schmerz und Tastempfinden. Lese- und Schreibzentrum, (auch: »optisches Verständnis« oder »optisches Sprachzentrum«).	Akustische Wahrnehmung, Hörzentrum. **Wernicke-** (»akustisches«) **Sprachzentrum** Erkennen und Interpretieren von Sprache auf dominanter Hemisphäre.	Sehzentrum, optische Wahrnehmung.

2.2.2 Gefäßversorgung

Blutversorgung des Gehirns

Die Blutversorgung des Gehirns wird von den **vier großen extrakraniellen Arterien** übernommen. Es sind:

- die rechte A. carotis interna,
- die linke A. carotis interna,
- die rechte A. vertebralis und
- die linke A. vertebralis.

Diese vier Arterien sind an der Schädelbasis durch einen großen Anastomosenkreis, den **Circulus arteriosus cerebri (Willisii)** miteinander verbunden. Dadurch entsteht ein vorderer und ein hinterer Hirnkreislauf. Die Brücke hierfür ist die bilaterale A. communicans posterior. In diesen Kreislauf sind vor allem die drei Arterien eingebunden, die beim Hirninfarkt am häufigsten betroffenen sind:

- A. cerebri media,
- A. cerebri anterior und
- A. cerebri posterior.

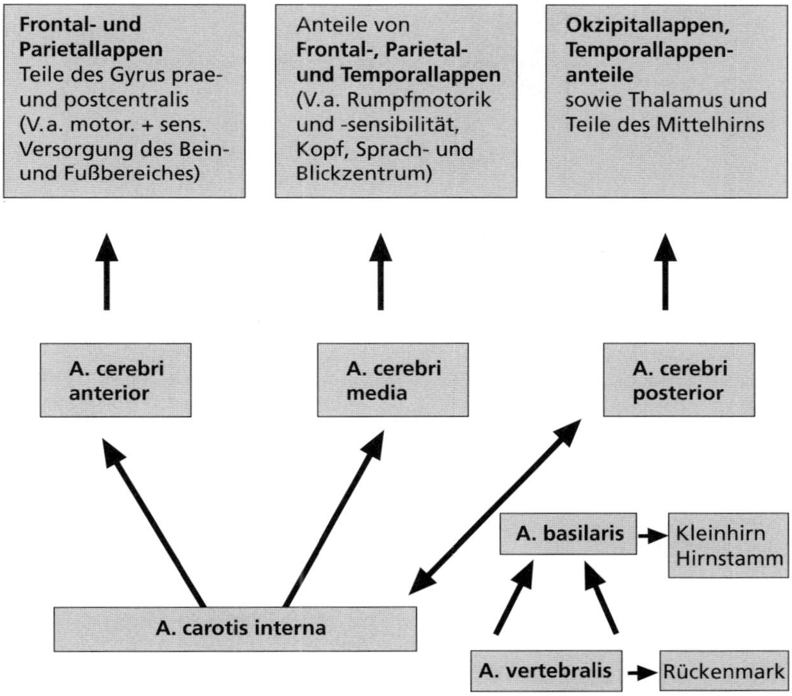

Abb. 7: Gefäßversorgung des Gehirns

Der vordere Hirnkreislauf wird von der A. carotis interna gespeist. Sie verzweigt sich dann in die A. cerebri anterior und die A. cerebri media. Die beiden Vertebralarterien vereinigen sich später zur A. basilaris, von welcher im weiteren Verlauf u. a. die Kleinhirnarterie (A. cerebelli superior) abgeht. Sie bilden somit den hinteren Hirnkreislauf.
Da sich ihre Versorgungsareale gut abgrenzen lassen, sind sie in nachfolgenden Grafiken genauer dargestellt:

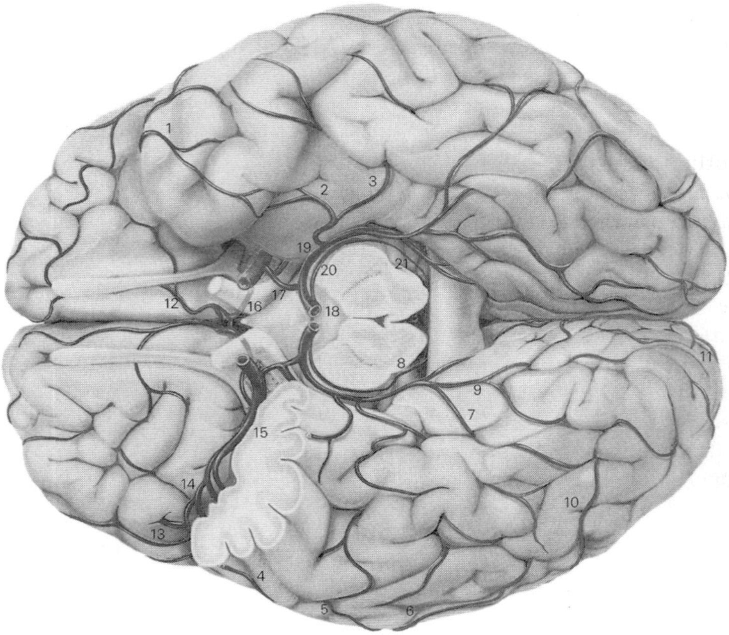

Abb. 8: Gefäßversorgung des Gehirns [2]

1 Arteria temporopolaris
2 Ramus temporalis inferior anterior
3 Ramus temporalis inferior posterior
4 Arteria temporalis anterior
5 Arteria temporalis intermedia
6 Arteria temporalis posterior
7 Ramus temporalis intermedius medialis
8 Arteria occipitalis medialis
9 Arteria occipitalis lateralis
10 Ramus temporalis posterior
11 Ramus calcarinus (Arteria occipitalis medialis)
12 Arteria frontobasalis medialis
13 Arteria frontobasalis lateralis
14 Pars insularis arteriae cerebri mediae
15 Arteria cerebri media, pars sphenoidalis
16 Arteria communicans anterior
17 Arteria communicans posterior
18 Arteria cerebri posterior, pars praecommunicalis
19 Arteria cerebri posterior, pars postcommunicalis
20 Ramus choreoideus posterior medialis
21 Ramus thalamicus (inferior)

Wie kommt es zum Hirninfarkt?

Ursachen

Das Gehirn verbraucht 20 % des Gesamtsauerstoffbedarfs eines Menschen und 60 % des Glukoseumsatzes als Brennstoff und ist somit auf die kontinuierliche Nährstoffzufuhr über das Blut angewiesen. Eine **Durchblutungsstörung** und eine damit verbundene **mangelnde Sauerstoffversorgung** lässt sich lediglich innerhalb eines Zeitintervalls von 3–8 Minuten revidieren – danach ist das betroffene Gehirnareal abgestorben. Das um einen Infarkt herum liegende Gewebe (die sog. Penumbra) kann sich in einem Zeitraum von 3 bis max. 6 Stunden effektiv erholen und funktionell wiederherstellen lassen.

Ein Infarkt entsteht folgendermaßen:

Pathogenese

Am häufigsten wird ein Gefäß durch einen **lokalen Thrombus** oder einen aus den großen Arterien **verschleppten Embolus** verschlossen. Beide Möglichkeiten sind Folgeerscheinungen **arteriosklerotischer Plaques**, die sich allmählich an den Gefäßwänden gebildet und evtl. sogar losgelöst haben (Embolus). Zu einem wesentlich geringeren Prozentsatz entsteht ein Hirninfarkt durch einen primär aus dem Herzen stammenden Embolus (kardiale Embolie). Ursachen hierfür können z. B. ein offenes Foramen ovale oder Vorhofflimmern sein. Ein weiteres Infarktrisiko stellen **Gefäßwandschäden**, z. B. im Rahmen eines Diabetes mellitus dar (Mikroangiopathie).

Folgen

Nimmt die Durchblutung eines Gefäßgebietes um 30 % ab, so kommt es klinisch zu **neurologischen Ausfällen**, aber noch nicht unbedingt zum Infarkt. Die Reduktion der Blutversorgung um 45 % oder darunter führt allerdings zu **irreversiblen Gewebenekrosen**, wenn nicht bereits zuvor Kollateralkreisläufe gebildet wurden. Im letzteren Fall können Stenosierungen von bis zu 90 % über den »Circulus arteriosus Willisii« kompensiert werden!

Therapieziel

Die im Randbereich liegende Penumbra kann zwar ebenfalls schon Funktionsstörungen aufweisen, ist aber dennoch das Ziel therapeutischer Ansätze. Diese gehen davon aus, dass durch eine rasche **Wiederherstellung der Durchblutung** im Infarkt-umgebenden Gewebe das Ausmaß des Infarktes um einen erheblichen Anteil gesenkt werden kann. Berücksichtigt man, dass die Funktionen geschädigter Hirnbereiche durch andere, intakte Hirnareale ersetzt und übernommen werden können, wird verständlich, warum eine Wiederherstellung der Durchblutung der Penumbra wichtig ist.

Das Infarktareal soll begrenzt werden, damit maximale Chancen bestehen, das Ausmaß des Infarktes mit den daraus resultierenden Komplikationen (Hirnödem, Einblutungen, Reinsulte, ausgefallene Funktionen) auf ein Minimum zu reduzieren.

2.3 Stadieneinteilung bei ischämischem Insult

Stadieneinteilung

Der Hirninfarkt wird in vier Stadien eingeteilt:

Stadium I **Asymptomatische Stenose.**
Stadium II **TIA** (transitorische-ischämische Attacke) **und PRIND** (prolongiertes reversibles neurologisches Defizit).
Stadium III **Progressive Stroke** (progredienter Infarkt).
Stadium IV **Complete Stroke** (kompletter Hirninfarkt).

2.3.1 Stadium I Asymptomatische Stenose

Diagnose

Sie ist Folge fortgeschrittener arteriosklerotischer Veränderungen mit allmählicher Plaquebildung innerhalb des Gefäßes und verursacht eine zunehmende Stenosierung der betroffenen Arterie. Da sich in diesem Stadium noch keine Symptome ergeben, kommt es auch selten zur Diagnostizierung. Es handelt sich dann meistens um sog. **Zufallsbefunde**.

2.3.2 Stadium II Schlaganfall-Vorboten: TIA und PRIND

Klinisches Bild

In 80 % der Fälle handelt es sich um reversible Durchblutungsstörungen im Karotisstromgebiet. Dabei kommt es zu **kurzzeitigen, reversiblen regionalen Ischämien**, die oftmals mit identischen **neurologischen Ausfällen** wie beim Hirninfarkt einhergehen. Die Ischämie des betroffenen Gehirnareals bildet sich innerhalb eines bestimmten Zeitraums wieder vollständig zurück und hinterlässt in der Regel keine Gewebeschädigungen. In diesem Zeitraum sind die Symptome und neurologischen Ausfälle ebenfalls rückläufig, sodass der Patient seine ursprünglichen Ressourcen zunehmend zurückerhält. So kann es z. B. sein, dass die Betroffenen bereits kurze Zeit nach dem Ereignis wieder zunehmend Kraft in der anfänglich gelähmten Extremität verspüren oder die akut aufgetretene Aphasie wieder verschwindet.

> **Hinweis:** Diese warnenden Vorboten sind ebenso ernstzunehmen wie ein kompletter Hirninfarkt! Sie bedürfen deshalb gleichermaßen einer intensiven pflegerischen Beobachtung und Überwachung, da bei entsprechenden therapeutischen Maßnahmen ein möglicherweise nachfolgender kompletter Insult verhindert werden kann.

TIA = Transitorisch-ischämische Attacke

> **Definition:** Als TIA wird eine vorübergehende regionale Ischämie im Karotis- oder vertebrobasilären Stromgebiet bezeichnet, die sich innerhalb von 24 Std. wieder zurückbildet.

Symptome der TIA im Karotisstromgebiet (bei 80 % der Patienten)

Symptome der TIA

- Paresen und Parästhesien einer Extremität oder Körperseite,
- kurzzeitige Aphasien (auch Wortverdrehungen),
- kurzzeitige Apraxien: plötzliches Fallenlassen v. Gegenständen,
- Amaurosis fugax: Sehverlust auf einem Auge bei Unterbrechung oder transitorischer Insuffizienz des Blutflusses der A. retinae.

Symptome der TIA im vertebrobasilären Stromgebiet

- Schwindel,
- Kopfschmerzen (meist Nacken-Hinterkopf-Schmerz),
- Hemiparesen, Hemihypästhesien (häufig beidseitig oder gekreuzt),
- drop attacs: plötzliches Sturzereignis bei erhaltenem Bewusstsein durch Tonusverlust in der Streckmuskulatur der Beine,
- zerebelläre Störungen: Gang-/Standataxie,
- visuelle Störungen: Doppelbilder, Hemianopsie,
- neurovegetative Störungen: Erbrechen, Übelkeit,
- Verwirrung.

Merke:

- **Komplett reversible** neurologische Ausfälle ≤ 24 Std.
- Patienten mit transienten (vorübergehenden) Symptomen müssen als Hochrisikopatienten für einen Hirninfarkt angesehen und pflegerisch entsprechend behandelt werden! Grundsätzlich sollten bei der TIA dieselben diagnostischen Maßnahmen wie beim kompletten Hirninfarkt durchgeführt werden.
- 40–50 Prozent der Patienten erleiden innerhalb der nächsten fünf Jahre einen Hirninfarkt!

PRIND = Prolongiertes reversibles ischämisches neurologisches Defizit

Symptome des PRIND

Die Symptome sind mit denen der **TIA identisch, halten** aber auch nach einem Zeitraum von **24 Std.** noch **an** und sind spätestens nach 7 Tagen vollständig rückläufig.

- Komplett reversible neurologische Ausfälle ≥ 24 Std. bis zu 7 Tagen.
- Symptomatik siehe oben.

2.3.3 Stadium III Progressive Stroke (progredienter Infarkt)

Die neurologischen Ausfälle und Symptome entwickeln sich schubförmig zunehmend in Stunden bis Tagen, da es sich um eine allmähliche Gefäßthrombosierung handelt. Die Symptomatik ähnelt der bei TIA und PRIND.

2.3.4 Stadium IV Complete Stroke (kompletter Hirninfarkt)

Der ischämische Hirninfarkt ist eine bleibende strukturelle Schädigung des betroffenen Hirnareales mit nachfolgendem Gewebeuntergang (Nekrose). Er entsteht bei Unterbrechung oder deutlicher Verminderung der arteriellen Blutversorgung eines zerebralen Stromgebietes. Es können alle arteriellen Hirngefäße betroffen sein.

2.4 Einteilung nach Infarktlokalisation und Größe des Infarktareals

2.4.1 Infarktlokalisation

Betroffene Hirnareale

Es wird zwischen **Durchblutungsstörungen des vorderen und des hinteren Hirnkreislaufs** unterschieden. Beide Kreisläufe stehen über den Circulus art. Willisii miteinander in Verbindung (insbesondere durch die A. communicans posterior).

Ischämien des vorderen Hirnkreislaufs betreffen somit die direkt aus der A. carotis interna kommenden Gefäße, die A. cerebri anterior und sehr häufig die A. cerebri media und deren Gefäßzweige. Man bezeichnet sie kurz als Anterior- und Mediainfarkte. Wichtige Anzeichen hierfür sind:

Symptome

- motorische Ausfälle: kontralaterale Hemisymptomatik (Ausfallerscheinungen beschränken sich auf die dem Versorgungsgebiet gegenüberliegende Körperseite),
- sensorische Ausfälle: kontralaterale Parästhesien oder Hypästhesien,
- Aphasien: bei Befall der dominanten Hemisphäre.

Durchblutungsstörungen im hinteren Hirnkreislauf betreffen das vertebrobasiläre Gefäßsystem und die A. cerebri posterior. Es ergeben sich hier Hirnstamm- und Posteriorinfarkte. Sie unterscheiden sich von den Karotisstrominfarkten durch den Befall der Hirnnerven und der häufig beidseitigen und/oder gekreuzt auftretenden motorischen Ausfälle. Meistens sind mehrere Hirnstammbereiche oder auch das Kleinhirn betroffen. Wichtige Symptome sind:

- Kopf- und Nackenschmerzen,
- Schwindel, Übelkeit,
- initiale Hemiparese, Tetraparese / Tetraplegie, Blickparesen, Paresen der Augenmuskeln, Nystagmus,
- Gesichtsfeldausfälle,
- Ataxie,
- Bewusstseinsstörungen, Eintrübung, Koma.

2.4.2 Größe und Ausdehnung des Infarktareals

Man unterscheidet folgende Formen:

Formen

Territorialinfarkte

Es handelt sich um ausgedehnte Infarktareale, die durch Stenosierung der größeren Arterien hervorgerufen werden.

Lakunäre Infarkte

Kleine Infarktareale mit einem Durchmesser bis zu 1,5 cm. Die Läsionen entstehen aufgrund der Stenosierung sehr kleiner Hirnendarterien (Arteriolen), bei deren Verschluss Kollateralkreisläufe keine ausreichende Sauerstoffversorgung gewährleisten können.

Lakunen kommen oft in der weißen Substanz vor und gehen deshalb meistens mit einer Schädigung des Marklagers einher, insbesondere, wenn die Umgebung der Hirnseitenventrikel betroffen ist. Diese ischämische Marklagerschädigung wird als Leukoaraiose bezeichnet (wörtl.: »Untergang der weißen Substanz«). Die Kombination aus lakunären Infarkten und Leukoaraiose wird als subkortikale arteriosklerotische Enzephalopathie (SAE, Binswanger-Krankheit) bezeichnet. Sie ist häufig Ursache vaskulärer dementieller Prozesse.

Endstrom- oder Grenzzoneninfarkte

Hämodynamisch (z. B. bei einem Blutdruckabfall) oder auch an den Grenzzonen arterieller Versorgungsbereiche auftretende Ischämien der sog. »letzten Wiese«. Hierbei handelt es sich ebenfalls um kleinere Arterien.

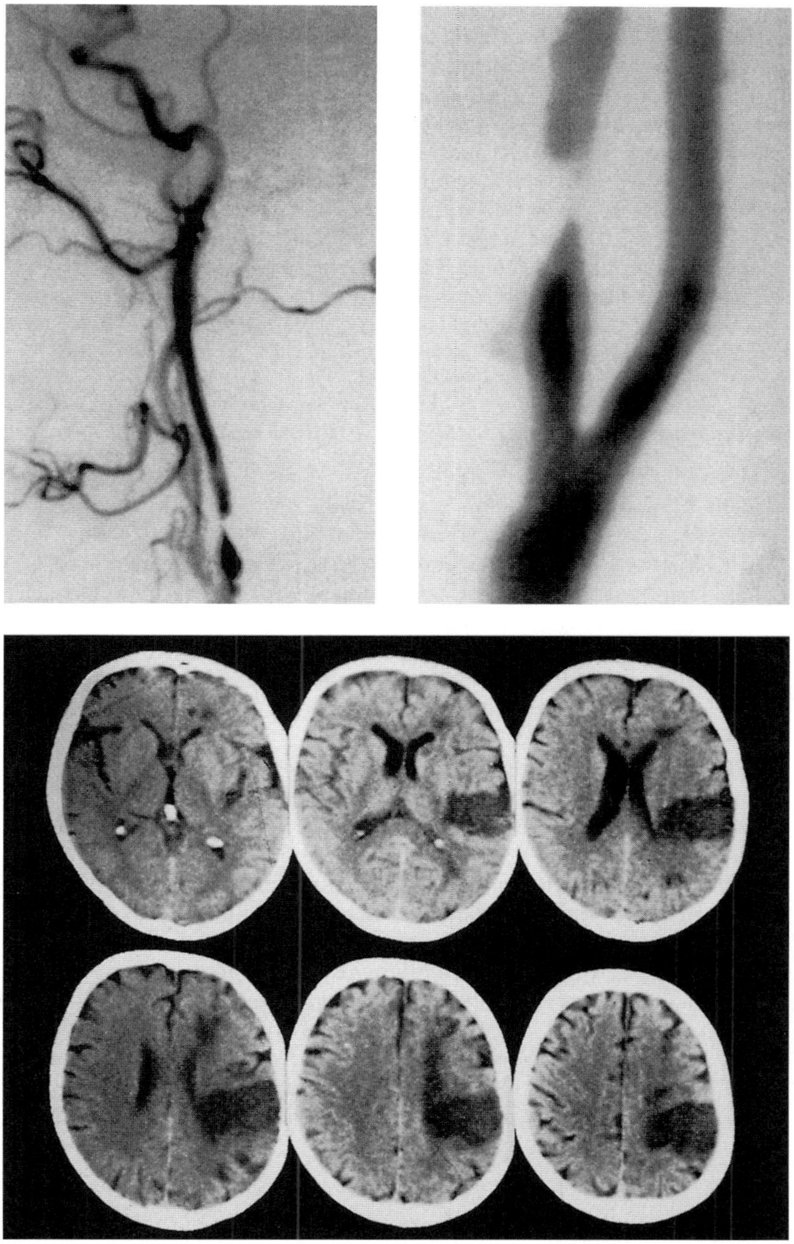

Abb. 9: Lokalisation und Ausdehnung des Infarktareals. Hämodynamisch induzierter Mediainfarkt mit embolischem Territorialinfarkt.
Zu erkennen ist eine hochgradige, hämodynamisch massiv wirksame distale Stenose der A. carotis interna links (oben). Die Computertomographie (unten) zeigt zwei verschiedene Infarktmuster. Auf fünf Schichten ist ein Territorialteilinfarkt im Gebiet der hinteren Mediaastgruppe links zu erkennen. Zudem zeigt sich in den oberen Schichten ein ausgedehnter subkortikaler, hämodynamisch induzierter Infarkt. [2]

2.5 Krankheitsursachen

2.5.1 Gefäßwandveränderungen der hirnversorgenden Arterien durch Arteriosklerose

Arteriosklerose ist die häufigste Ursache für Gefäßwandveränderungen. Durch Wucherung von Bindegewebe kommt es zu **Elastizitätsverlust, Verhärtung und Verdickung der Innenschichten** (Intima und Media) **der Arterienwand.** Dies führt zu Einlagerung sog. »fettiger Massen« und somit zur Entstehung von **arteriosklerotischen Plaques.** Der Innendurchmesser des Blutgefäßes verringert sich zunehmend, bis schließlich nur noch ein minimaler oder gar kein Blutfluß mehr vorhanden ist.

Folgen

Neben der Gefahr der zunehmenden Gefäßstenosierung stellen arteriosklerotische Veränderungen zudem ein **hohes Embolierisiko** dar! Hypertensive Krisen begünstigen, dass sich thrombotisches Material löst und schließlich als Embolus in ein Gefäß verschleppt wird und dieses verstopft.

Die wichtigsten Risikofaktoren der Arteriosklerose sind:

Risikofaktoren

- **Arterielle Hypertonie:**
  Beim Hypertoniker kommt es durch langjährige Blutdrucksteigerung zu einer Überlastung der Arterienwände, insbesondere an Stellen starker Blutverwirbelung. Dies sind z. B. vorgeschädigte Gefäßwände, Gefäßkrümmungen, Arterienverzweigungen und Aneurysmen. Die arteriellen Innenschichten (Intima und Media) werden durch die permanente Druckbelastung durchbrochen, und es kommt zur Ablagerung glasig-transparenter Substanzen (Lipoproteine). Diesen Vorgang bezeichnet man als Lipophyalinose.
- **Hypercholesterinämie:**
  Cholesterin wird mit der Nahrung aufgenommen; es kommt vor allem in Eidotter und tierischen Fetten vor. Man unterscheidet das Low-Density-Lipoprotein (LDL = »schlechtes« Cholesterin) und das High-Density-Lipoprotein (HDL = »gutes« Cholsterin). Durch falsche Ernährung oder bei Vorliegen bestimmter Erkrankungen wie z. B. Diabetes mellitus, Hypothyreose oder einer Lebererkrankung kann es zu einem verhältnismäßig hohen Anstieg von LDL und HDL kommen. Das überschüssige LDL beginnt die Innenwand der Arterie zu durchdringen und sich dort einzulagern. Die Hauptaufgabe des HDL ist, überschüssiges LDL aus den Gefäßwänden zu entfernen und es entweder anderen Zellen zur Verstoffwechselung oder der Leber zur Eliminierung zuzuführen. Wenn sich LDL-Cholesterin verstärkt in Arterienwänden ansammelt, kann es eine Kette von Ereignissen auslösen, die zur Arteriosklerose führen.
- **Diabetes mellitus.**
- **Nikotinabusus.**
- **Orale Empfängnisverhütung (Pille).**

- **Alkoholmissbrauch:**
  Geringe Alkoholmengen können einen leicht arteriosklerotisch vorbeugenden Effekt haben. Alkoholmissbrauch dagegen fördert die arterielle Hypertonie und diese wiederum die Arteriosklerose.
- **Alter:**
  Hauptrisiko, das nicht beeinflusst werden kann.

Weitere mögliche Ursachen für Gefäßwandveränderungen sind:

- **Dissekate:**
  Dies sind lamellenartige Aufspaltungen zwischen der Innen- und der Mittelschicht der Arterie. In diese Aufspaltungen dringt Blut ein und verursacht eine Aussackung (Aneurysma dissecans). Dissekate entstehen spontan oder posttraumatisch. Symptome treten manchmal erst bis zu 20 Tage nach der Entstehung auf. Dissekate können eine zerebrale Ischämie verursachen.
- **Aneurysmen:**
  Angeborene Gefäßwandaussackungen.

2.5.2 Blutgefäßverschluss durch eine Embolie

Pathogenese

Ausgangspunkt sind Blutgerinnsel, die sich im Herzen oder in den großen, zum Gehirn führenden Gefäßen gebildet haben. Von solch einem Blutgerinnsel können sich Teile lösen, die mit dem Blutstrom in das Gehirn gelangen und dort ein Blutgefäß verschließen. Ein Embolus kann zwar durch die körpereigene Lyse wieder aufgelöst werden, zuvor kann er aber schon einen Infarkt oder einen Insult verursacht haben.
Art und Ursprungsort einer Embolie können unterschiedlich sein:

Emboliearten

- **Arterioarterielle Embolie:**
  Der Embolus geht von einer Arterie aus. Er entsteht durch die Verschleppung thrombotischen Materials (Plaques) der zum Gehirn führenden Blutgefäße. Ausgangspunkte der Embolie können Aorta ascendens, Arteria carotis interna, Arteria vertebralis oder Arteria subclavia sein. Berücksichtigt man den Durchmesser der Aorta oder der Karotis, wird klar, dass ein »kleiner« Embolus aus diesen Gefäßen im Gehirn ein sehr großes Gewebeareal verschließen kann.
- **Kardiogene Embolie:**
  Der Embolus wandert vom Herzen aus in das arterielle Gefäßsystem. Ursachen sind Herzrhythmusstörungen, Herzfehler, Endokarditiden, Herzinfarktnarben oder Kardiomyopathien.
- **Paradoxe Embolie:**
  Thrombotisches Material wird vom venösen Blutsystem über ein offenes Foramen ovale ins Gehirn transportiert.
- **Luftembolie:**
  Kann während einer Operation oder bei Suizidhandlungen entstehen. Eine Luftembolie findet im Bereich des Gehirns nur dann statt, wenn beim Patienten ein offenes Foramen ovale vorhanden ist.

Wichtige Risikofaktoren für eine Embolie:

Risikofaktoren

- **Vorhofflimmern:**
  Vorhofflimmern sollte behandelt werden, da die Vorhofkontraktion nicht mehr zur hinreichenden Füllung des linken Ventrikels führt. Die Herzfrequenz und die Schlagfolge der Herzkammern kann außer Kontrolle geraten; die Gefahr einer systemischen Embolie ist stark erhöht.
- **Mitralstenose:**
  Bei Vorliegen einer Mitralstenose kommt es zu erhöhter Druckbelastung im linken Vorhof. Dies führt zu Verdickung und zu Elastizitätsverlust im Bereich der Vorhofwand, was die Entstehung von Thromben begünstigt.
  Schwere Mitralstenosen gehen fast immer mit Vorhofflimmern einher.
- **Intrakardiale Eingriffe:**
  Durch die extrakorporale Zirkulation (Herz-Lungen-Maschine) kommt es bei 7–13 % der Patienten zu neurologischen Störungen, z. B. Koma, Schlaganfall, fokale neurologische Ausfälle, Verwirrtheit, verzögertes Erwachen oder vorübergehende Persönlichkeitsveränderungen. Bei Koronarbypass-Operationen beträgt die Häufigkeit etwa 1,8 %.
- **Offenes Foramen ovale:**
  Ca. 25 % aller Menschen haben eine unphysiologische Verbindung zwischen dem rechten und dem linken Herzvorhof (Vorhofseptumdefekt). Über diese Öffnung kann ein Thrombus aus dem venösen in das arterielle Blutgefäßsystem gelangen und einen Schlaganfall verursachen. Bei Föten und Neugeborenen ist ein offenes Foramen ovale physiologisch.

2.5.3 Störungen der Hämodynamik

Hyperviskosität des Blutes und Hypotonie

Bluterkrankungen, die mit **Hyperviskosität** (zähem Blutfluss) einhergehen, führen zu arteriellen Perfusionsstörungen. Ein hoher Hämatokrit macht das Blut durch eine erhöhte Anzahl von Erythrozyten dickflüssiger und zäher.
Bei anhaltender **Hypotonie** kann es aufgrund des Druckverlustes ebenfalls zu einer Mangelversorgung des Gehirns kommen (s. a. Grenzzonen- und Endstrominfarkte); dies ist jedoch eher selten. Man geht vielmehr davon aus, dass Hypotonie eher vor Arteriosklerose schützt.

Die wichtigsten Risikofaktoren für eine hämodynamische Ischämie sind:

Veränderung der Blutwerte

- **Hämatokrit-(Hk-)erhöhung:**
  Der Hk hat wesentlichen Einfluss auf die Fließeigenschaft des Blutes. Die zerebrale Durchblutung verschlechtert sich mit steigendem Hk-Wert. Ein Hk von 46 % gilt als oberer Grenzwert. Bei Hk-Werten unter 45 % werden Schlaganfälle seltener nachgewiesen. Durch hohe

Hk-Werte soll auch die geistige Leistungsfähigkeit negativ beeinflusst werden. Ein hoher Hämatokrit wirkt sich vor allem auf kleine oder durch Arteriosklerose vorgeschädigte Blutgefäße aus, in denen ohnehin schon eine reduzierte Fließgeschwindigkeit vorherrscht. Bluterkrankungen, die zur Hyperviskosität, also zu einem erhöhten Hk führen, sind z. B. die Polyzythämie mit erheblicher Vermehrung der Erythrozytenzahl oder die Sichelzellanämie, die mit Kapillarverengung einhergeht.

- **Hypotonie:**
  Bei intakten Gefäßen hat ein Blutdruckabfall keine Auswirkung auf die Gesamtdurchblutung. Die Grenzen, in denen die Hirndurchblutung gleich bleibt, liegen bei 70–180 mm Hg systolisch. Fällt der Blutdruck unter die genannte Minimalgrenze, führt dies zur Mangeldurchblutung des Gehirns. Kleine Hirngefäße regeln die konstante Durchblutung normalerweise durch Tonusveränderung (Bayliss-Effekt). Kommt es beim Hypertoniker mit Arteriosklerose zur plötzlichen Hypotonie, so kann diese aufgrund der starr gewordenen Blutgefäße schlecht ausgeglichen werden. Die kleinen Blutgefäße können sich aufgrund mangelnder Elastizität nicht mehr anpassen, was zur Mangeldurchblutung des Gehirns mit neurologischen Ausfallerscheinungen führen kann.
- **Weitere mögliche Ursachen** sind Gerinnungsstörungen mit Hyperkoagulabilität, bakterielle Infektionen, Arteriitiden (Arterienentzündungen) im Rahmen von Kollagenosen (z. B. Lupus erythematodes), granulomatöse Angiitis, fibromuskuläre Dysplasie, Antiphospholipid-Antikörper-Syndrom.

> **Merke:** Durch gleichzeitiges Vorliegen mehrerer Risikofaktoren steigt das Schlaganfallrisiko um ein Vielfaches.

2.6 Überblick: Verschlusslokalisation und Symptomatik

Der Hirninfarkt ist durch einen plötzlichen »schlagartigen« Ausfall von Hirnfunktionen gekennzeichnet. Die Symptome sind abhängig von den betroffenen Hirnarealen. Symptomkombinationen sind je nach Ursache möglich.

1. Verschluss der Arteria carotis interna (ACI) unter Einbeziehung der Arteria cerebri media (MCA) und der Arteria cerebri anterior (ACA):

Einschränkungen des Patienten

- Hemiparese auf der gegenüberliegenden Körperseite.
- Verminderte Empfindlichkeit auf Berührungsreize.

- Auf der gegenüberliebenden Seite halbseitiger Ausfall des Gesichtsfeldes (Halbseitenblindheit = Hemianopsie).
- Blicklähmung zur anderen Seite, wenn die nicht dominante Seite betroffen ist (z. B. die linke Seite beim Rechtshänder).
- Visuelle Vernachlässigung und Nichtbeachtung der anderen Seite (visueller Neglect).
- Unfähigkeit, durch die Krankheit bedingte Funktionsstörungen zu erkennen (Anosognosie).
- Gestörte Affektsteuerung.
- Störung der visuell-räumlichen Wahrnehmung und Konstruktionsfähigkeit, wenn die dominante Seite betroffen ist (z. B. die rechte Seite beim Rechtshänder).
- Störung der Sprachlautbildung (Aphasie).
- Lesestörung.
- Rechenstörung.
- Schreibstörung.

2. Verschluss der Arteria cerebri media (häufigste Ursache):

- Inkomplette (teilweise) Lähmung der gegenüberliegenden Körperhälfte (Hemiparese).
- Empfindungsstörung der gegenüberliegenden Seite (Hemihypästhesie), betont in Arm und Gesicht.
- Sichtvernachlässigung der gegenüberliegenden Seite (visueller Neglect).
- Blicklähmung in Richtung gegenüberliegende Seite.

Auf der dominanten Seite:

- Vollständige motorische Sprachstörung und Störung der Aussprache (Broca-Aphasie und Dysarthrie).

Auf der nicht dominanten Seite:

- Unfähigkeit, krankheitsbedingte Funktionsausfälle zu erkennen (Anosognosie).
- Vernachlässigung der gegenüberliegenden Seite (Neglect).

3. Verschluss der Arteria cerebri media (unterer Anteil):

- Gleichseitige Halbseitenblindheit beider Augen auf die gegenüberliegende Seite (homonyme Hemianopsie nach kontralateral).

Auf der dominanten Seite:

- Sprachstörung mit inhaltlichen, grammatikalischen und Wortzusammenstellungsfehlern (Wernicke-Aphasie).
- Leseleistungsschwäche (Dyslexie).

Auf der nicht dominanten Seite:

- Verwirrtheit.

4. Verschluss des gesamten Bereiches der Arteria cerebri media:

- Kombination aus Punkt 2 und 3.

5. Verschluss der Arteria cerebri anterior:

- Beinbetonte Parese auf der gegenüberliegenden Seite.
- Im Bereich der oberen Extremität vorwiegend Parese der Schultermuskulatur.
- Halbseitig herabgesetzte Empfindung mit Betonung im Bein (Hemihypästhesie).
- Zu Beginn der Symptomatik Inkontinenz und fehlender Sprachantrieb.

6. Verschluss der Heubner'schen Arterie:

- Stummheit (Mutismus),
- Verwirrtheit,
- leichte Lähmung der gegenüberliegenden Seite.

7. Verschluss der Arteria chorioidea anterior:

- Leichte Lähmung der gegenüberliegenden Seite,
- halbseitig herabgesetzte Empfindung (Hemihypästhesie),
- Halbseitenblindheit mit Ausfall einer Hälfte des Gesichtsfeldes (Hemianopsie).

8. Verschluss der Arteria vertebralis und der Arteria basilaris:

- Drehschwindel,
- Sehen von Doppelbildern,
- beidseitig auftretende Sensibilitätsstörungen oder leichte Lähmungen,
- gekreuzte motorische und sensible Ausfälle,
- beidseitige Sehstörungen oder totale Erblindung (Amaurose mit amaurotischer Pupillenstarre, die Lichtempfindung ist aufgehoben),
- Stand- und Gangkoordinationsstörungen (Ataxie),
- Koordinationsstörungen im Bereich der Extremitäten,
- Kopfschmerzen im Bereich des Hinterkopfes und des Nackens.

9. Verschluss der Arteria vertebralis am Abgang:

- Vorübergehendes Schwindelgefühl,
- unsicherer Gang,
- Sehen von Doppelbildern.
- Bei Verschluss der Arteria subclavia auf der gleichen Seite zusätzlich Schwäche im Arm, Muskelkrämpfe und Pulsverlust.

10. Verschluss des intrakraniellen Abschnittes der Arteria vertebralis:

- Wallenberg-Syndrom (bei einer Ischämie in der seitlichen Medulla oblongata),
- brennende Missempfindungen auf der gleichen Seite im Gesicht,
- Drehschwindel,
- Störung in der Abstimmung und im Zusammenwirken von Bewegungsabläufen (Ataxie),
- Heiserkeit,
- Schluckstörungen,
- Störung der Temperaturempfindung,
- herabgesetzte Schmerzempfindung (Hypalgesie),
- Fallneigung zur gleichen Seite,
- Lähmung des Gaumensegels und des Stimmbandes auf der gleichen Seite.
- Unwillkürliches horizontales Augenzittern (horizontaler Nystagmus).
- Herabhängen des Oberlids (Ptosis) und Pupillenverengung (Miosis) auf der gleichen Seite bei ungestörter Lichtreaktion und verzögerter Pupillenerweiterung im Dunkeln (Horner-Syndrom = Funktionsstörung des N. sympaticus).

11. Verschluss der Arteria cerebelli posterior inferior (PICA):

- Kopfschmerzen im Hinterkopfbereich,
- Störungen der Bewegungsabläufe im Bereich der Extremitäten,
- Gangstörungen,
- Standstörungen,
- Drehschwindel,
- Blicklähmung auf derselben Seite,
- Sehen von Doppelbildern.

12. Verschluss oder hochgradige Stenose der Arteria basilaris:

- Lähmung aller vier Extremitäten,
- Blicklähmung beider Augen,
- Lähmung der Augenmuskeln,
- Störung des N. oculomotorius (eingeschränkte Augenbeweglichkeit),
- Störung des N. abducens (führt zum Sehen von Doppelbildern),
- Augenzittern nach oben (vertikaler Nystagmus),
- verwaschene Sprache, Stimmlosigkeit und Störung der Schluck- und Kaubewegungen (Bulbärparalyse),
- rasch eintretende Bewusstseinsstörung bis hin zum Koma.

13. Verschluss der Arteria cerebelli inferior anterior (AICA):

- Symptome wie beim PICA-Infarkt.
- Fazialisparese auf der gleichen Seite,
- Hörverlust,
- Drehschwindel mit Fallneigung unabhängig von der Kopfstellung und Dauerschwindel.

14. Verschluss der penetrierenden Äste der Arteria basilaris:

- Hemiparese auf gegenüberliegenden Seite,
- vermindertes Vibrationsempfinden im Bereich des Beines,
- Lähmung der Augenmuskeln mit Hemmung beim seitwärts Blicken.
- Blicklähmung,
- Störung beim seitwärts Blicken mit Doppelbildern.

15. Verschluss der Arteria cerebri posterior:

- Halbseitige Empfindungsstörung (Hemihypästhesie),
- evtl. Hemiparese,
- Halbseitenblindheit beider Augen zur gegenüberliegenden Seite (kontralaterale homonyme Hemianopsie).

Bei Störung der dominanten Seite:

- Lese- und Rechenstörung,
- evtl. Störung des Erkennens trotz intakter Wahrnehmung (visuelle Agnosie).

Bei Störung der nicht dominanten Seite:

- Orientierungsstörungen im Raum,
- Vernachlässigung der gegenüberliegenden Seite (Neglect).

16. Infarkte im Bereich des Thalamus:

- Antriebsstörungen,
- Gesichtslähmung auf der gegenüberliegenden Seite,
- Herabhängen des Oberlids (Ptosis) auf der gleichen Seite.
- Auf der gegenüberliegenden Seite reduzierte Empfindlichkeit auf Berührungsreize sowie Störung der Bewegungsabläufe und der funktionellen Abstimmung der Extremitäten.
- Gedächtnisstörungen,
- Blicklähmungen nach oben und unten.

17. Verschluss der penetrierenden Arterien zur Capsula interna oder zum Pons:

- Reine Hemiparese ohne sonstige Störungen.

18. Verschluss der penetrierenden Arterien zum Thalamus und zum hinteren Anteil der inneren Kapsel:

- Reine Hemiparese ohne sonstige Ausfälle.

2.7 Notfalldiagnostik

Kraniale Computertomografie (CCT):

Durchführung ohne Kontrastmittel zum Ausschluss einer Blutung:

- ischämischer Insult (in 70–80 % der Fälle),
- zerebrale Blutung (in 15–20 %)
- Subarachnoidalblutung (in 2–5 %) .

Jeder Patient mit Zeichen eines Schlaganfalls muss ein CT erhalten. Darüber hinaus ist die kraniale Computertomografie Notfallmaßnahme bei Bewusstseinsstörung, schwerer neurologischer Symptomatik, Verdacht auf Subarachnoidalblutung, fortschreitender Verschlechterung, Fieber.

Vor- und Nachteile

Vorteile der CCT:
Die Untersuchung ist **einfach und schnell durchführbar**; schon kurze Zeit nach dem Ereignis ist eine **exakte Unterscheidung** zwischen Blutung und Infarkt möglich.

Nachteil der CCT:
Die **Beurteilung des Hirnstamms ist schwierig**; es ist nicht möglich, den Gesamtumfang der Gewebeinfarzierung festzustellen.

Dopplersonografie:

Dient zur Beurteilung der extrakraniellen Hirngefäße, vor allem zur Diagnose eines Verschlusses der A. carotis interna.
Bei Verdacht auf einen Verschluss der A. cerebri media ist eine transkranielle, dopplersonografische Untersuchung indiziert.

Vorteile des Dopplerverfahrens:

- Die Untersuchung ist auch bei **unruhigen und komatösen Patienten** jederzeit möglich.
- Die Untersuchung kann **im Patientenzimmer** durchgeführt werden.
- Die **Strömungsverhältnisse der großen** extra- und intrakraniellen Gefäße lassen sich **gut erfassen.** Aussagen über die Lokalisation und den Grad von Stenosen sind qualitativ oft mit denen einer Angiografie vergleichbar.

Nachteile des Dopplerverfahrens:

- Stark verkalkte Plaques verhindern durch **Störechos** die genaue Beurteilung von Gefäßstenosen.
- **Stark ausgeprägte Temporalknochen** erschweren die intrakranielle Gefäßdarstellung.
- Stenosen unter 50 % können **leicht übersehen** werden.

Kernspintomographie (MRT) und Magnetresonanz-Angiografie (MRA):

Sie werden bei bestimmten Fragestellungen zusätzlich oder alternativ eingesetzt.

Vorteile der MRT:

- Sie zeigt eine Ischämie früher als die CCT.
- Die **Darstellung** zerebraler Enzephalopathien und Lakunen ist **sehr gut.**
- Der Hirnstamm ist besser beurteilbar.
- Die **MRA** erlaubt eine rasche arterielle und venöse Gefäßdiagnostik.

Nachteile der MRT:

- Die Untersuchung **dauert** vergleichsweise **lang.**
- **Instabile und unruhige Pflegebedürftige** oder Patienten mit Platzangst erzwingen oftmals einen vorzeitigen Abbruch der Untersuchung.
- Patienten mit **Herzschrittmachern** oder **Metallclips** an den Gefäßen können nicht kernspintomografisch untersucht werden (**Magnetfeld**).

Notfalllabor:

Wichtige Blutwerte

Blutbild, Gerinnung (Quick, PTT), **Elektrolyte, Blutzucker** (BZ-Stix), **Nieren- und Leberwerte.**

Weitere Diagnostik:

Weiterführende Diagnostik

Vor Lyse oder Heparinisierung: **EKG, Rö-Thorax, Echokardiografie** (Notfallindikation bei Endokarditisverdacht), **Lumbalpunktion** (bei unauffälliger CCT und gleichzeitigem Verdacht auf Subarachnoidalblutung).

3 Therapie des Schlaganfalls

(A. Conzelmann/P. Manz)

Therapeutische Maßnahmen:

- Das Ärzteteam entscheidet aufgrund der Untersuchungsbefunde, welche Therapiemaßnahmen sofort eingeleitet werden und ob weitere Untersuchungen nötig sind. Die Informationen werden umgehend an das Pflegepersonal weitergegeben.
- Gleichzeitig wird ein schriftlicher Therapieplan erstellt, der sich in der Patientenkurve befindet (Anordnungsbogen).
- Alle bereits vorgenommenen Maßnahmen müssen schriftlich vom Arzt nachgetragen und dokumentiert werden (Medikamente, Infusionen etc.)
- Weitergehende Maßnahmen wie z. B. die geplante Vorgehensweise bei Mobilisation und Ernährung (Schlucktraining u. Ä.) sollten zu diesem Zeitpunkt im Team besprochen werden, um eine einheitliche Handlungsweise aller Beteiligten zu gewährleisten.
- Es ist sinnvoll, Krankengymnasten, Ergotherapeuten und Logopäden in die Planung einzubeziehen.

3.1 Sofortmaßnahmen: Handlungskette Schlaganfall

Die Erstdiagnose eines Schlaganfalls wird durch den behandelnden Hausarzt bzw. Notarzt gestellt. Er leitet dann die notwendigen Sofortmaßnahmen ein und benachrichtigt die Stroke Unit.

Sofortmaßnahmen sind:

- Verständigung eines Notarztes.
- Kreislaufstabilisierung und -überwachung (u. a. Sicherung der Sauerstoffzufuhr, evtl. Intubation, Legen eines venösen Zugangs zur Medikamenten- und Volumensubstitution, Monitoring, Erhaltung eines physiologischen Blutdrucks, Überwachung und Normalisierung des Blutzuckers).
- Benachrichtigung der Stroke-Unit und Abklärung der Aufnahmeindikation mit dem Stationsarzt.

3.1.1 Handlungsablauf in den ersten Stunden

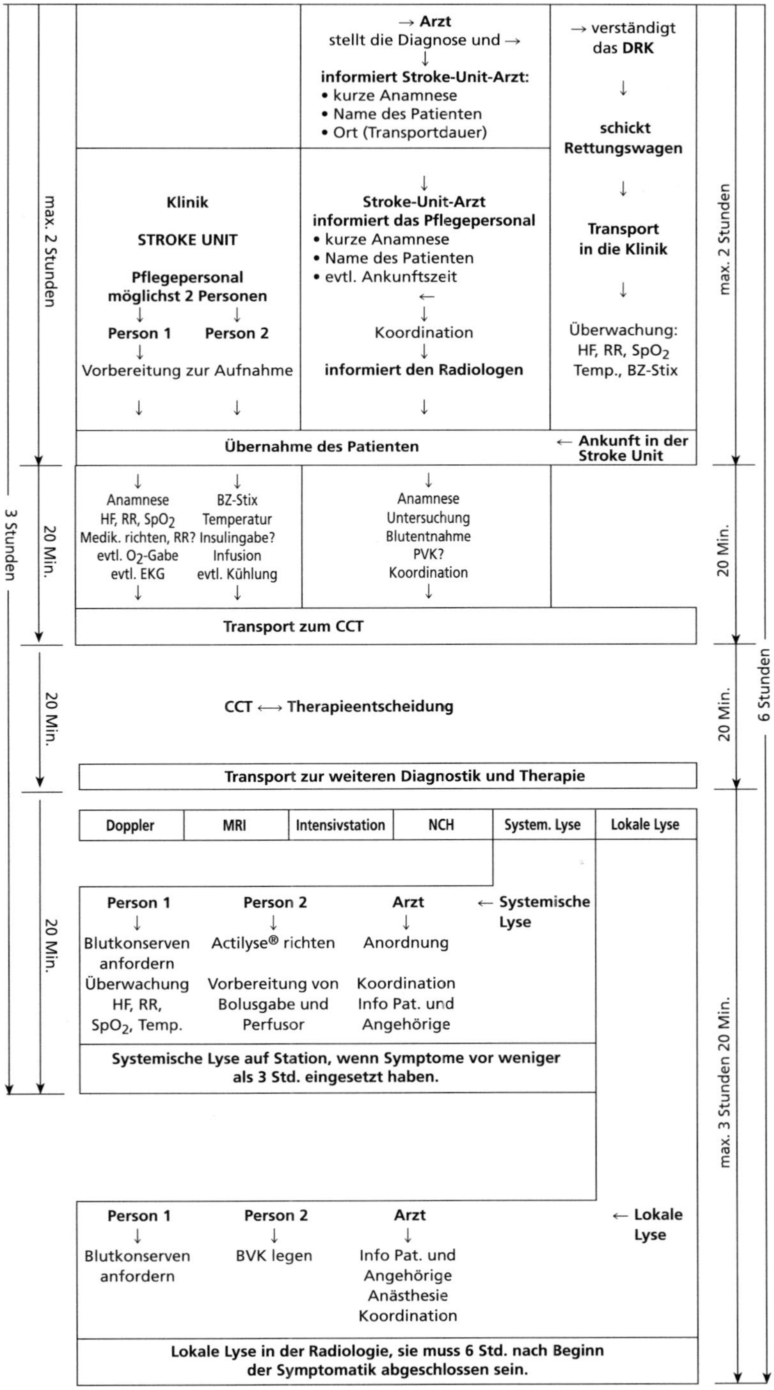

Abb. 10: Handlungsablauf in den ersten sechs Stunden nach dem Schlaganfall

* HF = Herzfrequenz, SpO_2 = Pulsoxymetrie, PVK = peripherer Venenkatheter, BVK = Blasenverweilkatheter

Merke: Die lokale Lyse erfolgt in der Radiologie, sie muss 6 Std. nach Beginn der Symptomatik abgeschlossen sein.

3.1.2 Situation direkt nach dem Schlaganfall

- Ereignis
- Erkennen der Symptome
- Entscheidung zum Notruf

Die Symptome eines Schlaganfalls müssen zunächst von dem Betroffenen, den Angehörigen, den Arbeitskollegen etc. als solche erkannt werden! Wenn die Symptome für einen Schlaganfall sprechen, muss die sofortige Alarmierung des Notarztes (Arztes) erfolgen.

Eintreffen des Notarztes

Sofortmaßnahmen

Der Notarzt und die Rettungssanitäter **sichern und überwachen die Vitalfunktionen.** Ein **venöser Zugang** wird gelegt und der Blutzuckerwert (**BZ-Stix**) ermittelt. Der Notarzt ermittelt den genauen Zeitpunkt des Schlaganfalls. Er fragt nach dem Beginn der Symptomatik (Krampfanfall?), Vorerkrankungen und der aktuellen Medikation (Acetylsalicylsäure?).

Information der Stroke Unit

Der Notarzt informiert die Stroke Unit über Art (kurze Anamnese) und Zeitpunkt des Ereignisses. Er gibt auch notwendige Aufnahmedaten wie Name, Geburtsdatum und evtl. die Adresse des Betroffenen weiter. Bei aphasischen oder bewusstseinsgetrübten Patienten kann es nützlich sein, einen Angehörigen für weitere Angaben in die Klinik mitzunehmen.

Transport in die Klinik

Maßnahmen während des Transports

Während des Transports wird der Patient **engmaschig überwacht. Sauerstoff** sollte, wenn der Zustand es ermöglicht, erst ab SpO_2-Werten (Pulsoxymetrie) **unter 90 %** verabreicht werden. Wichtig für die Stroke Unit ist der ungefähr zu erwartende Zeitpunkt des Eintreffens in der Klinik.

3.1.3 Vorbereitungen in der Klinik

Die Vorbereitungen zur Aufnahme des Patienten beginnen direkt nach der Anmeldung durch den Notarzt. Um einen möglichst reibungslosen Aufnahmeablauf gewährleisten zu können, sind die Angaben des Notarztes (Zeitpunkt des Ereignisses, Anamnese, Patientendaten und der Zeitpunkt des Eintreffens in der Klinik) besonders wichtig.

Patienten, die über einen **Notruf** ins Krankenhaus gelangen, haben die kürzeste prähospitale Phase. Aber auch aus dieser Patientengruppe kommen leider nur ca. 38 % der Personen innerhalb der ersten 2 Stunden in die Klinik.

Übernahme und Versorgung des Patienten in der Klinik

Die Erstversorgung in der Klinik richtet sich nach den klinischen Leitsymptomen.

Überwachung und Stabilisierung der Vitalfunktionen

Erstversorgung

Die **Sicherung der Vitalfunktionen** steht immer an erster Stelle. Die Versorgung mit einem **periphervenösen Zugang** zur Verabreichung von Medikamenten bei vitaler Gefährdung kommt ebenfalls hinzu. Die Punktion nichtkomprimierbarer Venen, z. B. V. subclavia, V. jugularis u. a. zur ZVK-Anlage ist wegen einer möglichen Thrombolyse noch kontraindiziert. Bis zum Abschluss der Notfalldiagnostik sollte nur eine normale Standardlösung (z. B. Sterofundin®) infundiert werden.

Neurologische Untersuchung

Sie bezieht sich auf:
- Schwere des Defizits,
- Verlauf (Besserung oder Verschlechterung),
- Zeitpunkt des Ereignisses,
- Vorerkrankungen,
- Kontraindikationen für eine Lyse,
- Medikamente.

Blutdrucküberwachung

Überwachungsmaßnahmen

In der Akutphase des Hirninfarkts haben ca. 70 % aller Patienten eine Blutdruckerhöhung über 170/100 mm Hg. 50 % aller Schlaganfallpatienten hatten schon vor dem Ereignis einen Hypertonus. Hinzu kommt, dass in der Akutphase eine Aktivierung des Sympathikus vorliegt, wodurch der Hypertonus noch verstärkt wird. Die sympathische Aktivierung ist aber meist vorübergehend, und es kommt innerhalb weniger Tage spontan zur Blutdrucksenkung.
In Hirnarealen, die von einer Ischämie betroffen sind, kommt es zur Störung der Autoregulation der Hirngefäße. Da die Selbstregulierung versagt, erfolgt die Blutversorgung der Penumbra über Kollateralen und eine evtl. noch minimal vorhandene poststenotische Restperfusion. Die Kollateralen benötigen jedoch einen ausreichend hohen Perfusionsdruck, der nur bei höherem Blutdruck vorhanden ist. Bei gesundem Herzen sollte man Werte bis 200 mm Hg systolisch und 120 mm Hg diastolisch akzeptieren. Nur bei Schlaganfallpatienten mit vorbestehender Herzerkrankung sollte der Blutdruck zur Vermeidung einer Herzdekompensation ab 200 mm Hg systolisch vorsichtig um ca. 20 % gesenkt werden. Der güns-

tigste Blutdruckbereich liegt zwischen 160 und 190 mm Hg systolisch. Blutdrucksenkende Medikamente mit gefäßerweiternder Wirkung (vasodilatatorische Substanzen) sind wegen eines möglichen Stealeffekts nicht zu empfehlen. Das Medikament der Wahl zur Blutdrucksenkung ist Urapidil (Ebrantil®), da es die Autoregulation der zerebralen Durchblutung nicht beeinflusst und somit auch keine Erhöhung des intrakraniellen Druckes bewirkt.

Bei systolischen Blutdruckwerten unter 160 mm Hg sollten in der Akutphase umgehend Gegenmaßnahmen ergriffen werden. Hierzu gehören eine rasche Volumengabe (z. B. HAES) oder die Verabreichung von Katecholaminen (z. B. Dopamin®). Eine **engmaschige Blutdrucküberwachung** sollte mittels NBP (nichtinvasive Blutdruckmessung) auch während der Untersuchungen (außer MRI) durchgeführt werden.

Blutdruckmessung

Temperaturüberwachung

Ein Temperaturanstieg von 1 °C verdoppelt die Wahrscheinlichkeit zu sterben oder schwerbehindert aus dem Schlaganfall hervorzugehen. Daher sollte die Körpertemperatur in den ersten Tagen nach dem Hirninfarkt möglichst unter 37 °C gehalten werden. Dies kann durch konsequente Anwendung physikalischer Maßnahmen (z. B. Wadenwickel, coolpacks®) bzw. mit Antipyretika wie Paracetamol (z. B. Benuron®) oder Metamizol (Novalgin®) erreicht werden. Bei der Aufnahme sollte die **Temperatur im Ohr gemessen** werden, da diese Methode sehr genau ist und das Ergebnis sofort vorliegt. Eine kontinuierliche rektale Messung ist wegen der noch anstehenden Umlagerungsmaßnahmen (CCT) noch nicht geeignet. Sollte der Patient einen Blasenkatheter benötigen, empfiehlt sich die **kontinuierliche Temperaturmessung über den BVK.**

Temperaturmessung

BZ-Stix

Blutzucker: Die Blutzuckereinstellung spielt nach einem Schlaganfall grundsätzlich eine besondere Rolle. Bei unklarem klinischen Bild muss man auch an eine Hypoglykämie denken. Eine Unterzuckerung kann die Symptome des Schlaganfalls imitieren und ebenfalls zu irreversibler Schädigung von Gehirnzellen führen. Eine Hyperglykämie ist mit einer schlechten Langzeitprognose verbunden. Während einer Ischämie kommt es vermehrt zu einer Abnahme der aeroben und einer Zunahme der anaeroben Glykolyse (Abbau der Glukose bis zum Laktat). Dies führt zu einem vermehrten **Anfall von Laktat** und schließlich zur **Laktatazidose.**

Hypo-/Hyperglykämie

Laktatazidose

Die **Laktatazidose** mit entsprechenden intrazellulären pH-Wert-Veränderungen führt zu **funktioneller** und schließlich zu **morphologischer Beeinträchtigung.** Normale Blutzuckerspiegel verringern die Laktatazidose im Bereich des ischämischen Infarktareals. Eine Normalisierung des Blutzuckers sollte daher sofort erfolgen. Blutzuckerwerte über 200 mg % müssen durch Gabe von **Alt-Insulin** gesenkt werden.

Insulingabe

Zur **subkutanen Insulininjektion** eignet sich besonders die **Bauchhaut,** da das Insulin hier rasch resorbiert wird. Eine andere Möglichkeit ist die Gabe von **Alt-Insulin** i. v. über **Perfusor** mit 1–4 IE pro Stunde.

Sauerstoffgabe

Erst bei **SpO_2- (Pulsoxymetrie)-Werten unter 90 %** sollte mit der Gabe von Sauerstoff begonnen werden.

Aufnahmelabor

Laborparameter

Zum Aufnahmelabor gehören: Blutbild, Thrombozyten, Quick, PTT, AT III, Fibrinogen, Elektrolyte, CK, CKMB, Blutzucker, Nieren- und Leberwerte. Diese Befunde sollten zum Zeitpunkt der Therapieentscheidung vorliegen. Darüber hinaus sind wichtig: BSG, CRP, Kreuzblut zur Blutgruppenbestimmung und zur Bereitstellung von Blutkonserven bei einer Lyse. Ggf. BGA, Protein S, Protein C, APC-Resistenz.

Blasenkatheter

Harnableitung

Bei stark bewusstseinsgetrübten, unkooperativen, aphasischen oder hochgradig paretischen Patienten kann es sinnvoll sein, einen **Blasenkatheter** zu legen, um Bewegungsunruhe aufgrund des Harndrangs zu vermeiden.

EKG

Die EKG-Ableitung dient einer ersten Orientierung in der Frage relevanter kardialer Begleiterkrankungen (absolute Arrhythmie, Extrasystolie, evtl. akuter Myokardinfarkt etc.)

Transport zum CCT

Schädel-CT

Das CT des Hirnschädels ist in der Diagnostik des akuten Schlaganfalls zwingend erforderlich, da die **Differenzierung zwischen Ischämie und intrakranieller Blutung** nur durch ein CT möglich ist. Bei bewegungsunruhigen Patienten ist zur Durchführung der diagnostischen Maßnahmen evtl. eine Sedierung nötig (z. B. mit Midazolam: Dormicum® 5 mg).

> **Wichtig:** Ein sedierter Patient darf während der Untersuchung nicht alleine im Raum bleiben (Aspirationsgefahr!)

Sonstige Untersuchungen

Extra- und transkranielle Doppler- und Duplexsonografie, perfusions- und diffusionsgewichtete MRT-Sequenzen etc. dienen dem Nachweis von Lokalisation und Ausdehnung des arteriellen Gefäßverschlusses bzw. der Kollateralversorgung.

Therapieentscheidung systemische oder intraarterielle (lokale) Lyse

Vollheparinisierung und Gabe von Acetylsalicylsäure (ASS) sind keine direkten Therapiemaßnahmen. Sie werden eher zur Prophylaxe eines Reinsultes eingesetzt.

3.1.4 Indikationen zur Aufnahme auf eine Stroke Unit

- Frischer Schlaganfall bei Symptomen, die nicht länger als 24 Stunden vorliegen bzw. bei instabiler oder progredienter Symptomatik,
- bei instabilem Blutdruck, Herzarrhythmie, Temperaturerhöhung und Blutzuckerabweichungen,
- bei spezieller Therapieindikation (Thrombolyse, Antikoagulation, Neuroprotektiva),
- zur reibungslosen Notfalldiagnostik.

Merke: Die Patienten sollten wach oder allenfalls somnolent sein. Komatöse oder beatmungspflichtige Patienten bedürfen der Behandlung auf einer Intensivstation.

3.1.5 Tätigkeiten auf der Stroke Unit

3.1.5.1 Maßnahmen vor Eintreffen des Patienten

1. Weitergabe der Erstinformationen an das Pflegepersonal: Der Arzt sollte das Stationspersonal so rasch als möglich informieren. Nur durch rechtzeitige Information ist eine gute Vorbereitung als Grundlage für eine reibungslose Patientenaufnahme möglich.
2. Festlegung einer Pflegebezugsperson.
3. Absprache zwischen Arzt und Pflegepersonal bzgl. der Vorgehensweise (Handlungskette).
4. Vorbereitungen zur Patientenaufnahme:

- Sichern der Erstinformationen vom aufnehmenden Arzt,
- Ermittlung von Patientenalter und Geschlecht,
- Stellen der Verdachtsdiagnose,
- kurze Anamnese,
- Planen der Sofortmaßnahmen,
- Abklären, welche Pflegeperson den Patienten schwerpunktmäßig versorgen kann.

Achtung: Der Patient sollte nach Möglichkeit von einem Arzt und zwei Pflegekräften aufgenommen werden, die sich die Aufnahmetätigkeit teilen. Wenn der Arzt nicht anwesend sein kann (z. B. bei gleichzeitiger Aufnahme mehrere Zugänge), sollte der Notarzt möglichst beim Patienten bleiben, bis er von einem Klinikarzt übernommen werden kann.

Vorbereitung des Pflegeplatzes und des Patientenbettes

Folgende Gegenstände und Geräte werden bereitgestellt/überprüft:
- Umlagerungshilfe (Rollbrett),
- Bettseitenteile (Bettgitter),

- Transportmonitor (Vollständigkeits- und Funktionsprüfung, HF, RR, SpO_2, Temp., Klebeelektroden, evtl. Einmalrasierer),
- Patientenhemd, evtl. Bettwäscheschutz,
- ggf. O_2-Flasche, transportable Absaugung (Vollständigkeits- und Funktionsprüfung, Flaschenfüllung, Absaugkatheter etc.),
- evtl. O_2-Maske, -Brille oder -Sonde,
- evtl. Beatmungsbeutel mit O_2-Reservoir und O_2-Anschlussleitung,
- nach Anordnung Infusion mit Infusionspumpensystem und Dreiwegehahn, evtl. Perfusor,
- evtl. Legeset für einen peripheren Venenkatheter (PVK),

Kontrolle der Vollständigkeit (O_2-Gabe, Absaugung, Perfusoren, Infusomaten, Überwachungsmöglichkeiten usw.)

Vorbereitung des Untersuchungsmaterials

- BZ-Stixgerät,
- Aufnahmelabor,
- Untersuchungsanforderungen (CCT, Doppler, evtl. NMR, evtl. Röntgen).

Vorbereitung des Dokumentationssystems

Überwachungskurve, Anordnungs- und Annamnesebogen, Aufnahmebogen etc.

Sonstiges

- EKG-Gerät bereitstellen (Aufnahme-EKG), evtl. cool packs® (in den Kühlschrank legen),
- Medikamente bereithalten (RR-Senkung, Temperatursenkung etc.),
- Blasenkatheterset (ggf. mit Temperaturmessung),
- evtl. Nierenschale und Papiertücher,
- evtl. Handtücher für Wadenwickel,
- Urinflasche, Steckbecken.

> **Merke:** Ziehen Sie aus hygienischen Gründen vor der Übernahme des Patienten Einmalhandschuhe an.

3.1.5.2 Maßnahmen bei Eintreffen des Patienten

Überwachung und Monitoring

Unmittelbar nach Eintreffen des Patienten beginnt die engmaschige Kontrolle der Vitalparameter.

> **Achtung:** Die korrekte Überwachung beinhaltet vorrangig die Kontrolle des Monitors (Alarmgrenzen, Intervallmessungen etc.)

In den ersten 24 Stunden erfolgt die engmaschige Überwachung, das Monitoring und die Dokumentation von Blutdruck, Puls, Temperatur, Sauerstoffsättigung, Blutzucker, Atmung und Vigilanz (inklusive Pupillenreaktion). In dieser Zeit ist die Gefahr des Reinfarktes am größten.
Blutdruckwerte werden i. d. R. bis zu einem systolischen Wert von 200 mm Hg toleriert, um eine ausreichende Durchblutung des intakten und geschädigten Gehirngewebes zu gewährleisten.
Körpertemperatur und Blutzuckerwerte sind ebenfalls wichtige Kontrollparameter (Richtwerte und Maßnahmen siehe Tabellen 2, 4 und 5, Seite 57 f.)

Merke: Messwerte, die außerhalb der üblichen Grenzen liegen, müssen dem Arzt umgehend mitgeteilt werden!

Tipp: Kommt es plötzlich zu massiven Messwertveränderungen gegenüber der zuletzt durchgeführten Überwachung, sollte derselbe Parameter nochmals im Beisein der Pflegekraft nachgeprüft werden. Oftmals reagieren die Monitore empfindlich auf Bewegungen oder Lageveränderungen des Patienten. Dies kann zu erheblichen Falschmessungen führen. Mögliche Fehlerquellen sind z. B. das Abknicken des Armes beim Blutdruckmessen oder eine verrutsche Blutdruckmanschette. Falsch platzierte EKG-Elektrodenkleber, mangelnde Leitfähigkeit oder »Störstromquellen« (z. B. Schrittmacher) können ebenfalls zu Artefakten führen. Eine Tabelle weiterer Störfaktoren ist im Kapitel »Monitoring und Patientenüberwachung« zu finden.

Der Zeitraum vom Eintreffen des Patienten bis zur ersten apparativen Untersuchungsmöglichkeit (CCT = Craniale Computertomographie), wird, wie oben erwähnt, zur Durchführung neurologischer Untersuchungen, zum Anschluss des Monitors, zur Temperaturmessung, Blutentnahme und zur BZ-Bestimmung genutzt. Die Aufnahme muss sehr rasch vonstatten gehen und erfordert die erhöhte Aufmerksamkeit aller beteiligten Personen. Die ersten Untersuchungsergebnisse (RR, Temperatur, Blutzucker etc.) sind wichtig, um sofort notwendige Behandlungsmaßnahmen zur Rettung der Penumbra einleiten zu können (Penumbra = »Halbschatten«, das den Infarktkern umgebende Hirnareal; es handelt sich um Gewebe, das noch durchblutet ist.) Die folgenden Maßnahmen dienen als Richtlinie für einen reibungslosen Ablauf und müssen dem jeweiligen Zustand des Patienten und der ärztlichen Anordnung angepasst werden:

- Begrüßung des Patienten.
- Anziehen der Einmalhandschuhe.
- Nach kurzer Anamnese wird der Patient in das Bett umgelagert.
- Ablaufinformation an den Patienten.
- Der Oberkörper wird entkleidet, Herzfrequenz-, RR- und SpO_2-Überwachung werden angeschlossen. Die Ableitungen werden auf dem Bildschirm kontrolliert. Das Patientenhemd wird angezogen. Nun

müssen die Alarmgrenzen angepasst und die Alarme aktiviert werden. Das RR-Messintervall (es sollte nicht länger als 15 Min. sein) wird ebenfalls angepasst und aktiviert.

- Evtl. Verabreichung von Sauerstoff (nur bei SpO_2-Werten unter 90 % oder nach ärztlicher Anordnung).
- Kontrolle der Pupillenlichtreaktion.
- Blutentnahme und Blutzucker-Stix aus dem abgenommenen Labor, evtl. Legen eines peripheren Venenkatheters und Anschluss einer Infusion.
- Temperaturmessung, ein Ohrthermometer eignet sich besonders gut, da das Messergebnis sehr genau ist und die Messung einfach und schnell geht. Die kontinuierliche Überwachung eignet sich wegen der bevorstehenden Umlagerungsmaßnahmen (CCT) noch nicht.
- Wenn Angehörige anwesend sind, kurz informieren, evtl. Aufnahmepapiere ausfüllen lassen.
- Sollte eine weitere Untersuchung (CCT, Doppler o. a.) noch nicht möglich sein, kann evtl. ein EKG geschrieben werden.
- Evtl. Urinflasche oder Steckbecken, Nierenschale, Tücher etc. zur Untersuchung mitnehmen.
- Transport zur geplanten Untersuchung (CCT, Doppler) unter Weiterführung der Therapie und Überwachung (ausreichende Menge an Medikamenten mitnehmen).
- Es ist sehr wichtig, die Messintervalle für RR, Temperatur und Blutzucker einzuhalten, um notwendige Behandlungsmaßnahmen einleiten und ihren Erfolg überwachen zu können.

Kurz und knapp

- Aufnahme des Patienten durch Arzt und Pflegeperson (Stroke-Unit-Team).
- Überwachung und Dokumentation der Vitalparameter (Monitoring).
- Sicherung der Sauerstoffzufuhr, falls notwendig.
- Einleiten der Notfalldiagnostik (Anmeldung der Untersuchungen durch den Arzt, Blutentnahme, BZ-Stix).
- Transport zu CCT, Doppler, Angiografie, evtl. Kernspintomografie (durch Arzt und Pflegeperson!)
- Angehörigenbefragung und -aufklärung.

Stunden	0–2 h	2–24 h	ab 24 h	Sollwert
Blutdruck	alle 15 Min.	alle 30 Min.	alle 3 Stunden	140–200 mm Hg syst.
Blutzucker	alle 30 Min.	alle 120 Min.	alle 6 Stunden	unter 160 mg/dl
Temperatur	alle 30 Min. (bzw. kontinuierlich)	alle 60 Min. (bzw. kontinuierlich)	alle 6 Stunden	unter 37,5 °C

Tabelle 2: Überwachungsplan für Hirninfarktpatienten

Tabelle 3: Behandlungsplan zur Blutdruckstabilisierung

Systolischer Blutdruck (mm Hg)	Intervention	Medikamente/ Dosierung
Bei gesundem Herzen **über 220** mm Hg:	Vorsichtige Blutdrucksenkung unter engmaschiger RR-Kontrolle auf Werte unter 200 mm Hg.	Urapidil (Ebrantil®) bis 25 mg Bolusgabe langsam i. v.
Bei vorgeschädigtem Herzen **über 200** mm Hg:	Evtl. invasive Blutdruckmessung.	Evtl. Wiederholungsgaben (2 mg/Min. i. v.), danach ggf. Ebrantil®-Perfusor 250 mg mit 2 ml/h bis zu 10 ml/h.
160–190 mm Hg:	Idealer Druck.	keine
130–150 mm Hg:	Engmaschige RR-Überwachung.	Evtl. Volumengabe (NaCl 0,9 %, Sterofundin oder Gelafundin).
	Intervention bei Blutdruckabfall:	
110–130 mm Hg:	Blutdrucksteigerung durch rasche Volumengabe, engmaschige RR-Überwachung.	Volumengabe (NaCl 0,9 %, Sterofundin oder Gelafundin).
unter 110 mm Hg:	Engmaschige RR-Überwachung, Blutdrucksteigerung durch Volumenzufuhr, ggf. invasive Blutdruckmessung.	Rasche Volumengabe, evtl. Gabe von Katecholaminen, z. B. Dopamin®- oder Dobutamin®-Perfusor über einen zweiten venösen Zugang.

Tabelle 4: Behandlungsplan zur Temperaturstabilisierung

Temperatur	Intervention
über 37,5 °C	• Cool packs® • Wadenwickel
über 38,0 °C	• Cool packs® • Wadenwickel und Ben-u-ron® 1 g
über 38,5 °C	• Cool packs® • Wadenwickel • Ben-u-ron® 1 g und Novalgin® 1 g in 100 ml NaCl 0,9 % über 30 Min. (engmaschige RR-Überwachung)
über 39,0 °C	zusätzliche Kühlung, z. B. durch Kühlmatte

Tabelle 5: Insulin-Nachspritzplan (Alt-Insulin s. c.)

Blutzucker	tagsüber	nachts
150–200 mg %	4 IE	2 IE
200–250 mg %	6 IE	4 IE
250–300 mg %	8 IE	6 IE
300–350 mg %	12 IE	6 IE
über 350 mg %	14 IE	8 IE

3.2 Lysetherapie bei akutem Schlaganfall

Allgemeines

Therapieformen

Nachdem die Einführung der Thrombolyse zur Behandlung des akuten Myokardinfarktes bisher erfolgreiche Ergebnisse bezüglich Sicherheit und Wirksamkeit erzielte, wird nun auch in zunehmendem Maße die Therapie des akuten Schlaganfalls mittels thrombolytischer Pharmaka getestet. Diese wirken beim akuten Myokardinfarkt durch **Auflösung des Thrombus und rasche Wiedereröffnung des verschlossenen Gefäßes.** Ähnliche Effekte sind auch bei der Behandlung des akuten Schlaganfalls zu erwarten. Durch die erzielte **Rekanalisation** wird eine Behebung des Gefäßverschlusses und die **Begrenzung des Infarktareals** angestrebt. Ziel ist somit die **Verminderung der Schwere der neurologischen Symptomatik.** Die thrombolytische Therapie wurde sowohl bei Patienten mit **Infarkten im Versorgungsgebiet der A. carotis interna als auch im vertebrobasilären Stromgebiet getestet.** Dabei handelt es sich um Infarkte embolischer Ursache sowie um lokal-thrombotisch entstandene Verschlussarten. Der Funktionserhalt des Gewebes hängt von Dauer und Ausmaß der Ischämie ab, sodass der Zeitpunkt der Thrombolyse nach Beginn der Symptomatik eine entscheidende Rolle spielt. Obgleich es noch keine einheitliche Eingrenzung des Zeitfensters gibt, **sollte die Thrombolyse zum strukturellen Erhalt des geschädigten Hirngewebes (der Penumbra) spätestens innerhalb von 4–6 Stunden (Versorgungsgebiet der A. carotis interna) bzw. 12 Stunden (vertrebrobasiläres Stromgebiet) abgeschlossen sein.** Die Ergebnisse der NINDS-Studie (**N**ational **I**nstitute of **N**eurological **D**isorders and **S**trokes) zeigen, dass ein noch früherer Behandlungsbeginn – innerhalb 3 Stunden nach Auftreten erster Symptome – vorteilhaft ist. Es ist jedoch schwierig, ein allgemein gültiges Zeitfenster zu definieren, da die Therapie zudem von individuellen Faktoren wie der kollateralen Blutversorgung und dem Restfluss abhängig ist. Prognostisch wichtig sind darüber hinaus die Lokalisation des Verschlusses, Größe, Alter und Zusammensetzung des Thrombus sowie die Entwicklung eines Hirnödems.

Medikamente

Bislang wurden **drei verschiedene thrombolytische Substanzen**, die als Plasminogenaktivatoren wirken, zur Lysetherapie angewandt: **Urokinase, Streptokinase und rtPA (rekombinierter Gewebeplasminogenaktivator).**

Therapiemethoden

Diese können in **zwei unterschiedlichen Verfahren** Anwendung finden: **Urokinase** wird meist **lokal intraarteriell** verabreicht, **Streptokinase und rtPA** können **sowohl intravenös als auch intraarteriell** appliziert werden. In der Regel werden Letztere jedoch zur Durchführung der **venösen systemischen Lysetherapie** angewendet.

Die intraarterielle Anwendung bietet den Vorteil der direkten Wirkung des Thrombolytikums an der Verschlussstelle, zuvor ist jedoch eine neuroradiologische Intervention notwendig. Intravenöse Techniken erlauben eine breitere Anwendung, die aber u. a. den Nachteil mit sich bringt, dass die Verdünnung der Substanzen mit einer reduzierten Wirkstoffkonzentration einhergeht, und die systemische thrombolytische Wirkung somit herabgesetzt ist.

Komplikationen

Komplikationen können hämorrhagische Transformationen und intrazerebrale Blutungen sein. Eine hämorrhagische Transformation ist eine Einblutung in das Infarktareal aus Gefäßen, bei denen ischämisch bedingte Gefäßwandveränderungen zu einer Aufhebung der autoregulativen Funktion geführt haben, das sog. »Reperfusionssyndrom«. Bei der intrazerebralen Blutung hingegen handelt es sich um gerinnungsbedingte Einblutungen aus Ästen größerer Arterien. Eine hämorrhagische Transformation des Infarktareals wird in der Regel klinisch nicht manifest, während parenchymatöse Blutungen mit einer Zunahme des neurologischen Defizits und einer Erhöhung der Mortalität einhergehen können.

Eine quantitative Beurteilung der zerebralen Blutungskomplikationen nach Thrombolyse ist jedoch schwierig, da auch die spontane Rate hämorrhagischer Komplikationen und intrazerebraler Hämatome nach einem Hirninfarkt berücksichtigt werden muss.

3.2.1 Durchführung der intravenösen systemischen Lysetherapie

Das Fibrinolytikum wird i. v. über einen separaten Zugang verabreicht.
Substanz: rtPA, Alteplase.
Anwendungen: Fibrinolytische Therapie: Gefäßverschluss → Lungenembolie, Thrombose, Herzinfarkt. Günstigster Einsatzzeitpunkt sofort nach Diagnosestellung bis 6 Stunden nach Auftreten der ersten Symptome, bei Schlaganfall innerhalb 3 Stunden nach Einsetzen der ersten Symptome.
Dosis: 0,9 mg/kg Körpergewicht (die Trockensubstanz wird wegen Luftblasenbildung vorsichtig in beiliegendem Wasser für Injektionszwecke gelöst).
Maximale Dosis: 90 mg.
Infusionszeit: über 60 Min.
Initialbolus: 10 % der Gesamtdosis Actilyse®.
Einschlusszeit: innerhalb von 3 Std. nach Symptombeginn.
Antikoagulation: Beginn 24 Stunden nach Abschluss der Lyse (Vollheparinisierung).
Wirkung: Fibrin ist eine Art »Klebstoff«, der die verschiedenen Anteile eines Blutgerinnsels zusammenhält. Dieser Klebstoff wird bei der Lyse mittels Actilyse® aufgelöst, was zum Zerfall des Blutgerinnsels führt. Der Gewebe-Plasminogen-Aktivator t-PA (tissue plasminogen activator) stellt den bedeutendsten körpereigenen Fibrinolysefaktor dar. Bei der Fibrinolyse wird Plasminogen (inaktive Vorstufe des Plasmins) in das aktive Plasmin (Fibrinolysin) umgewandelt. Die therapeutische Konzentration ist um den Faktor 1000 höher als der physiologische Wert.

Einschlusskriterien:

- Eindeutiges Einsetzen der ersten Symptome innerhalb der 3-Std.-Frist,
- persistierende Symptome (NIH Stroke-Scale ≥ 4),
- CCT ohne frische Infarzierung oder Blutung.

Ausschlusskriterien:

- Wenn über ein Drittel des Mediaterritoriums betroffen sind (CT-Befund),
- globale Aphasie, schwerer Insult mit Bewusstseinstrübung,
- geringe Symptomatik,
- rasche klinische Besserung,
- Anfallsleiden oder Anfall,
- vorausgegangene intrazerebrale Blutung,
- Neoplasie, SAB, Aneurysma,
- V. a. SAB,
- RR > 185 systolisch bzw. > 110 diastolisch,
- V. a. septische Embolie,
- V. a. Perikarditis,
- V. a. ventrikulären Thrombus oder Aneurysma nach kürzlichem Myokardinfarkt (< 3 Monate),
- Operation oder Organbiopsie < 30 Tage,
- Trauma mit inneren Verletzungen < 30 Tage,
- ulzerierende Wunden < 30 Tage,
- Schädeltrauma < 3 Monate,
- Lumbalpunktion, Arterienpunktion an nicht komprimierbarer Stelle < 7 Tage,
- vorausgegangene Antikoagulation,
- Heparingabe < 48 Stunden,
- Prothrombinwert > 15 Sek.,
- Thrombozytenzahl < 100 000,
- Glukosewert < 50 oder > 400 mg %.

Tabelle 6: Ein- und Ausschlusskriterien für die Lysetherapie

vorderes Stromgebiet	hinteres Stromgebiet
Einschlusskriterien	**Einschlusskriterien**
• akuter Verschluss des Mediahauptstammes oder Siphons (unter 4 Stunden)	• akuter Verschluss der Basilaris (unter 4 Stunden)
• CCT ohne frische Infarzierung oder Blutung	• CCT ohne frische Infarzierung oder Blutung
Ausschlusskriterien	**Ausschlusskriterien**
• im CCT bereits sichtbare raumfordernde Hypodensität	• im CCT bereits sichtbare Hypodensität im Hirnstamm oder Kleinhirn

Kontraindikationen:

- Frühe Infarktzeichen > 1/3 des Mediaterritoriums im CT,
- vorausgegangene intrakranielle Blutung oder Aneurysma, V. a. SAB,
- SHT oder neurochirurgischer Eingriff innerhalb der letzten 3 Monate,
- Schwangerschaft, Wochenbett,
- bakterielle Endokarditis,
- Ösophagusvarizen, akute Magen-Darm-Ulzera, akute Pankreatitis,
- gastrointestinale oder urogenitale Blutungen innerhalb der letzten 4 Wochen,
- Gerinnungsstörungen, hämorrhagische Diathese (Quick < 50 %), Thrombozyten < 80 G/l ($10^3/\mu l$),
- Punktion eines großen, nicht komprimierbaren arteriellen oder venösen Gefäßes innerhalb der letzten 10 Tage (ZVK über Cubitalvene!),
- (fortgeschrittenes) Malignom,
- RR systolisch > 185, diastolisch > 110 mm Hg).
- Relative Kontraindikation: Operation innerhalb der letzten 10 Tage (Rücksprache mit Operateur zur Einschätzung des Risikos),
- Operation oder Organbiopsie < 30 Tage,
- Trauma mit inneren Verletzungen < 30 Tage,
- vorausgegangene Antikoagulationen,
- Heparingabe < 48 Stunden,
- Prothrombinwert > 15 Sek.,
- Thrombozytenzahl < 100 000.

Nebenwirkungen:

- Massive Blutung,
- Tachykardie,
- Blutdruckabfall.

Verglichen mit anderen Vertretern der Stoffklasse ist die Zahl der Wiederverschlüsse (Reinfarkte) relativ hoch, was mit einer hochdosierten Heparintherapie ausgleichbar ist.

3.2.2 Vorbereitung zur systemischen Lyse

- Weiterführen der Sofortmaßnahmen: Überwachung (Monitoring, Vigilanz, Pupillenlichtreflex), evtl. Sauerstoffgabe.
- Bereitstellung der Blutkonserven veranlassen.
- Notfalllabor vorbereiten.
- Bereithalten von Lyse-Antidot Aprotinin (Trasylol®) und FFP (Fresh-Frozen-Plasma).
- Vorbereiten des Arzneimittels rtPA (Actilyse®) nach Anordnung siehe Tabelle 7.
- Legen eines Blasenverweilkatheters (möglichst mit Temperaturüberwachung).
- Assistenz beim Legen eines zweiten venösen Zugangs.

Tabelle 7: Actilyse®-Dosierung bei Lysetherapie

Körpergewicht	bis 60 kg	60–70 kg	70–80 kg	80–90 kg	über 90 kg
Gesamtdosis	50 mg	60 mg	70 mg	80 mg	90 mg
Actilyse® 1	50 mg/50 ml	10 mg/10 ml	20 mg/20 ml	10 mg/10 ml	20 mg/20 ml
2	–	50 mg/50 ml	50 mg/50 ml	20 mg/20 ml	20 mg/20 ml
3	–	–	–	50 mg/50 ml	50 mg/50 ml
Bolusgabe über 2 Min.	5 mg/5 ml	6 mg/6 ml	7 mg/7 ml	8 mg/8 ml	9 mg/9 ml
Perfusor 1	45 mg/45 ml/h	54 mg/54 ml/h	13 mg/63 ml/h	22 mg/72 ml/h	31 mg/81 ml/h
Perfusor 2	–	–	50 mg/63 ml/h	50 mg/72 ml/h	50 mg/81 ml/h

Pflegetipp: Um einen Wirkungsverlust durch Ausfällung zu vermeiden, ist rtPA stets über einen separaten Zugang zu infundieren. Die zubereitete Lösung ist bei 4° C bis zu 24 Stunden und bei Raumtemperatur ca. 8 Stunden haltbar. Maximale Verdünnung: 1 mg/1 ml. Bei anhaltender bedrohlicher Blutung ist die Therapie zu beenden und die Gabe von Aprotinin (500.000 IE) zu erwägen.

- Wirkungseintritt: Reperfusion in der Regel nach 30 Minuten.
- Wirkungsdauer: mehrere Stunden, HWZ 14–38 Minuten.

3.2.3 Pflegemaßnahmen während der intravenösen systemischen Lyse

Überwachungs- und Pflegemaßnahmen

- Weiterführende engmaschige Überwachung,
- stündliche **Vigilanz- und Pupillenkontrolle,**
- kontinuierliche **Temperaturüberwachung** (über liegenden Blasenkatheter oder rektale Sonde),
- Überwachung der **Urinausscheidung** (Stundenurin) und Bilanzierung,
- **Blutzuckerkontrolle** mindestens alle 3 Stunden,
- Bereithalten von **Blutkonserven, Fresh-Frozen-Plasma** (FFP) und **Trasylol®**.
- **Beobachtung:** Allergische Reaktionen (z. B. Hautrötung), Bewusstseinsstörungen, Kopfschmerzen, Übelkeit, Erbrechen, evtl. Krampfanfälle, Meningismus (SAB), Blutbeimengungen in Stuhl oder Urin.

Merke: Bei Veränderungen muss sofort der Arzt informiert werden!

Maßnahmen beim Fibrinolyse-Zwischenfall

- Sofortiges Abbrechen der Fibrinolyse-Zufuhr.
- Gabe von Fibrinolysehemmern (z. B. Trasylol® 200.000 bis 500.000 Einheiten über Kurzinfusion, danach 50.000 Einheiten in der Stunde).
- Fibrinogen und Frischplasma infundieren.

Besonderheiten in der Pflege: Vermeidung von Blutungen!

- Mundpflege: Zähneputzen vermeiden,
- Absaugen nur, wenn absolut nötig (z. B. bei Aspirationsgefahr), dann möglichst mit einem Aero-Flow-Katheter,
- keine Nassrasur,
- keine i. m. Injektionen,
- Bettruhe in den ersten 24 Stunden,
- Punktionen vermeiden,
- liegende Verweilkanülen nicht entfernen,
- Sympatikotonus: Dysstress vermeiden (Ärger, Angst, Lärm etc.),
- Sonden und Katheter nur bei absoluter Indikation legen,
- bei Lagerungsmaßnahmen Zug an Sonden und Kathetern vermeiden,
- für weichen Stuhlgang sorgen (Stuhlentleerung ohne Bauchpresse).

Merke: Mit der systemischen Lyse sollte spätestens 3 Stunden nach dem Ereignis begonnen werden.

3.2.4 Durchführung der intraarteriellen Lysetherapie

Die lokale, intraarterielle Lyse wird in der Radiologie durchgeführt. Die Vorbereitungen zur lokalen Lyse beschränken sich daher für das Pflegepersonal der Stroke Unit auf den

- Transport zur Angiografie, die Hilfe bei den Lagerungsmaßnahmen und
- das Legen eines Blasenverweilkatheters (möglichst mit Temperaturüberwachungsmöglichkeit).

Merke: Die Überwachung des Patienten wird vom Personal der Anästhesie übernommen (Narkosebereitschaft!)

3.2.5 Technik der intraarteriellen Lysetherapie

Mit Hilfe eines Mikrokatheters, der durch den Thrombus/Embolus geschoben wird, wird das Fibrinolytikum (z. B. Urokinase®) beim Zurückziehen des Katheters in den Verschluss appliziert. Der Thrombus/Embolus wird also retrograd aufgelöst. Gut rekanalisierbar sind i. d. R. proximale

Verschlüsse der A. cerebri media und Verschlüsse distaler Äste der A. cerebri media.

Substanz: Urokinase (Actosolv®, Alphakinase®), **Streptokinase, rtPA.** Medikamente

Anwendung: Auflösung von Gefäßverschlüssen durch frischere und ältere Gerinnsel bei Venenthrombosen und Lungenembolien.

Wirkung: Urokinase wird aus menschlichem Urin gewonnen und nach einem speziellen Reinigungsverfahren angewendet. Urokinase ist der bekannteste körpereigene Aktivator der Fibrinolyse, es wandelt Plasminogen direkt in das fibrinauflösende Plasmin um. Die Plasmahalbwertszeit beträgt ca. 5 Min.

Nebenwirkungen: Blutungen (an der Punktionsstelle, Hämaturie, gastrointestinal, Apoplex), **Blutdruckabfall, Tachykardie.** Krankenbeobachtung

Kontraindikationen: Operation oder Trauma in den letzten 10–14 Tagen, hämorrhagische Diathese, i. m. Injektion in den letzten 8–10 Tagen, Hypertonie (syst. über 200, diast. über 110 mm Hg), Antikoagulanzientherapie mit Cumarinen etc.

Vorgehen:

- Durchführung einer zerebralen Angiografie; bei Nachweis eines Gefäßverschlusses gemeinsame Entscheidung von Neuroradiologen und Neurologen zur Lyse.
- Aufklärung und Einverständniserklärung des Patienten (bei Basilaristhrombosen Notfallmaßnahme, auch wenn Aufklärung nicht möglich ist).
- Anästhesie-Standby organisieren.
- Superselektive Platzierung des Katheters.
- evtl. Beginn einer systemischen Lyse.
- Applikation von Urokinase.
- Kontrollangiografie.
- Schleuse liegen lassen.
- Bei erfolgreicher Lyse weiterführende Therapie mit Low-dose-Urokinaseperfusor über 1 Stunde.
- Übernahme auf Intensivstation/Wachzimmer.
- Heparin i. v. nach PTT, Beginn unmittelbar nach Angiografie (für ca. 10 Tage).
- Sofort engmaschige, danach stündliche Überwachung von RR, Puls, Vigilanz.
- Sofortige, danach zunächst dreistündliche Laborkontrollen: Hb, Hk, Gerinnung.
- Beobachtung: Klinik, Fußpulse, Schleuse.
- Diagnostik im weiteren Verlauf: Labor (Auto-Antikörper, Anti-Cardiolipin-Antikörper, C3, C4, zirkulierende Immunkomplexe, Cholesterin, Triglyceride, Harnsäure), transösophageale Echokardiografie.
- TCD-Kontrolle (noch am Eingriffstag, dann zunächst täglich).
- CCT-Kontrolle unmittelbar nach der Lyse und am Folgetag nach etwa 12 Stunden.
- Nach 24 Stunden Entfernen der Schleuse, Druckverband.
- Vollheparinisierung für ca. 10 Tage, dann Umstellung auf Marcumar®.

3.2.6 Ausschlusskriterien für intravenöse und intraarterielle Lyse

- Dissektion, fibromuskuläre Dysplasie, intrakranielle Blutungen,
- Schwangerschaft, Wochenbett,
- größere Hirninfarkte in den letzen 3 Monaten,
- Aneurysma, Angiom, Mikroangiopathie,
- CNS-Tumor, (fortgeschrittenes) Malignom,
- SHT oder neurochirurgischer Eingriff innerhalb der letzten 3 Monate,
- bakterielle Endokarditis,
- Ösophagusvarizen,
- akute Magen-Darm-Ulzera,
- akute Pankreatitis,
- gastrointestinale oder urogenitale Blutungen innerhalb der letzten 4 Wochen,
- Gerinnungsstörungen, hämorrhagische Diathese (Quick < 50 %, Thrombozyten < 80 T),
- Punktion eines großen, nicht komprimierbaren arteriellen oder venösen Gefäßes innerhalb der letzten 10 Tage (ZVK über Kubitalvene!),
- fixierte arterielle Hypertonie (syst. > 220 mm Hg, diast. > 110 mm Hg).
- Relatives Ausschlusskriterium: Operation innerhalb der letzten 10 Tage (Rücksprache mit dem Operateur zur Einschätzung des Risikos).

3.2.7 Vorbereitungen zur Übernahme des Patienten auf die Stroke Unit

- Richten des Bettes mit Transportmonitor (Überwachung von HF, NBP, SpO_2 beim Transport),
- Bereitlegen eines Sandsackes (für die Einstichstelle in der Leiste nach Angiografie),
- Bereithalten von Aprotinin (Trasylol®) auf der Station,
- Vorbereiten des Notfalllabors und aller erforderlichen Unterlagen.

3.2.8 Überwachung nach der Lysetherapie

Engmaschige **Überwachung** aller **Vitalparameter** (Monitoring)!

- Stündliche Vigilanz- und Pupillenkontrolle,
- kontinuierliche Temperaturüberwachung (über liegenden Blasenkatheter oder rektale Sonde),
- Überwachung der Urinausscheidung (Stundenurin) und Bilanzierung,
- 3-stündliche Blutzuckerkontrolle,
- Bereithalten von Blutkonserven, Fresh-Frozen-Plasma (FFP), Trasylol®,
- Beobachtung: Allergische Reaktionen (z. B. Hautrötung), Bewusstseinsstörungen, Kopfschmerzen, Übelkeit, Erbrechen, evtl. Krampfanfälle, Meningismus (SAB), Blutbeimengungen in Stuhl oder Urin.

3.2.9 Pflege und Überwachung bei arterieller Schleuse nach intraarterieller Thrombolyse

Situation:
Zur Durchführung einer lokalen Lyse beim ischämischen Insult wird in der Neuroradiologie eine arterielle Schleuse in die A. femoralis gelegt. Diese Schleuse wird auch nach Abschluss der Lyse noch einige Stunden belassen, bis der Blutgerinnungswert gestiegen ist.

Risiken einer arteriellen Schleuse:
- Arterielle Blutung (aus der Punktionsstelle nach außen oder subkutan),
- Gefäßverletzung (durch fehlerhafte Mobilisation),
- Infektion,
- Durchblutungsstörungen der Beine (durch Thrombosierung im Bereich der Schleuse).

Überwachung:

Überwachungsmaßnahmen

- **Stündlich** (über einen Zeitraum von 8–12 Std.)
- Inspektion und Kontrolle des **Leistenverbandes.** Der Verband muss sehr genau inspiziert werden (Pflasterränder). Bei falsch angelegtem Druckverband sickert das Blut unter dem Pflaster nach außen.
- Bei Verwendung eines transparenten Verbandpflasters (Folienverband) ist eine **Blutung** schneller zu erkennen.
- **Fußpulse** beidseits.
- SpO_2-Aufnehmer an einer Zehe des betroffenen Beines anbringen, um die **Durchblutung** zu kontrollieren.
- Beobachtung der **Beine**: Hautfarbe, Aussehen, Temperatur, Schmerzen.

Pflege:

Lagerung

- **Lagerung: Das Bein** mit liegender Schleuse muss **gestreckt gelagert** werden, ein Abknicken der Hüfte (durch Beinhochlagerung oder Hochstellen des Kopfteils über 30°) ist zu vermeiden.
- Nach Möglichkeit **Rückenlage** einhalten (Weichlagerung), bei Dekubitusgefahr 30°-Seitenlage mit gestrecktem Bein.
- Patienten wenn möglich über Verhaltensregeln informieren, bei unkooperativen Patienten muss der Fuß/das Bein u. U. fixiert werden.
- Der Sandsack muss mindestens 4 Stunden auf der Einstichstelle bleiben.

Verbandwechsel:
- erfolgt, wenn der Verband massiv durchgeblutet ist,
- aseptische Vorgehensweise, am besten durch zwei Pflegepersonen.

Die sonstige Überwachung und Pflege entspricht der bei systemischer Lyse.

Vorgehen bei Blutung:

Maßnahmen bei Blutung

- Bei Sickerblutung **Sandsack** auflegen,
- bei massiver Blutung (manuelle) **Kompression.**

Ziehen der Schleuse:
Die Schleuse wird gezogen, wenn die Gerinnungsparameter wieder im Normbereich sind. Dabei ist mit dem Arzt abzuklären, ob eine evtl. bestehende Vollheparinisierung zuvor abgesetzt wird. Das Ziehen der Schleuse ist **ärztliche Tätigkeit!**

Hierbei ist zu beachten:
- Aseptisches Entfernen des Verbandes.
- Sterile Handschuhe zum Entfernen der Schleuse und zur Kompression der Punktionsstelle.
- Kompressionsdauer: 20–30 Min.
- Anlegen eines Kompressionsverbands und Auflegen des Sandsackes.
- Bereithalten einer Ampulle Atropin oder einer Atropin-Fertigspritze, falls beim Ziehen eine Bradykardie auftritt.

Risiken:
Bradykardie/Asystolie (durch Vagusreiz bei der Gefäßkompression), Blutung.

Medikamente zur Thrombose- und Embolieprophylaxe nach Schlaganfall sind

1. Heparin®
2. Aspirin®
3. Plavix®

Typische Emboliequellen sind

kardiale Störungen: Vorhofflimmern, Mitralstenose mit Vorhofflimmern, künstliche Herzklappen.
Störungen im Bereich des Gefäßsystems: ACI-Stenose, Dissektionen etc., postoperative Störungen: Herz-OP, Karotis-OP.

Heparin-Natrium (Heparin-Natrium Braun®, Liquemin N®)
Anwendung, Wirkungsweise und Nebenwirkungen des Arzneimittels siehe Kap. 12.20, Seite 216.

Acetylsalicylsäure (Aspisol®, Aspirin®)
Anwendung des Arzneimittels siehe Kap. 12.23, Seite 218.

Clopidogrel (Plavix®)
Hinweise zur Arzneimittelanwendung siehe Kap. 12.26, Seite 220.

Ergänzende Maßnahmen und Medikamente

Oberkörperhochlagerung 30°
Die 30°-Oberkörperhochlagerung verringert den intrakraniellen Druck, vereinfacht das Freihalten der Atemwege, reduziert die Aspirationsgefährdung und verbessert die Oxygenierung.

Urapidil (Ebrantil®)
Anwendung des Medikaments und nähere Hinweise siehe Kap. 12.14, Seite 211.

4 Hirnblutungen

(A. Conzelmann)

Hirnblutungen werden meist durch einen plötzlichen Blutdruckanstieg (z. B. psychisch, durch Aufregung oder bei körperlicher Anstrengung) ausgelöst. Sie können mit den gleichen Symptomen wie der ischämische Insult einhergehen und machen ca. 15 % aller Schlaganfälle aus. Da sich die Therapie einer Blutung grundsätzlich von der des ischämischen Insultes unterscheidet, ist das initiale CT als wichtigstes Aussagekriterium unumgänglich.

Einteilung

Die akut auftretenden Hirnblutungen durch Gefäßruptur werden in **Subarachnoidalblutungen** (SAB) und **intrazerebrale Blutungen** (ICB) eingeteilt.

4.1 Subarachnoidalblutung (SAB)

Definition: Akut einsetzende Blutung aus den subarachnoidal verlaufenden, hirnversorgenden Gefäßen.

4.1.1 Ursachen

- **75 % der Fälle: Ruptur eines Aneurysmas** der basalen Hirngefäße (in 18 % der Fälle mit intrazerebraler Blutung),
- **5 % arteriovenöse Gefäßmissbildungen** (= angeborene Kurzschlüsse zwischen arteriellem und venösem Gefäßsystem),
- **20 % idiopathisch** (d. h. kein Aneurysmennachweis, unbekannte oder seltenere Ursache wie z. B. Gerinnungsstörungen, Tumor u. a.).

4.1.2 Symptome

- Heftiger Kopfschmerz (»Vernichtungskopfschmerz«),
- Angstgefühle,
- Übelkeit und Erbrechen,
- Nackensteifigkeit (Meningismus).

4.1.3 Einteilung

I. Grad	Keine neurologischen Ausfälle, leichte Kopfschmerzen, gering ausgeprägter Meningismus.
II. Grad	Starke Kopfschmerzen, deutlicher Meningismus, Hirnnervenausfälle.
III. Grad	Somnolenz, psychomotorische Verlangsamung, Verwirrtheit, leichte neurologische Herdsymptome.
IV. Grad	Sopor, Halbseitensymptome, vegetative Störungen.
V. Grad	Tiefes Koma, fehlende Schmerzreaktion.

Übersicht 1: Einteilung der Hirnblutungen nach Schweregrad [3] (nach Hunt und Hess)

4.1.4 Diagnostik

- CCT: Blutung im Subarachnoidalraum sichtbar.
- **Lumbalpunktion:** Nachweis von Blut im Liquor.
- **Angiographie:** Nachweis, Darstellung und Lokalisation von Aneurysmen.

4.1.5 Mögliche Komplikationen

- Gefahr der **Nach- bzw. Rezidivblutung.**
- Gefahr eines **Hirninfarktes** aufgrund von Vasospasmen.
- Gefahr der **Hirnödementwicklung** bei gestörter Liquorzirkulation im Subarachnoidalraum.

4.1.6 Therapie

- Frühzeitige externe **Liquordrainage** zur Hirnödemprophylaxe.
- **Frühoperation,** um Nachblutungen zu verhindern.
- **Gefäßclipping** des Aneurysmas.
- **Spätoperation** bei initial schlechtem neurologischen Zustand (nach frühestens 12 Tagen bei Grad IV–V).
- Bei inoperablem Aneurysma endovaskuläre Ballonembolisation oder »Coiling« des Aneurysmas.
- **Vasospasmusprophylaxe: Nimotop®** intravenös.

4.2 Intrazerebrale Blutung (ICB)

Definition: Akut bzw. subakut verlaufende Einblutung in die Hirnsubstanz oder Liquorräume mit meist gravierenden neurologischen Ausfällen und Vigilanzstörungen.

4.2.1 Ursachen

Auslösende Erkrankungen und Funktionsstörungen

- Langjähriger **Hypertonus** mit Gefäßwandveränderungen.
- Angeborene oder erworbene **Gefäßfehlbildungen** (Angiome).
- **Einblutungen in Infarkte** (hämorrhagische Transformation).
- **Gerinnungsstörungen** aller Art (z. B. angeboren bei Hämophilie, akute hämatologische Erkrankungen wie akute Leukose oder auch iatrogen medikamentös induziert im Rahmen einer Antikoagulanzientherapie).
- **Tumore** und Metastasen.

4.2.2 Symptome

- Kopfschmerzen, Erbrechen, Schwindel, Gehunfähigkeit,
- Bewusstseinsstörung bis hin zum Koma,
- »Déviation conjugée« (Blickwendung zur Herdseite),
- Hemiparese/Hemiplegie,
- Hemianopsie, Nystagmus, Sehen von Doppelbildern, Störungen der Blickmotorik,
- Aphasie,
- epileptische Anfälle.

4.2.3 Diagnostik

- CCT,
- Liquordiagnostik (Blutnachweis, z. B. bei Einbruch in Ventrikel oder Subarachnoidalraum),
- EEG,
- Angiografie (zur Abklärung v. Angiomen) erst nach weitgehender Resorption der Blutung,
- Labordiagnostik zur Abklärung v. Gerinnungsstörungen.

4.2.4 Therapie

- **Konservativ:** Blutdrucksenkung, osmotische Hirndrucksenkung sowie Low-Dose-Heparinisierung zur Thromboseprophylaxe.
- **Substitutionstherapie** bei Gerinnungsstörungen: fehlende Gerinnungsfaktoren müssen ersetzt werden.
- **Externe Liquordrainage.**
- **Operative Therapie:** Ausräumung bzw. Absaugung der Blutansammlung.
- **Exstirpation** der Gefäßfehlbildung.
- Bei Befall des Atem- und Kreislaufzentrums frühzeitige **Intubation.**

4.2.5 Mögliche Komplikationen

- **Ventrikeleinbruch,** Ventrikeltamponade.
- Zunehmende **Hirnödemsymptomatik** und **Einklemmung** mit Befall des Atem-/ Kreislaufzentrums.
- **Hirntod/Tod.**
- **Nach-** bzw. **Rezidivblutung.**

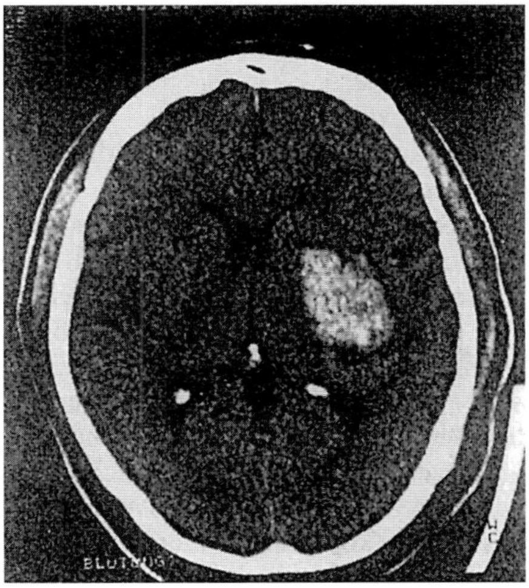

Abb. 11: Computertomogramm einer hypertensiven Massenblutung im Basalganglienbereich (vorwiegend Linsenkern) links mit Kompression des linken Seitenventrikels und Verlagerung der Mittellinienstrukturen nach rechts [1]

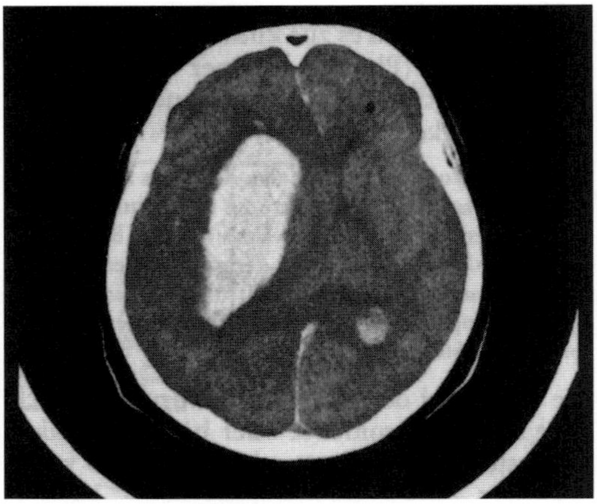

Abb. 12: Linksseitige Massenblutung im Stammganlienbereich und Ventrikeleinbruch [4]

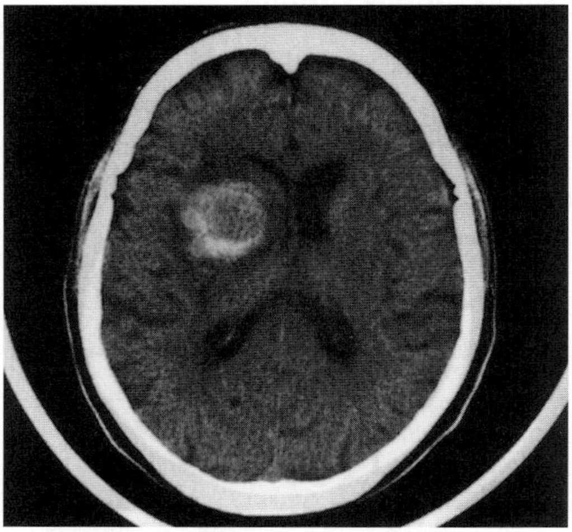

Abb. 13: Metastasenblutung im Bereich der linken Stammganglien mit Raumforderung [4]

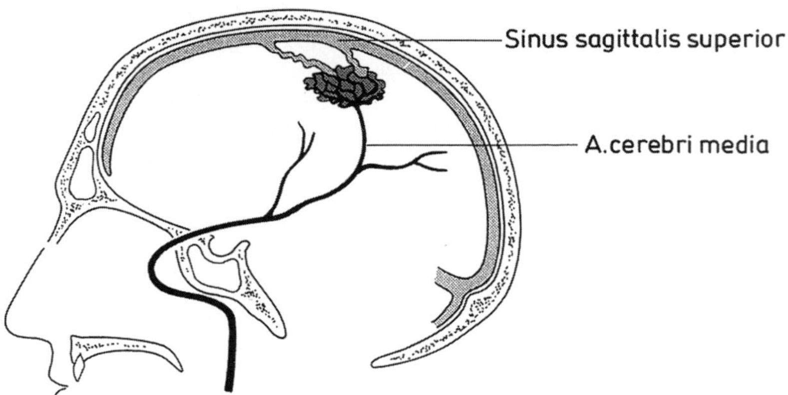

Abb. 14: Schema eines Angioms der A. cerebri media mit Abfluss zum Sinus sagittalis superior [1]

4.3 Pflege bei Hirnblutungen

Pflegemaßnahmen in der präoperativen Phase

Präoperativ: Immobilisation bzw. eingeschränkte Mobilisation (bei nicht geklipptem Aneurysma)

- Thromboseprophylaxe,
- Pneumonieprophylaxe (cave: nicht abklopfen!)
- Dekubitusprophylaxe,
- Kontrakturenprophylaxe,
- 30°-Oberkörperhochlagerung zur Hirnödemprophylaxe,
- Pflege und Lagerung nach dem Bobath-Konzept (v. a. bei Hemiparese-/Hemiplegiesymptomatik).
  Anstrengung vermeiden (Blutdruckspitzen verhindern),
- Hilfe bei der Körperpflege, evtl. Ganzkörperwäsche,
- Mundpflege,
- Hilfe bei der Nahrungszubereitung und -aufnahme, evtl. enterale Ernährung über Magensonde oder sogar parenterale Ernährung.

Ausscheidung:

- für weichen Stuhlgang sorgen, um anstrengendes Pressen zu vermeiden,
- Abführen bei Bedarf,
- Urinflasche ans Bett, bei Frauen Bettschüssel reichen,
- evtl. Legen eines Blasenverweilkatheters.

Für Ruhe sorgen, Aufregung soweit möglich und beeinflussbar vermeiden (z. B. Besuchszeiten begrenzen).

Überwachung

Überwachung (siehe auch Kapitel »Überwachung und Monitoring«)

- EKG-Monitoring,
- engmaschiges Kontrollieren der Vitalparameter, insbesondere Atmung, Bewusstsein, Pupillen, Blutdruck und Temperatur.
- Bei plötzlichen Veränderungen sofort Arzt informieren.
- Dokumentation.
- Regelmäßiges **Kontrollieren** der Liquordrainage:
  - Farbe und Menge des **Liquors** (Blutbeimengungen?)
  - Aussehen der **Punktionsstelle** (Rötungen?)
  - Tgl. **Verbandwechsel.**
  - Kontrollieren und ggf. Neueinstellung der **Drainagen-Abflusshöhe** (regelmäßig und nach jedem Lagerungswechsel des Patienten).

Liquordrainage

5 Hirnödem

(A. Conzelmann)

Definition: Das Hirnödem ist eine akute intrazerebrale Drucksteigerung infolge Schädigung der Blut-Hirn-Schranke durch Hirnischämie (Hirnhypoxie).
Das abgestorbene Areal neigt zu vermehrter Gewebedurchlässigkeit und führt somit zu erhöhtem Wassereinstrom. Das Hirngewebe schwillt an und dehnt sich zunehmend aus, sodass es zu Verlagerung und Einklemmung der Hirnstrukuren (Hirnanteile wie z. B. die Ventrikel) kommt. Im weiteren Verlauf kommt es in der Regel zu Hirndruckzeichen. Bei Ausdehnung des Ödems besteht die größte Gefahr in der Einklemmung des Hirnstamms, was zu Atemstillstand, Herz-Kreislaufstillstand und in der Folge zum Tod des Betroffenen führen kann.

5.1 Ursachen

- Ischämischer Insult,
- intrazerebrale und Subarachnoidalblutungen,
- Hirntumore,
- Hirnabszesse,
- Hirntraumen,
- Meningitis/Enzephalitis,
- zerebrale Hypoxie,
- Intoxikationen,
- sonst. Liquorabfluss- oder Liquorzirkulationsstörungen (z. B. bei angeborenem Hydrozephalus).

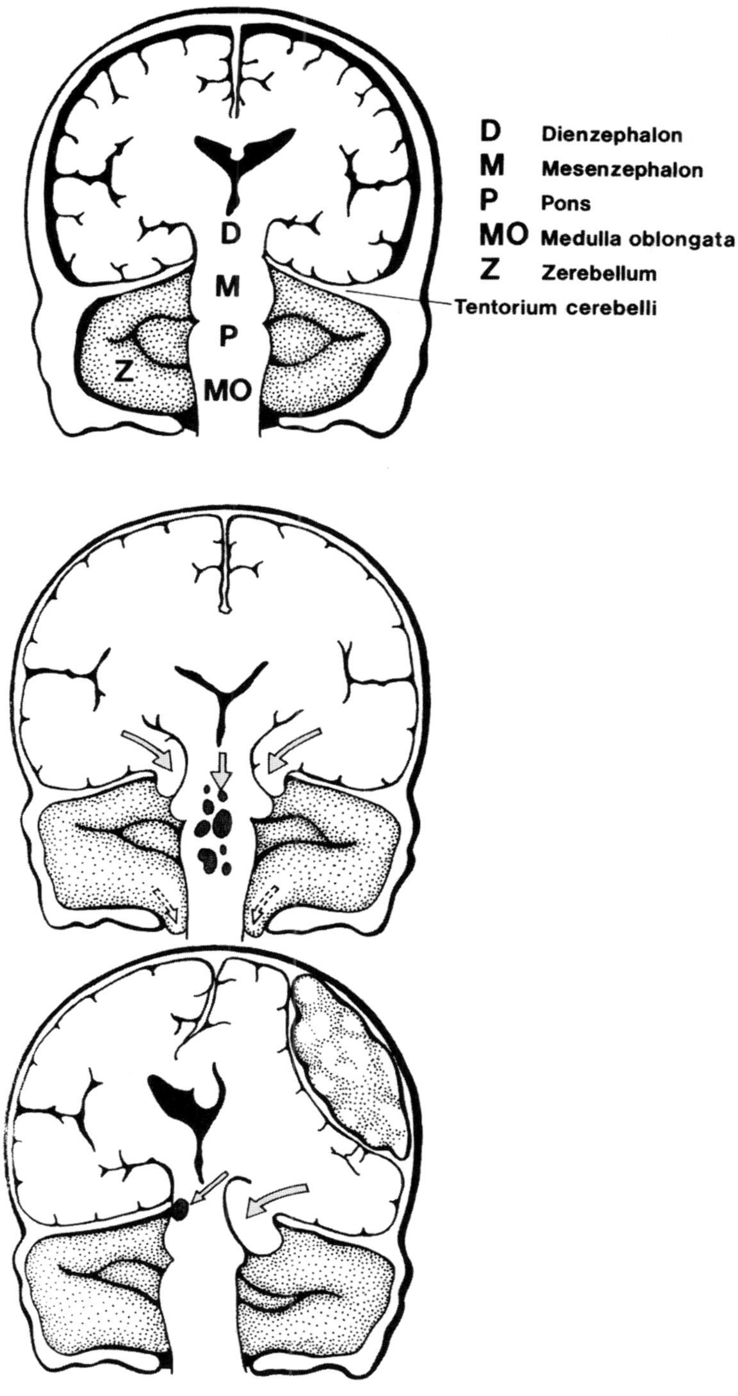

Abb. 15: Mechanismen der Einklemmung.
D Dienzephalon
M Mesenzephalon
P Pons
MO Medulla oblongata (Bulbus)
Z Zerebellum
Oben: Normale Verhältnisse.
Mitte: Diffuse supratentorielle Volumenzunahme mit zentraler transtentorieller Herniation.
Unten: Laterale transtentorielle Herniation bei einseitiger Raumforderung [4]

5.2 Symptome

Feststellen von Hirndruckzeichen

Das Hirnödem ruft in der Regel sog. **Hirndruckzeichen** hervor. Wichtige Beobachtungszeichen sind:

- Dauerkopfschmerz,
- Übelkeit,
- schwallartiges Erbrechen am Morgen und bei Anstrengung (Aufstehen, Bücken, Pressen bei der Stuhlentleerung, ...),
- Schwindel- oder Benommenheitsgefühl,
- fokale oder generalisierte Krampfanfälle, Streckkrämpfe (symptomatische Epilepsie),
- psychopathologische Auffälligkeiten (z. B. wechselnde Bewusstseinslage, inadäquates Verhalten, Orientierungsstörungen),
- fehlende Reaktion auf Ansprache und Schmerzreize,
- zunehmende Bewusstseinseintrübung bis zur Bewusstlosigkeit.
- Kreislauf- und Atemstörungen:
  - zunächst Bradykardie mit Blutdruckanstieg,
  - dann Zentralisation mit Tachykardie und Blutdruckabfall,
  - Cheyne-Stokes-Atmung,
  - Biot'sche Atmung oder
  - Maschinenatmung mit tiefer Hyperventilation,
  - Atemstillstand.
- Febrile Temperaturen,
- weite und lichtstarre Pupillen.

5.3 Diagnostik

Schnellste und aussagekräftigste Untersuchung ist hier das Notfall-CCT! Zusätzliche Untersuchungen bei drohender Hirndrucksteigerung sind:

- Kontrolle der Vigilanz und der Reaktion auf Schmerzreize,
- Überprüfen der Pupillenmotorik,
- Reflexuntersuchungen (u. a. Babinski-Reflex),
- Kontrolle von Blutdruck, Herzfrequenz und Atemmuster.

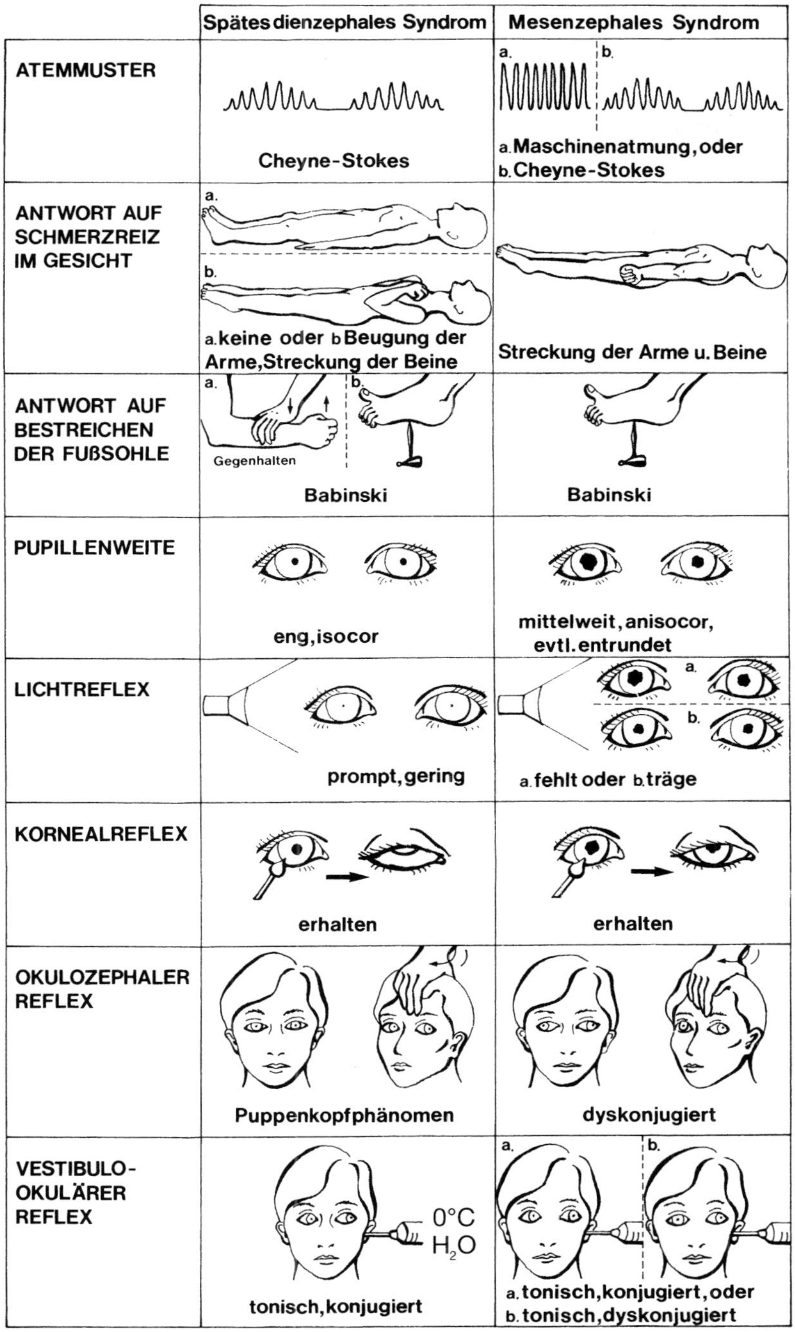

Abb. 16: Hirnstammsyndrome bei transtentorieller Herniation [4]

5.4 Akutmaßnahmen und Therapie

Akutmaßnahme: Sollten sich noch keine Einklemmungszeichen zeigen, ist eine Behandlung mit Osmodiuretika (z. B. Mannitol®, Osmofundin®, ...) indiziert.

Das Hirnödem mit Einklemmungssymptomatik ist eine Notfallsituation! (Siehe hierzu auch Kapitel 4.2.5).

Die primären Maßnahmen sind

- Kreislaufstabilisierung,
- Intubation, Beatmung,
- operative Entlastung (Entlastungskraniotomie).

5.5 Pflegemaßnahmen

- Erkennen der Notfallsituation.
- Arzt benachrichtigen.
- Ggf. Verständigung eines »Reha-Teams« (sofern vorhanden), ansonsten Arztanweisungen beachten und befolgen.
- Kontinuierliches und engmaschiges Monitoring (Puls, Blutdruck, Atmung, pO_2).
- Gleichzeitig präzise Dokumentation aller Parameter (Computerregistrierung).
- Rückenlage, 30°-Oberkörperhochlagerung.
- Regulation der Körpertemperatur in den normothermen Bereich.
- Engmaschige Vigilanz- und Pupillenkontrolle.
- Kontrolle der Urinausscheidung – Bilanz.
- Informationen des Arztes bei veränderten Parametern außerhalb der gesetzten Grenzen.
- Laborwertbestimmung lt. Arztanordnung (Na, K, Hst, Krea, Osmolarität, BB, Gerinnung, evtl. Blutgruppe und Kreuzblut).
- In der Akutphase ist es unbedingt erforderlich, die **30°-Oberkörperhochlagerung** beizubehalten. Am besten bleibt der Patient in dieser Zeit auf dem Rücken liegen.
- Durchführung aller üblichen Prophylaxen.

Merke: Wichtig ist, alle allgemeinen pflegerischen Verrichtungen auf das Nötigste zu beschränken!

6 Überwachung und Monitoring

(P. Manz)

Elektronische Überwachung

Die elektronische Überwachung ist ein wichtiger Teilbereich in der Intensivmedizin. Durch sie ist es möglich, akute Veränderungen wie z. B. Rhythmusstörungen sofort zu erkennen oder den therapeutischen Effekt von Medikamenten wie Antiarrhythmika zu beurteilen. Die Geräte sind in ihren Grundfunktionen meist einfach zu bedienen, farbige Bildschirme sorgen für eine gute Übersicht.

Mögliche Gefahrenquelle: Mit elektronischen Überwachungsgeräten können Messergebnisse nur so exakt ermittelt werden, wie es der Zustand des Gerätes und seine Bedienung zulässt, was nicht heißt, dass die ermittelten Werte auch tatsächlich stimmen. Es gibt eine Vielzahl von Fehlerquellen, die zu falschen Messergebnissen führen können. Um Fehlmessungen erkennen zu können und sie zu verhindern, muss das Personal sehr sorgfältig in die medizinische Messtechnik eingewiesen werden und in der klinischen Patientenüberwachung geschult sein.

6.1 Schwachstellen der Messtechnik

Die messtechnischen Schwachstellen liegen:

- im Bereich der Signalübertragung vom Patienten zum Monitor, z. B. feuchte Haut, falsche Größe der Blutdruckmanschette o. a.
- im Bereich von Kathetern und Systemen zur invasiven Messung, z. B. Verlegung, Abknickung etc.
- im Bereich von Kabeln und Leitungen zum Monitor, z. B. feuchte oder lockere Steckverbindungen etc.

Fehler an Monitor oder Rechner sind sehr selten.
Die **Schwachstellen des Personals** liegen an mangelnder Kenntnis im Umgang mit der Messtechnik oder den Messgeräten, an der Überschätzung der eigenen Fähigkeiten und am oftmals viel zu hohen Arbeitsaufkommen, das eine sorgfältige Einarbeitung mitunter unmöglich macht.
Das Monitoring kann in eine invasive und nichtinvasive Überwachung eingeteilt werden.

Einteilung der Monitorüberwachung

6.1.1 Nichtinvasive apparative Überwachung (noninvasives Monitoring)

Wichtige Überwachungsparameter

Sie umfasst: **EKG, Herzfrequenz (HF), Puls, Blutdruck (NBP), Pulsoxymetrie (SpO_2), Temperatur, Respiration (Resp)**, EEG, endexspiratorisches CO_2 ($etCO_2$), transkutanes Blutgas (tpO_2/$tpCO_2$), MultiGas ($etCO_2$), O_2/N_2O, Nark.Gas).

6.1.2 Invasive apparative Überwachung (invasives Monitoring)

Sie umfasst: **Invasive Blutdruckmessung (IBP), Venendruckmessung, zentral**zentrale Venendruckmessung (ZVD), intrakraniale Druckmessung (ICP), Puls, Pulmonalarteriendruckmessung (PAD), linke Vorhofdruckmessung (LAP), pulmonaler Verschlussdruck (PAWP), Herzzeitvolumenmessung (HZV), zentrale Temperaturmessung etc. In naher Zukunft ist auch eine kontinuierliche BGA-Messung möglich.
Die **fett** gedruckten Parameter sind am ehesten für die Überwachung auf einer Stroke Unit ohne beatmete Patienten geeignet und werden näher beschrieben.

6.2 EKG-Monitoring

Die Signalübertragung von der Haut zum Monitor beginnt bei den EKG-Klebeelektroden. Die Elektroden sollten hautverträglich, gut haftend und ihre Ableitung von hoher, konstant bleibender Qualität (z. B. auch bei starkem Schwitzen des Patienten) sein. Sie müssen sich flexibel an Hautrundungen und -unebenheiten anpassen. Die Ableitung muss auch bei Lagewechsel des Patienten gewährleistet sein. Gute Elektroden, die mit dem System kompatibel sind (siehe Herstellerangaben) und ihr sorgfältiges Anbringen sind wichtig, um eine störungsfreie Übertragung zum Monitor zu gewährleisten.

6.2.1 Anbringen der Elektroden

Wichtig ist eine gründliche Vorbereitung der Haut. Verunreinigungen (Blut etc.), Haare (am Ableitungsort) und Fett (Salben etc.) müssen sorgfältig entfernt werden. Durch Anbringen der Elektroden in flachen, nicht muskulösen Körperarealen wird ein guter Elektrodenkontakt erzielt und Muskelartefakte (künstliche, unabsichtlich herbeigeführte Veränderungen) werden reduziert. Die Elektroden sollten nicht über Gelenken und hervorstehenden Knochen angebracht werden.

> **Tipp:** Die Haut im Applikationsbereich gründlich mit Wasser und Seife waschen und kräftig trocken reiben, damit abgeschilferte Zellen und Hautfett entfernt werden. Keinen Äther oder Alkohol verwenden, da hierdurch der Hautwiderstand erhöht wird.

6.2.2 Einfache Elektrodenplatzierung mit Dreifachkabel

Bipolare Ableitung nach Einthoven

Extremitätenableitung bipolar (bipolare Ableitung, da jeweils 2 Elektroden miteinander verbunden sind) **nach Einthoven:**
Ableitung I entsteht durch die Verbindung des rechten und des linken Armes. Sie eignet sich besonders zur Erkennung von Ischämien der Herzhinterwand.
Ableitung II entsteht durch die Verbindung des rechten Armes mit dem linken Bein. Sie eignet sich zur Erfassung von Linksherzischämien und stellt die P-Welle und R-Zacke am größten dar.
Ableitung III entsteht durch die Verbindung des linken Beines mit dem linken Arm. Sie dient als Alternative, wenn die beiden anderen Ableitungen sich nicht einwandfrei darstellen lassen.

Anbringen der Elektroden

Vorgehensweise beim Anbringen der Elektroden:
1. Die rechte Elektrode (**RA** rechter Arm) auf der rechten Medioklavikularlinie genau unterhalb des Schlüsselbeins platzieren. Anschließen des **roten** Kabels (Fa. Siemens).
2. Die linke Elektrode (**LA** linker Arm) auf der linken Medioklavikularlinie genau unterhalb des Schlüsselbeins anbringen. **Gelbes** Kabel anschließen. (Fa. Siemens).
3. Die neutrale Elektrode (**LF** linker Fuß) auf der rechten Medioklavikularlinie unter der letzten tastbaren Rippe platzieren. Anschließen des **grünen** Kabels. (Fa. Siemens).

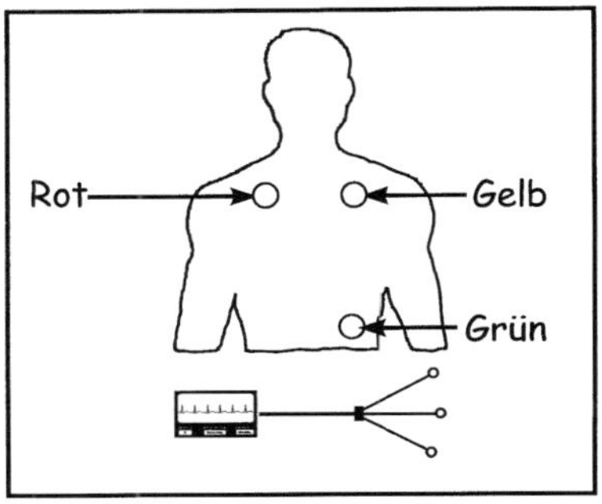

Abb. 17: Bipolare EKG-Ableitung nach Einthoven [5]

6.2.3 Einfache Elektrodenplatzierung mit Fünffachkabel (kurze Einführung)

Fünfpolige Ableitung

Mit dem 5-poligen Elektrodenkabel sind die **Extremitätenableitungen I, II, III aVR, aVL aVF** und die **Ableitung V5** möglich. Dies bietet die Möglichkeit der **ST-Analyse**, womit bis zu 80 % aller Myokardischämien erkennbar sind.

Anbringen der Elektroden

Vorgehensweise beim Anbringen der Elektroden:

1. Die rechte Elektrode (**RA** rechter Arm) auf der rechten Medioklavikularlinie genau unterhalb des Schlüsselbeins platzieren. **Rotes** Kabel anschließen. (Fa. Siemens).
2. Die linke Elektrode (**LA** linker Arm) auf der linken Medioklavikularlinie genau unterhalb des Schlüsselbeins platzieren. Anschließen des **gelben** Kabels. (Fa. Siemens).
3. Die linke Elektrode (**LF** linker Fuß) auf der linken Medioklavikularlinie unter der letzten tastbaren Rippe anbringen. **Grünes** Kabel anschließen. (Fa. Siemens).
4. Die rechte Elektrode (**RF** rechter Fuß) auf der rechten Medioklavikularlinie unter der letzten tastbaren Rippe platzieren. **Schwarzes** Kabel anbringen. (Fa. Siemens).
5. Die Brustelektrode (**V** Brust) links neben dem Brustbein über dem 4. Interkostalraum anbringen. Anschließen des **weißen** Kabels. (Fa. Siemens).

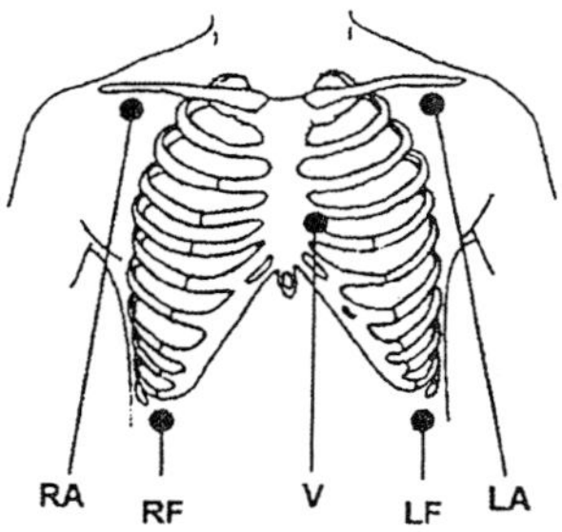

Abb. 18: 5-polige EKG-Ableitung: Elektrodenplatzierung mit Fünffachkabel [12]

6.2.4 Anschluss der Elektrodenkabel

- Elektrodenkabel farblich korrekt (nach Herstellerinformation, die meist auch auf dem EKG-Kabel zu erkennen ist) durch Federklemme oder Druckknöpfe an den Elektroden befestigen.
- Elektrodenkabel am Patienten-Stammkabel anschließen.
- Gewünschte Ableitung I, II (und V5) oder III einstellen.

- Monitorkontrolle auf störungsfreie Ableitung, siehe Abb. 19.
- Alarmgrenzen einstellen.
- Alarme aktivieren.
- Pulstonlautstärke nach Bedarf ändern.

6.2.5 Merkmale eines optimalen EKG-Signals bei normalem QRS-Komplex

- Der QRS-Komplex ist hoch, schmal und nicht eingekerbt.
- Die R-Zacke liegt gänzlich oberhalb bzw. unterhalb der Grundlinie.
- Die Triggersignale eines Herzschrittmachers sind kleiner als die R-Zacke.
- Die Höhe der T-Welle beträgt weniger als ein Drittel der R-Zacken-Höhe.
- Die P-Welle ist deutlich niedriger als die T-Welle.

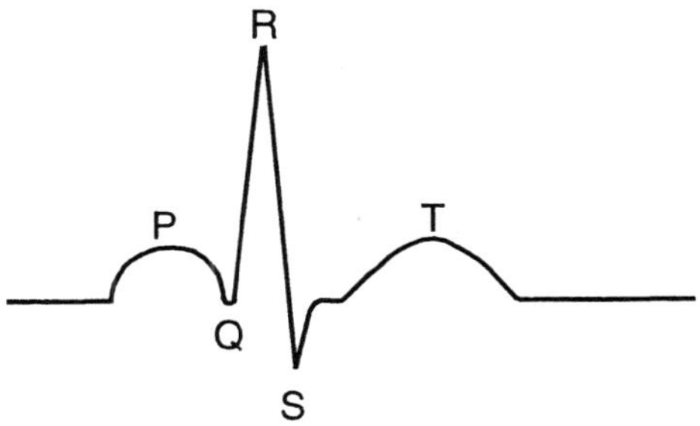

Abb. 19: Störungsfreie EKG-Ableitung auf dem Monitor [13]

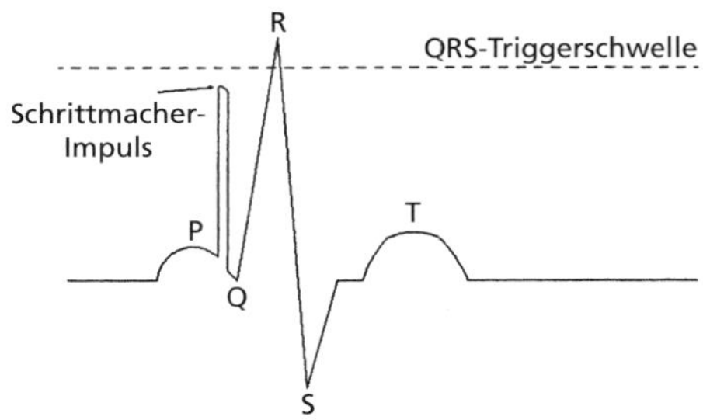

Abb. 20: EKG-Ableitung mit Triggersignalen eines Herzschrittmachers [13]

Zu Störungen im Bereich der EKG-Überwachung kann es aus unterschiedlichen Gründen kommen. Daher muss man sich, bevor eine Therapie eingeleitet wird, **zuerst** vom tatsächlichen Zustand des Patienten überzeugen.

6.2.6 Gestörte EKG-Überwachung

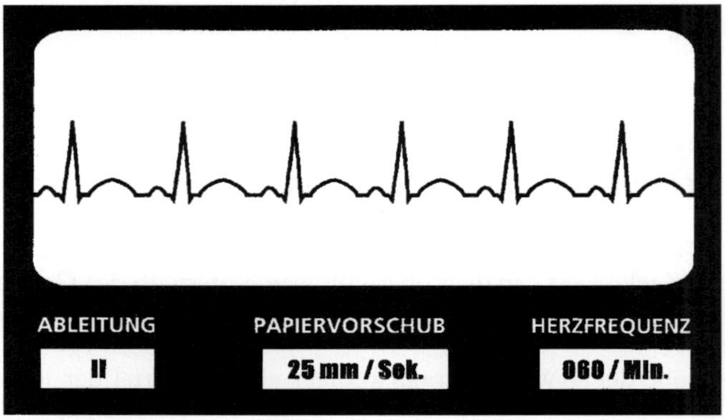

Abb. 21: Normales EKG [5]

Die häufigsten Ursachen für eine Störung der EKG-Überwachung und mögliche Maßnahmen zur Beseitung werden in nachfolgenden Schaubildern dargestellt.

Störungen der EKG-Überwachung und Abhilfemaßnahmen:

Störung: Das EKG-Bild fehlt ganz, oder es ist nur die Grundlinie vorhanden.	
Mögliche Ursachen:	**Beseitigung:**
• Abgefallene Elektrode. • EKG-Kabel nicht fest genug im Monitor eingesteckt. • Elektrodenkabel nicht richtig mit dem Stammkabel oder den Elektroden verbunden. • Stamm- oder Elektrodenkabel defekt.	• Neue Elektrode anbringen. • EKG-Kabel richtig einstecken. • Steckkontakte und Verbindungen überprüfen und wieder herstellen. • Kabel austauschen.

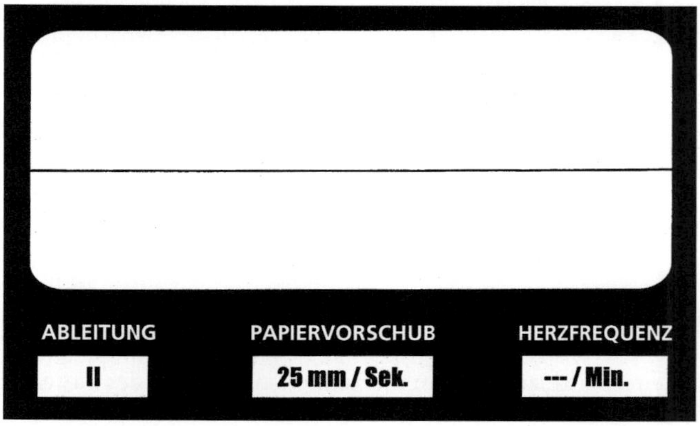

Abb. 22: Grundlinie ohne Signal [5]

Störung: Auswandern der Grundlinie.	
Mögliche Ursachen:	**Beseitigung:**
• Unzureichende Vorbereitung der Hautoberfläche. • Schlecht angelegte Elektroden, Atembewegungen des Patienten. • Oxidierte Elektroden. • Gleichzeitige Verwendung unterschiedlicher Elektrodentypen oder Elektrodenmarken.	• Haut sorgfältig vorbereiten und Elektroden neu anbringen. • Durch Umkleben der Elektroden für eine bessere Ableitung sorgen. • Neue Elektroden verwenden. • Nur einheitliche Elektrodentypen verwenden, die mit dem Monitor kompatibel sind.

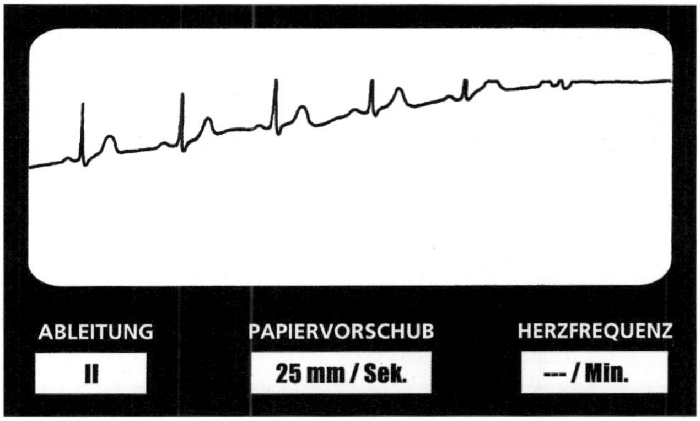

Abb. 23: Auswandern der Grundlinie [5]

Störung: Verbreiterte Grundlinie, die Amplitude des Störsignals hängt von der Stärke der Stromquelle und der dargestellten Ableitung ab.	
Mögliche Ursachen:	**Beseitigung:**
• Elektrische Störsignale, die vom Netzstrom ausgehen. • Die Patientenleitung befindet sich zu nah an der Netzleitung oder wird parallel geführt. • Die Elektrodenfläche ist zu klein. • Der Hautübertragungswiderstand ist zu hoch.	• Die Ableitung mit dem klarsten Signal für die Überwachung wählen. • Patientenleitung auf einem anderen Weg zum Patienten führen. • Größere Elektroden verwenden. • Haut reinigen und neue Elektroden aufkleben.

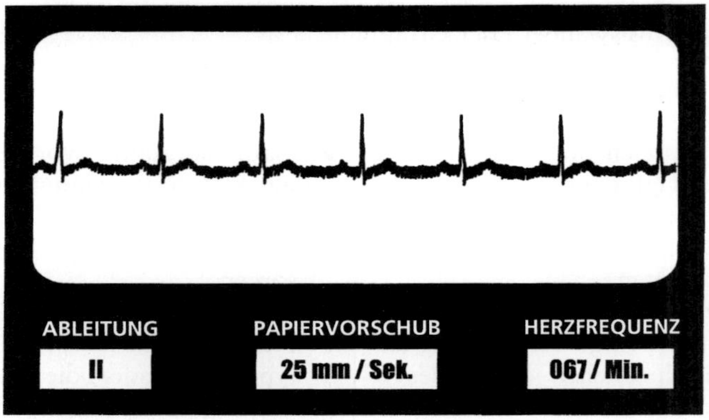

Abb. 24: Störungen durch Wechselspannung [5]

Störung: Artefakte durch Muskelzittern.	
Mögliche Ursachen:	**Beseitigung:**
• Kälte. • Schüttelfrost. • Krämpfe.	• Patienten vor Kälte schützen. • Pflegemaßnahmen bei Schüttelfrost. • Krampfanfallbehandlung.

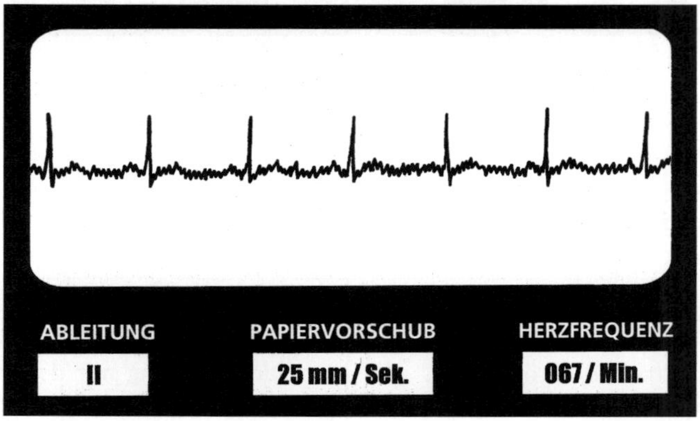

Abb. 25: Artefakte durch Muskelzittern [5]

<table>
<tr><td colspan="2">Störung: Hohe P-Wellen oder T-Wellen mit großen Amplituden, die der Monitor fälschlicherweise als QRS-Komplex darstellt. In diesem Fall wird eine zu niedrige Herzfrequenz unter Umständen nicht alarmiert.</td></tr>
<tr><td>Mögliche Ursachen:</td><td>Beseitigung:</td></tr>
<tr><td>• Elektrodenabstand zu gering.
• Gewählte Ableitung ist ungünstig.</td><td>• Elektroden in ausreichendem Abstand anbringen.
• Andere Ableitung wählen.
• Ist die Störung nicht zu beseitigen, muss der Patient zusätzlich mit einem Pulsfühler (SpO_2 oder arteriell) überwacht werden.</td></tr>
</table>

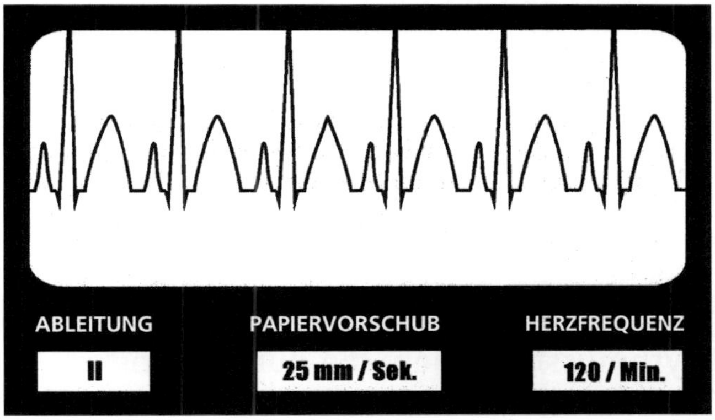

Abb. 26: Hohe P-T-Wellen mit großen Amplituden [5]

6.2.7 Schrittmacherpatienten

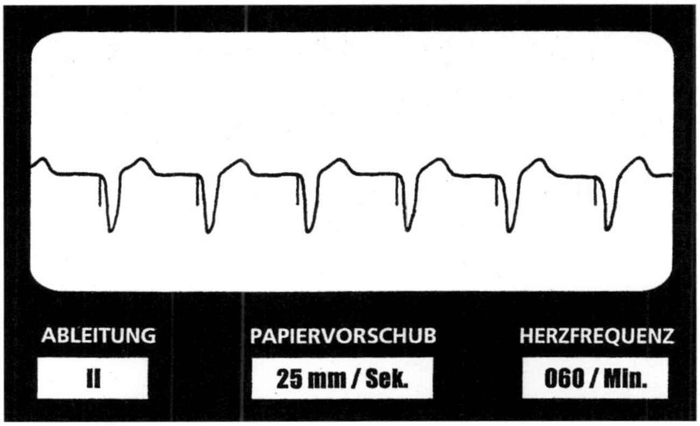

Abb. 27: Regelrechtes Schrittmacher-EKG [5]

Wichtig: Bei der Überwachung von Schrittmacherpatienten darf man sich **nie** auf die dargestellte Herzfrequenz allein verlassen, da der Monitor die Schrittmacherimpulse fälschlicherweise auch bei **Herzstillstand** zählt. Bei einer **Asystolie** wird die eingestellte Schrittmacherfrequenz von z. B. 72/Min. als Herzfrequenz angezeigt und nicht **alarmiert.**

Tipp: Zur zusätzlichen Überwachung eignet sich die **Pulsoxymetrie** (**SpO_2**) sehr gut. Dabei ist unbedingt zu beachten, dass der **Pulsalarm** auch **aktiviert** ist.

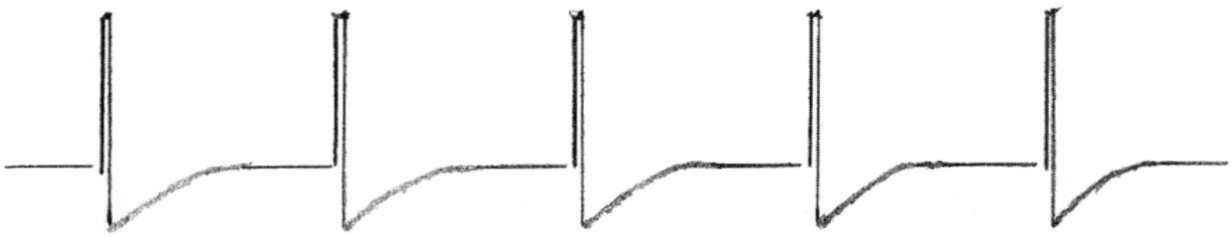

Abb. 28: Schrittmacher-EKG bei Asystolie

Einstellung bei Pacer-Erkennung

Die Einstellungen »EIN« bzw. »AUS« für die Pacer-Erkennung **sollten der tatsächlichen Situation entsprechen, also bei Patienten**

- **mit Schrittmacher:** Pacer-Erkennung »EIN«,
- **ohne Schrittmacher:** Pacer-Erkennung »AUS«.

6.3 Rhythmusstörungen, die durch Monitorüberwachung erkennbar sind

Beurteilbar ist die Herzfrequenz (norm. 60–100/Min.), **der Herzrhythmus** (regelmäßig oder unregelmäßig), **die P-Welle**(normalerweise erscheint sie immer im gleichen Abstand von jeder R-Zacke), **der QRS-Komplex** (sollte in regelmäßigen Abständen und in gleicher, schlanker Form auftreten), **die PQ-Überleitung** (die Pause im EKG zwischen Vorhofdepolarisation und Erregung des AV-Knotens beträgt normalerweise ca. 0,1 Sek.)

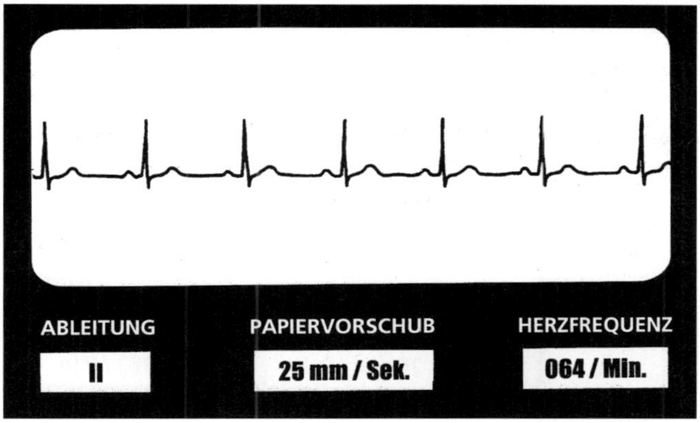

Abb. 29: Monitorüberwachung bei Rhythmusstörungen. Normaler Sinusrhythmus im Vergleich [5]

Sinusbradykardie

Herzfrequenz unter 60/Min. Die elektrischen Impulse stammen aus dem Sinusknoten. Der Rhythmus ist regelrecht, die Diastolendauer ist verlängert.

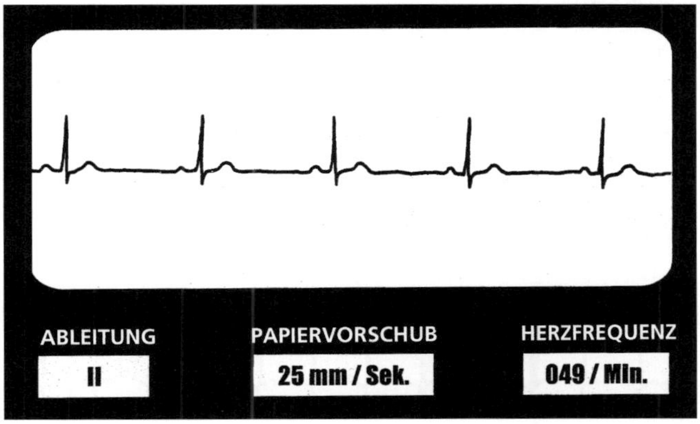

Abb. 30: Monitorüberwachung bei Sinusbradykardie [5]

Ursache: Tritt bei Gesunden (z. B. Sportlern) und Kranken (z. B. bei Herzinfarkt), aber auch durch Medikamentenwirkung (z. B. Digitalis) auf. Die Sinusbradykardie entsteht durch einen extrem gesteigerten Vagotonus. Während der Gesunde niedrige Herzfrequenzen im Allgemeinen gut toleriert, kann die Sinusbradykardie beim Herzkranken einen bedrohlichen Abfall des HZV hervorrufen.
Behandlungsmöglichkeit: Atropin, Orciprenalin (Alupent®), transvenöser Schrittmacher.

Sinusarrhythmie

Die Herzfrequenz wechselt ständig; alle Impulse entstammen jedoch dem Sinusknoten.

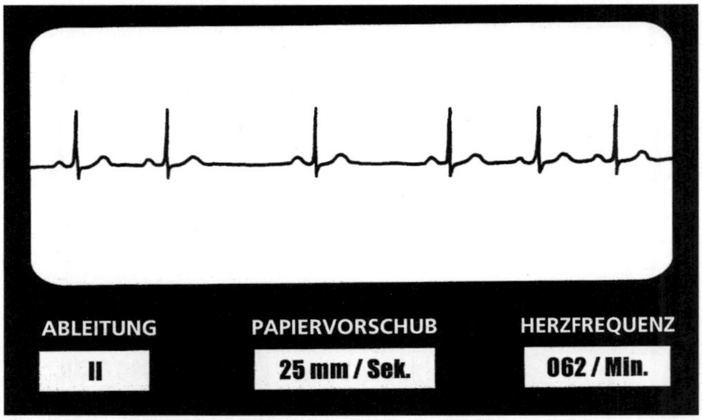

Abb. 31: Monitorüberwachung bei Sinusarrhythmie [5]

Ursache: Z. B. respiratorische Arrhythmie (Zunahme der Herzfrequenz bei Inspiration und Verlangsamung bei Exspiration).
Behandlungsmöglichkeit: Eine Behandlung ist meist nicht erforderlich.

Sinustachykardie

Herzfrequenz zwischen 100–180/Min. Die elektrischen Impulse entstammen dem Sinusknoten, der Rhythmus ist regelmäßig, schwankt jedoch von Minute zu Minute. Durch die hohe Frequenz wird die Diastole stärker als die Systole verkürzt.

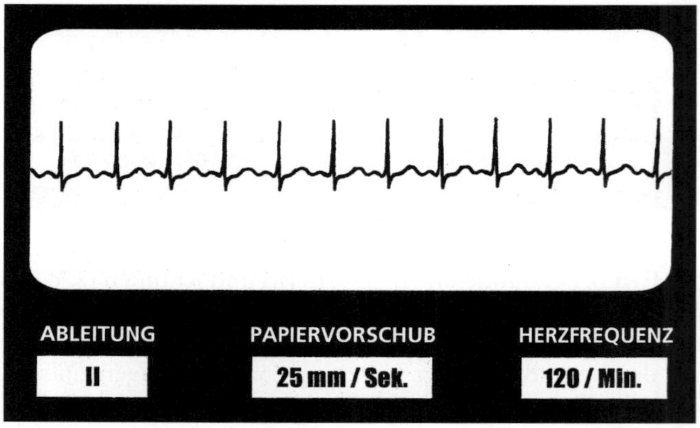

Abb. 32: Monitorüberwachung bei Sinustachykardie [5]

Ursache: Physiologische Reaktion auf Fieber, Anämie, Aufregung, körperliche Anstrengung, Hyperthyreose; durch Medikamente wie Atropin®, Alupent®, Adrenalin.
Behandlungsmöglichkeit: Bei Herzrasen Sedierung, bei Herzerkrankungen Digitalis, Betablocker.

Supraventrikuläre Extrasystolen

Während des normalen Herzrhythmus tritt plötzlich eine frühzeitige Kontraktion auf. Der Impuls für diese Kontraktion entstammt nicht dem Sinusknoten, sondern einer anderen Stelle der Vorhöfe. Die P-Welle ist meist leicht verändert, der QRS-Komplex sieht fast normal aus. Meist tritt danach eine kurze Pause auf.

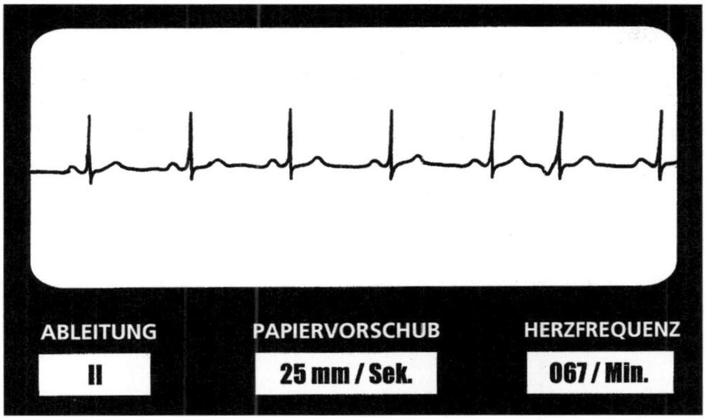

Abb. 33: Monitorüberwachung bei supraventrikulären Extrasystolen [5]

Ursache: Ausgelöst durch einen frühzeitigen Reiz aus dem Vorhof. Tritt bei Gesunden oder Herzkranken auf, wird von manchen Patienten als Herzstolpern empfunden.
Behandlungsmöglichkeit: Eine Behandlung ist meist nicht erforderlich. Bei Herzerkrankung evtl. Chinidin, Digitalis, Betablocker.

Supraventrikuläre Tachykardie

Tachykardie mit hoher Frequenz (140–220/Min.) und unregelmäßigem Rhythmus. Der QRS-Komplex ist meist normal geformt. Der Impuls entstammt nicht dem Sinusknoten, sondern einer anderen Stelle des Vorhofs oder der AV-Knoten. Anfälle dauern Sekunden / Stunden / Tage.

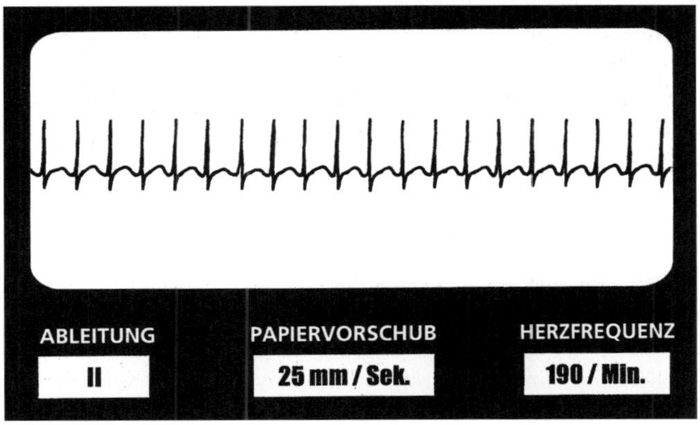

Abb. 34: Monitorüberwachung bei supraventrikulärer Tachykardie [5]

Ursache: Typischerweise gehen bei Gesunden und Herzkranken supraventrikuläre Extrasystolen voran.
Behandlungsmöglichkeit: Karotissinusdruck, Kalziumantagonisten (Isoptin®), Digitalis, Chinidin u. a. Tritt keine Besserung ein oder in Notsituation Kardioversion.

Vorhofflattern

Vorhofrhythmus mit einer Vorhoffrequenz von 250–350/Min. Da nicht alle Impulse von den Vorhöfen auf die Kammern übertragen werden, ist die Kammerfrequenz meist halb so hoch wie die Vorhoffrequenz. Die P-Wellen sehen meist sägezahnartig aus; der QRS-Komplex ist gewöhnlich normal geformt.

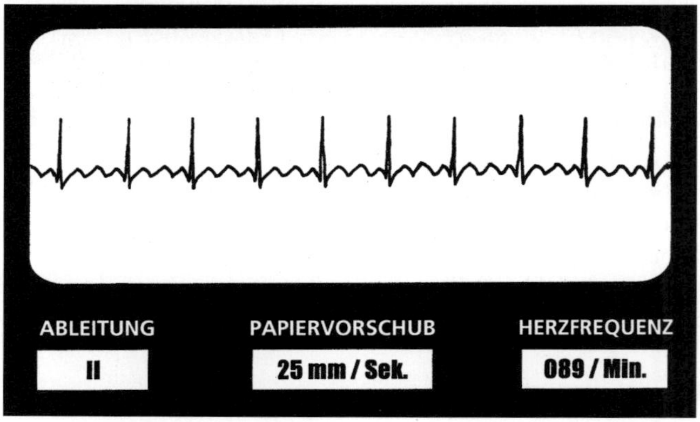

Abb. 35: Monitorüberwachung bei Vorhofflattern [5]

Ursache: Meist liegt eine Herzerkrankung zugrunde.
Behandlungsmöglichkeit: Nicht nötig, wenn Vorhofflattern mit AV-Block einhergeht und die Kammerfrequenz normal ist. Bei hoher Kammerfrequenz sollte sofort medikamentös behandelt werden: Gabe von Digitalis (verstärkt den AV-Block, die HF nimmt ab). In Notsituationen wird kardiovertiert.

Vorhofflimmern

Vorhofrhythmus mit einer Frequenz von 400–600/Min. ohne koordinierte Aktivität. Nicht alle Impulse werden auf die Kammern übergeleitet; darum ist die Kammerfrequenz langsamer, zu Beginn meist 140–170/Min. Die P-Wellen sind unregelmäßige Flimmerwellen, der QRS-Komplex ist normal oder verzerrt.

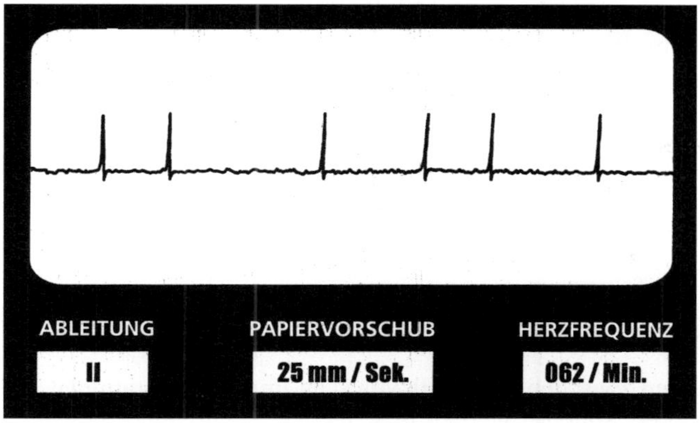

Abb. 36: Monitorüberwachung bei Vorhofflimmern [5]

Ursache: Selten tritt Vorhofflimmern vorübergehend bei Gesunden auf. Anhaltendes Vorhofflimmern beruht fast immer auf einer Herzerkrankung. Folge: Das Herzzeitvolumen nimmt ab, weil sich die Kammern nicht richtig füllen können.
Außerdem besteht Emboliegefahr.
Behandlungsmöglichkeit: Medikamente, Digitalis, Chinidin. In Notsituationen Kardioversion.

Ventrikuläre Extrasystolen

Kontraktion der Ventrikel, ausgelöst durch einen Impuls, der nicht dem Sinusknoten, sondern dem Purkinje-Netzwerk der Kammern entstammt. Vor dem QRS-Komplex fehlt die P-Welle, der QRS-Komplex ist bizarr verformt. Nach der ventrikulären Extrasystole folgt eine kompensatorische Pause.

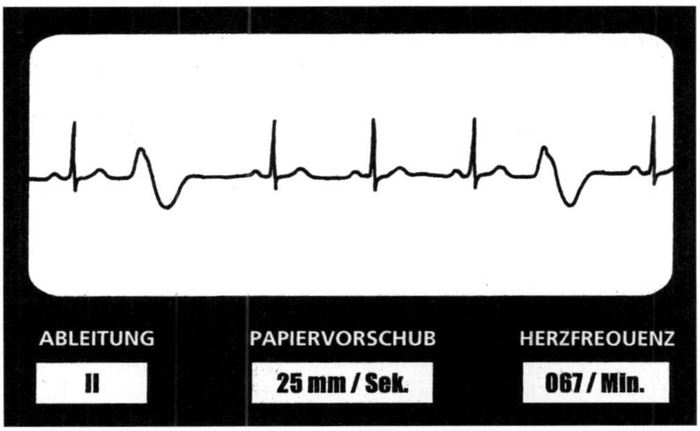

Abb. 37: Monitorüberwachung bei ventrikulären Extrasystolen [5]

Ursache: Ventrikuläre Extrasystolen können von allen Teilen der Herzkammermuskulatur oder von einem Teil des His-Bündels (oberhalb der Teilungsstelle) ausgehen. Sie treten bei Herzkranken, typischerweise mit Myokarderkrankung, aber auch bei Gesunden auf und gehören zu den häufigsten Rhythmusstörungen.
Symptome: Oft keine, sonst Herzstolpern.
Behandlungsmöglichkeit: Vereinzelte Extrasystolen bedürfen keiner Behandlung. Wenn nötig werden Antiarrhythmika wie Lidocain (Xylocain®), Procainamid, Chinidin oder Betablocker verabreicht.

Kammertachykardie

Frequenzen zwischen 100–220/Min. Die Impulse entstammen nicht dem Sinusknoten, sondern werden in schneller, regelmäßiger Folge von einer ungewöhnlichen Stelle der Kammer ausgesandt. P-Wellen sind nicht vorhanden, der QRS-Komplex ist bizarr verformt.

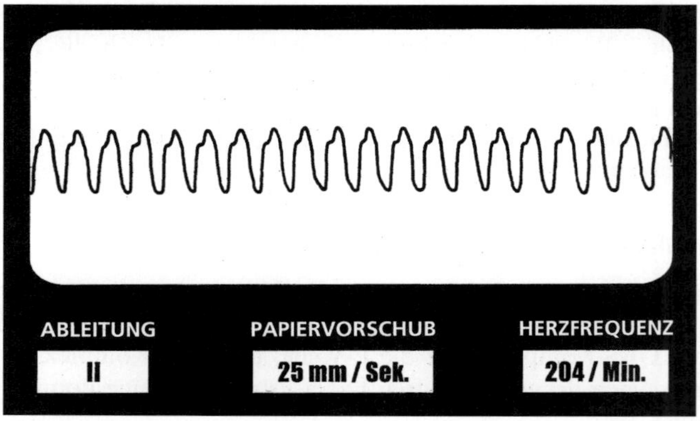

Abb. 38: Monitorüberwachung bei Kammertachykardie [5]

Ursache: Sehr selten bei Gesunden. Häufig bei Herzkranken, z. B. nach Herzinfarkt oder bei Digitalisintoxikation.
Symptome sind Herzklopfen, Angina pectoris, Schwäche, Blutdruckabfall und Zeichen der Herzinsuffizienz.
Behandlungsmöglichkeit: Medikamentös mit Antiarrhythmika: Lidocain (Xylocain®, Procainamid, Chinidin, Betablocker). Bei Digitalisintoxikation: Digitalis absetzen und Kalium zuführen. In Notsituation oder wenn die Medikamente unwirksam sind: Kardioversion.

Kammerflimmern

Rasche, unregelmäßige Erregung der Kammern mit **funktionellem Stillstand des Herzens.** Die EKG-Grundlinie verläuft wellenförmig mit bizarren Ausschlägen.
Ursache: Vielfältig, z. B. Herzinfarkt, Hypoxie, ventrikuläre Extrasystolen, Digitalisintoxikation.

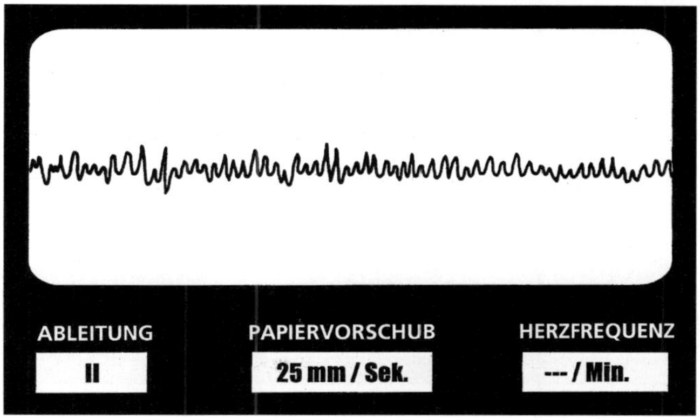

Abb. 39: Monitorüberwachung bei Kammerflimmern [5]

Symptome: sofortige Pulslosigkeit, Bewusstlosigkeit nach 8–10 Sek. Zeichen des klinischen Todes.
Behandlungsmöglichkeit: Am besten durch Vorbeugung, Gehäuft auftretende ventrikuläre Extrasystolen sind Zeichen eines drohenden Kammerflimmerns; sie müssen darum frühzeitig mit Antiarrhythmika behandelt werden. Bei bestehendem Kammerflimmern **sofortige Reanimation bzw. Defibrillation.**

AV-Block: Es werden drei AV-Blöcke unterschieden.

AV-Block 1. Grades:
Störung der Erregungsüberleitung durch den AV-Knoten. Die PQ-Zeit ist länger als 0,2 Sek.

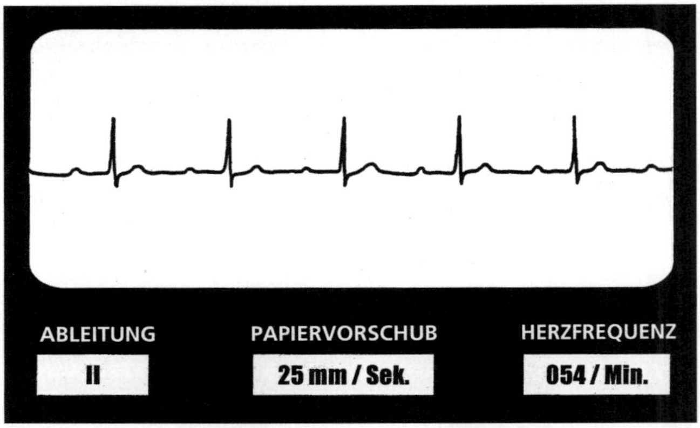

Abb. 40: Monitorüberwachung bei AV-Block, 1. Grades [5]

Ursache: Tritt bei Gesunden und bei Herzkranken auf, auch ausgelöst durch Medikamente wie z. B. Digitalis oder Chinidin. Der Impuls stammt aus dem Sinusknoten. Seine Überleitung von den Vorhöfen auf die Kammer wird jedoch im AV-Knoten stärker als normal verzögert.
Behandlung: Nicht erforderlich.

AV-Block 2. Grades:
1. Wenckebach: Mit jedem Herzschlag nimmt die Dauer der Überleitung zu. Schließlich wird der nachfolgende Sinusimpuls geblockt. Es tritt kein QRS-Komplex auf. EKG: Das P-R-Intervall nimmt mit jedem Herzschlag zu. Der QRS-Komplex zeigt eine normale Form. Er tritt mit zunehmender Verzögerung auf und fällt schließlich ganz aus.

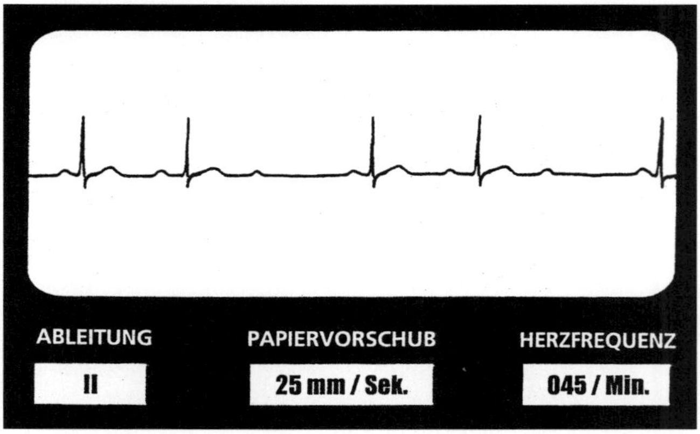

Abb. 41: AV-Block 2. Grades (Typ Wenckebach) [5]

2. Mobitz II: Einige Impulse aus dem Sinusknoten werden normal auf die Kammer übergeleitet, andere hingegen blockiert. Das Verhältnis der Kammer- zur Vorhoffrequenz beträgt 1:2, 1:3, 1:4 usw.; so kommen z. B. bei einem Verhältnis von 1:2 auf 80 Vorhofkontraktionen 40 Kammerkontraktionen.

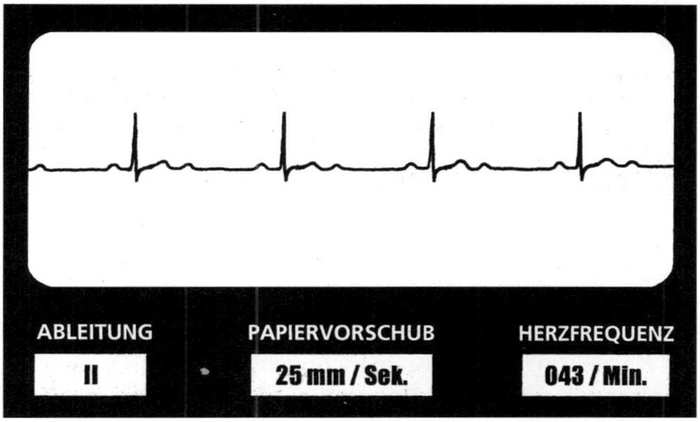

Abb. 42: AV-Block Mobitz II [5]

Ursache: Tritt meist bei Erkrankungen des Reizleitungssystems, z. B. nach Vorderwandinfarkt auf. Symptome treten erst bei sehr niedrigen Kammerfrequenzen auf. Dann fällt das HZV ab.
Behandlungsmöglichkeit: Herzschrittmacher. Medikamentös Orciprenalin (Alupent®).

AV-Block 3. Grades: Kein einziger Sinusimpuls wird mehr auf die Kammern übertragen. Vorhöfe und Kammern schlagen völlig unabhängig voneinander. Die Vorhoffrequenz ist meist normal und regelmäßig. Die Kammerfrequenz ist ebenfalls regelmäßig, aber erniedrigt: 30–45/Min. Der QRS-Komplex ist normal geformt.

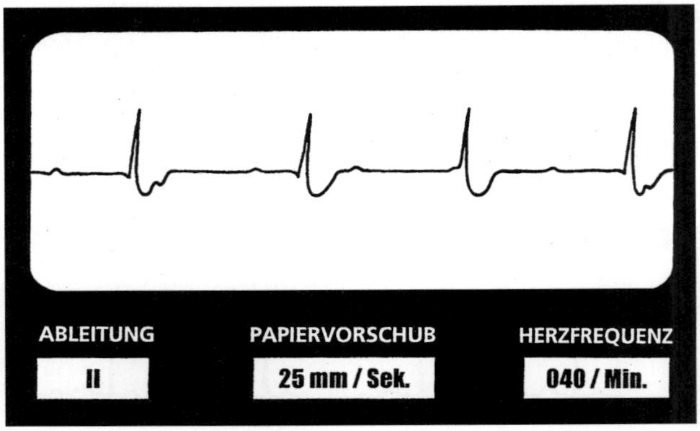

Abb. 43: AV-Block 3. Grades [5]

Ursache: Es liegt immer eine Herzerkrankung zugrunde, z. B. eine Schädigung des Reizleitungsgewebes, manchmal auch eine Digitalisintoxikation. Symptome: Keine Symptome sind vorhanden, wenn das HZV trotz der niedrigen Frequenz normal bleibt. Wenn aber die Kontraktion des Myokards beeinträchtigt ist, fällt das HZV ab: Bewusstlosigkeit, Krämpfe, Adam-Stokes-Anfall, Herzstillstand.
Behandlungsmöglichkeit: Herzschrittmacher. Medikamentös sofort Adrenalin, Isoproterenol oder Orciprenalin (Alupent®).

6.4 Respirationsmonitoring zur Überwachung der Atemfrequenz

Impedanz-Pneumographie

Zur Überwachung der Atemfrequenz sind keine zusätzlichen Elektroden erforderlich. Der Monitor arbeitet nach dem Prinzip der **Impedanz-Pneumographie.** Nach dem **Ohm'schen Gesetz** ändert sich bei gleichbleibender elektrischer Spannung (Volt) der elektrische Stromfluss (Ampère), wenn sich der Widerstand (Ohm), durch den der Strom fließt, ändert. Vereinfacht: Wird ein schwacher elektrischer Wechselstrom auf eine Stelle des Körpers im Bereich der Lunge geführt und von einer anderen, ebenfalls im Bereich der Lunge liegenden Stelle abgeleitet, so besteht zwischen diesen beiden Punkten ein **Widerstand** (Impedanz), da Haut und Gewebe elektrischen Strom nicht so gut leiten wie ein Kabel. Beim Einatmen entfernen sich die beiden Punkte durch die Ausdehnung des Brustkorbes voneinander, wodurch der vorhandene Widerstand größer wird und somit weniger elektrischer Strom von einem Punkt zum anderen fließt. Umgekehrt nähern sich beim Ausatmen die beiden Punkte wieder, der Widerstand wird geringer, und es fließt mehr Strom. Dieser Wechsel von größerem, nachlassendem und wieder ansteigendem Stromfluss wird elektronisch als **Kurve** dargestellt. Die Atemfrequenz wird von einem elektronischen Integrator aus der Anzahl der Atmungskurven pro Minute errechnet.

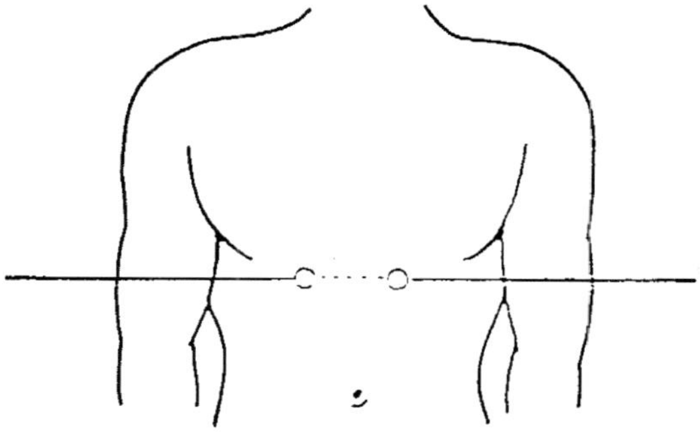

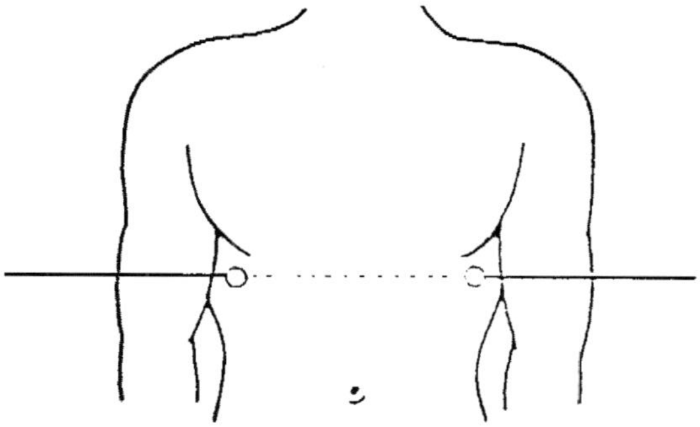

Abb. 44 und 45: Respirationsmonitoring [17]

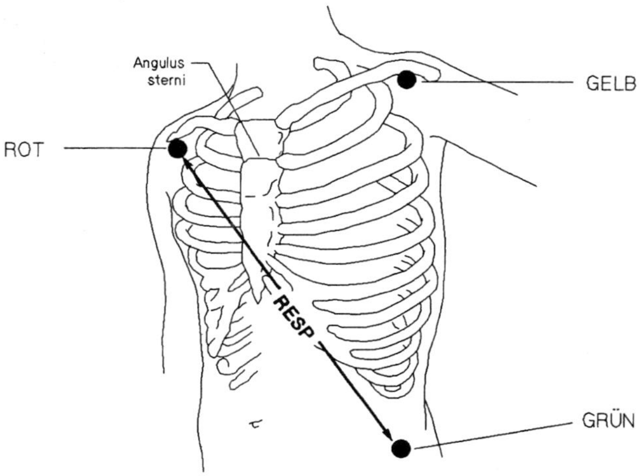

Abb. 46: Platzierung der Elektroden [13]

Wichtig: Änderungen des Widerstandes im Brustkorb werden sowohl durch Herzaktivität als auch durch Lungenaktivität verursacht. Unter gewissen Umständen interpretiert der Monitor die durch Herzaktivität hervorgerufenen Widerstandsänderungen als Atemzüge und zeigt eine Atemfrequenz an, die der Herzfrequenz ähnelt oder gleicht. Es ist möglich, dass der Monitor in dieser Situation einen Atemstillstand u. U. nicht erkennt. Zur Erkennung eines Atemstillstandes sollte man sich nicht ausschließlich auf die Impedanz-Atemfrequenzüberwachung verlassen. Patienten, bei denen ein Atemstillstand nicht auszuschließen ist, sollten immer zusätzlich beobachtet werden. Darüber hinaus sollten die Herzfrequenzalarme eingeschaltet und die Grenzwerte entsprechend eingestellt sein. Es ist ratsam, bei diesen Patienten **zusätzlich den SpO_2-Parameter** zu **überwachen.**

6.5 Blutdruckmessung

Die Standard-Blutdruckmessung nach Riva Rocci und Korotkoff wird auch auskultatorische Blutdruckmessung genannt (vom lat. auscultare = abhören oder horchen).

Quecksilber-Manometer
Würde man Wasser statt Quecksilber zur Druckmessung verwenden, würde es bei gleichem Druck viel höher aufsteigen, weil Wasser leichter ist als Quecksilber. Die Glasröhre müsste dazu viel länger sein und wäre entsprechend bruchgefährdet.

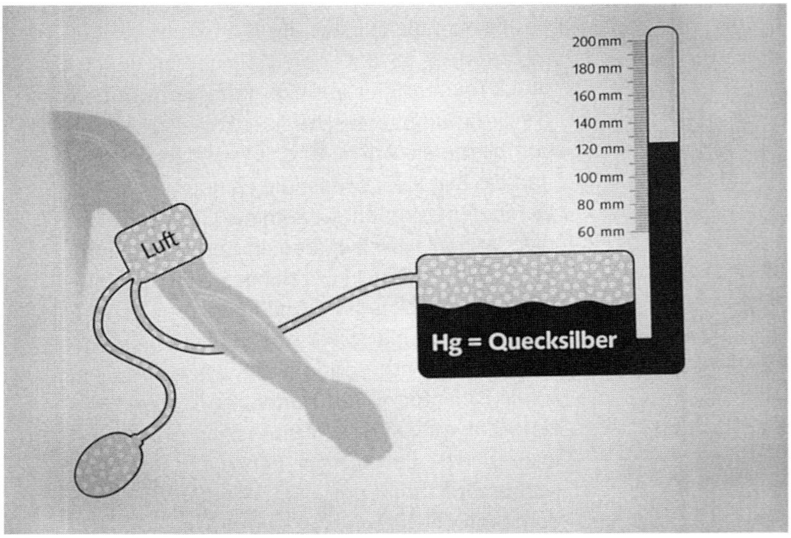

Abb. 47: Blutdruckmessung mit dem Quecksilber-Manometer [6]

Membran-Manometer
Das Membran-Manometer unten löst nach und nach das klassische Quecksilber-Manometer oben ab.

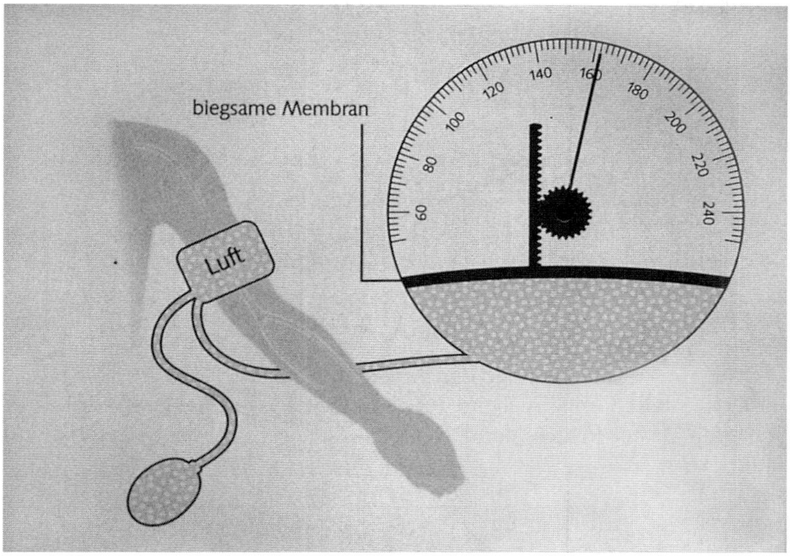

Abb. 48: Membran-Manometer [6]

Bei Aufnahme eines Schlaganfallpatienten sollte der Blutdruck an beiden Armen gemessen werden. Ergeben sich hierbei Unterschiede von mehr als 10 mmHg, ist unabhängig von der Ursache immer am Arm mit dem höheren Blutdruckwert zu messen.

6.5.1 Vorgehensweise bei der auskultatorischen Blutdruckmessung

Vorgehensweise

1. Die luftleere Blutdruckmanschette so am Oberarm anlegen, dass ein 2 Finger breiter Abstand bestehen bleibt. Der untere Manschettenrand sollte sich etwa 2,5 cm über der Ellenbeuge befinden.

Manschettengröße
Die empfohlenen Manschettengrößen für die indirekte Blutdruckmessung am Oberarm eines Erwachsenen:

Oberarmumfang in cm	Gummiteil der Menschette in cm	
	Breite	Länge
33–41 cm	15 cm	30 cm
über 41 cm	18 cm	36 cm

Übersicht 2: Manschettengrößen

Die Standardmanschette passt allen Erwachsenen, deren Oberarmumfang nicht mehr als 33 cm beträgt. Eine falsche Manschettengröße kann zu erheblichen Abweichungen des Messergebnisses führen.

Mögliche Fehlerquellen:
- Wird die Blutdruckmanschette zu locker angelegt, kann dies zu einem zu hohen Messergebnis führen.
- Enthält die Manschette beim Anlegen noch Luft, kann es ebenfalls zu falschen Messergebnissen führen.
- Wenn die Manschette zu breit ist, wird ein zu niederer Blutdruckwert ermittelt.
- Ist die Manschette zu schmal, wird ein zu hoher Blutdruckwert ermittelt.

2. Die Messung sollte auf Herzniveau erfolgen. Die Manschette sollte sich auf gleicher Ebene mit dem rechten Herzvorhof befinden. Bei Messungen in Seitenlage des Patienten ist darauf zu achten, dass die Extremitäten entsprechend (hoch oder flach) gelagert werden, z. B. durch Anheben des Handgelenkes oder der unteren Extremität auf Herzniveau.

Beachte: Erfolgt die Blutdruckmessung nicht auf Herzniveau, z. B. bei Messungen in Seitenlage des Patienten, muss der hydrostatische Druck berücksichtigt werden. Höhenunterschiede von bis zu 30 cm und mehr sind z. B. bei Adipositas oder Unterlagerung der Extremitäten mit Lagerungshilfsmitteln gegeben.

Wird (in Seitenlage) am oben liegenden Arm gemessen, ist das Messergebnis zu niedrig. Wird im Bereich der Beine gemessen, die unterhalb des Herzniveaus gelagert sind, ist das Messergebnis zu hoch. Daraus folgt: Pro 10 cm über der Herzebene müssen etwa 7 bis 8 mmHg zum ermittelten Wert addiert, pro 10 cm unter Herzniveau 7 bis 8 mmHg abgezogen werden. **1 mmHg ≅ 1,36 cm Wassersäule.**

3. Vor dem Aufpumpen der Manschette Stethoskop so um den Hals hängen, dass die Ohransätze nach vorne zeigen. Dann den Radialispuls tasten. Dies ist wichtig, um nachfolgend einen raschen Ablauf gewährleisten zu können.

Tipp: Die aufgepumpte Manschette verursacht bei manchen Patienten Schmerzen, die durch kleine Unachtsamkeiten verlängert werden. Außerdem sollte nur wenige Sekunden gestaut werden, da die Messwerte nach längerer Stauung verändert sein können.

4. Unter Tasten der A. radialis wird die Manschette aufgepumpt, bis der Puls nicht mehr tastbar ist. Wert ablesen, danach den Manschettendruck um weitere 30 mmHg erhöhen. Der Messwert, bei dem der Ra-

dialispuls nicht mehr tastbar ist, eignet sich zur ersten Orientierung des zu erwartenden systolischen Blutdruckes.

> **Merke:** Bei der Einzelmessung soll der Spitzendruck in der Manschette 30 mmHg höher sein als der zu erwartende systolische Blutdruck.

5. Die Ohransätze des Stethoskops in die Gehörgänge stecken. Die Ohransätze werden leicht nach vorn Richtung Nase in die Gehörgänge gesteckt.
6. Den Schallempfänger des Stethoskops unter leichtem Druck in der Ellenbeuge über der A. brachialis auflegen. Ein zu starker Druck könnte zur Kompression der Arterie mit Erzeugung von Strömungsgeräuschen führen.
7. Das Schraubventil am Gummibalg langsam öffnen und den Manschettendruck um etwa 2–3 mmHg pro Sekunde senken. Lässt man die Luft zu schnell aus der Manschette strömen, können die ersten Töne überhört werden (normale Pulswelle ca. 0,8 Sek.)

> **Merke:** Wenn die Luft zu schnell aus der Manschette abgelassen wird, werden zu niedere systolische und zu hohe diastolische Werte gemessen.

8. Durch aufmerksames Hören und genaue Beobachtung wird festgestellt, bei welchem Druck der erste und bei welchem Druck der letzte Ton zu hören ist. Der erste Ton ist der systolische Blutdruck (oberer Wert). Der letzte Ton entspricht dem diastolischen Blutdruck (unterer Wert).

> **Merke:** Systolischer und diastolischer Blutdruckwert sollten so exakt als möglich in mmHg angegeben werden. Ein Auf- oder Abrunden der Werte um 5 bis 10 mmHg ist abzulehnen. Die Messgenauigkeit ist vor allem bei Blutdruckwerten im Grenzbereich von großer Bedeutung.

> **Hinweis:** Bei der Messung des diastolischen Blutdrucks besteht eine Kontroverse, ob das Leisewerden (»muffling«) oder das Verschwinden der Töne dem »wahren« diastolischen Wert entspricht. Diese Frage kann hier nicht endgültig geklärt werden.

9. Die gesamte Luft aus der Blutdruckmanschette ablassen. Manschette abnehmen.
10. Messwert dokumentieren und mit zuvor ermittelten Blutdruckwerten vergleichen, um Veränderungen zu erkennen.
11. Manschette und Stethoskop nach Herstellerangaben desinfizieren.

6.5.2 Vorgehensweise bei unerwarteten Werten

Messung wiederholen. Manschette entleeren und eine Minute warten. Patienten genau beobachten, Puls fühlen. Die Manschette muss vor der erneuten Messung vollständig entleert sein.
Beobachtung von Hautfarbe, Unruhe, Ansprechbarkeit etc. Bei hohen Werten ist der Puls meist sehr gut zu tasten. Bei niedrigen Werten dagegen ist der Puls nur schwach oder gar nicht tastbar.
Werte dem Arzt melden. Sie dürfen nicht kommentarlos protokolliert werden.

6.5.3 Ursachen für die Ermittlung hoher Blutdruckwerte und Maßnahmen zur Vermeidung von Messfehlern

Ursache	Maßnahmen
Zu wenig Ruhe vor dem Messen, z. B. durch Mobilisation, Besuch, Essen etc.	Patienten zur Ruhe kommen lassen, evtl. 30 Min. warten.
Sprechen beim Messen.	Für Ruhe sorgen.
Manschette zu locker angelegt.	Manschette eng, aber nicht zu fest anlegen.
Messung unterhalb der Herzhöhe.	Messung in Herzhöhe durchführen.
Verwendung einer zu schmalen Blutdruckmanschette.	Passende Manschette verwenden.
Venöse Stauung in herabhängender Extremität.	Extremität hochlagern, nach Entstauung erneut messen.
Manschettendruck zu langsam reduziert, venöse Stauung in der Extremität.	Druckventil gleich nach dem Aufpumpen kontinuierlich öffnen.

6.5.4 Ursachen für die Ermittlung niedriger Blutdruckwerte und Maßnahmen zur Vermeidung von Messfehlern

Ursachen	Maßnahmen
Messung über Herzhöhe.	Messung in Herzhöhe vornehmen.
Manschettendruck zu schnell abgelassen, zu niedriger systolischer, zu hoher diastolischer Wert.	Manschettendruck nur um 2 mmHg/Sekunde reduzieren.

Ursachen	Maßnahmen
Auskultatorische Lücke, Geräuschunterbrechung während des Ablassens bei Beginn der Systole von etwa 10–15 mmHg.	Arterie abtasten, während die Manschette aufgepumpt wird.
Manschettendruck zu gering, Druck liegt unter dem zu erwartenden systolischen Blutdruck.	Arterie beim Stauen abtasten und die Manschette 30 mmHg über die zuletzt getastete Pulswelle aufpumpen.
Geräusch zu schwach, nicht wahrnehmbar.	Patienten bitten, den Arm vor der erneuten Messung anzuheben. Das verringert den Venendruck und verstärkt die Geräusche. Arm in Messhöhe bringen. Messung durchführen.
Messung an der Extremität mit den niedrigeren Blutdruckwerten bei bestehender Seitendifferenz.	Bei bestehender Seitendifferenz sollte immer dort gemessen werden, wo anfangs der höhere Blutdruck bestimmt wurde.

6.5.5 Sonstige Messfehler mit unzuverlässigen Blutdruckwerten

Messfehler	Maßnahmen
Manschette über der Kleidung angelegt.	Manschette direkt auf der Haut anlegen.
Oberarm oberhalb der Manschette durch enge Kleidung eingeschnürt, Kompression der Blutgefäße.	Kleidung vor der Messung entfernen.
Physiologische Blutdruckschwankungen (z. B. durch Atmung) beeinträchtigen die Messgenauigkeit. Ein kurzfristig hoher oder niedriger systolischer bzw. diastolischer Druck muss nicht der durchschnittlichen Blutdruckhöhe entsprechen.	Die Werte können um 10–20 mmHg abweichen. Wenn es der Zustand des Patienten erlaubt, sollte die Messung nach etwa 30 Min. wiederholt werden.

Es kann vorkommen, dass nach vollständiger Entleerung der Blutdruckmanschette noch Töne zu hören sind. Sie entstehen, weil sich die Arterienwände mit dem Blutdruck bewegen. In diesen Fällen muss eine sorgfältige Neumessung mit besonderer Beachtung der Tonunterschiede im diastolischen Bereich durchgeführt werden.

6.5.6 Oszillometrische Blutdruckmessung

Messmethode

Bei der oszillometrischen Messmethode wird die **Blutdruckmanschette** nach den gleichen Regeln für **Größe** und **Lage** angelegt wie bei der manuellen Messmethode. Das Aufblasen der Manschette erfolgt automatisch, der Messverlauf kann auf einem Monitor grafisch dargestellt werden. Das Messintervall kann individuell eingestellt werden (je nach Hersteller etwas unterschiedlich). Eine Alarmüberwachung ist ebenfalls möglich.

Messprinzip

Bei Stauung des arteriellen Blutflusses entstehen charakteristische Schwingungen, die als Strömungsgeräusche (Korotkow-Töne) hörbar sind. Gleichzeitig treten aber auch Vibrationen der Arterienwände auf, die das menschliche Ohr nicht wahrnehmen kann. Diese Vibrationen nennt der Physiker auch Oszillationen. Sie lassen sich mit elektronischen Messgeräten registrieren und zur so genannten »oszillometrischen Blutdruckmessung« nutzen.

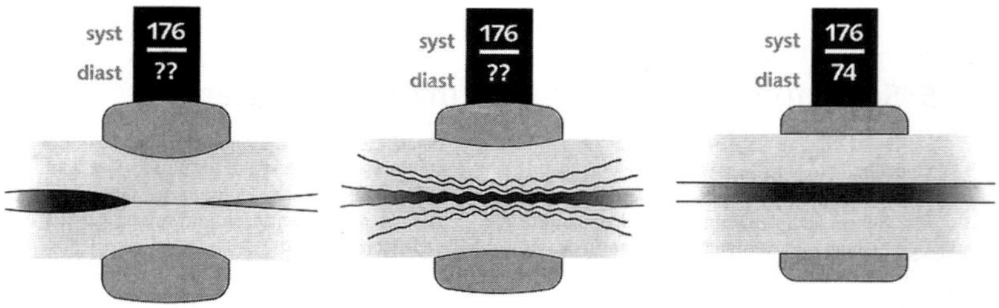

Abb. 49: Oszillometrische Blutdruckmessung [6]

In jeder nicht komplett komprimierten Arterie verursacht das fließende Blut Vibrationen (Oszillationen). Am größten sind diese, wenn die Arterie zu etwa 50 % eingeengt ist (Bild oben Mitte). Die Oszillationen klingen regelmäßig ab, sowohl bei stärkerer als auch bei geringerer Einengung der Arterie. Sie hören ganz auf, wenn das Blutgefäß vollkommen komprimiert ist (Manschettendruck höher als systolischer Druck), und kein Blut mehr fließen kann. Auch wenn das Blutgefäß nicht gestaut ist (Manschettendruck niedriger als der diastolische Blutdruck) und das Blut ungehindert fließt, hören die Oszillationen auf.

Messvorgang

Ein Kompressor pumpt die Blutdruckmanschette weit über den systolischen Blutdruckwert auf, bis die darunter liegende Arterie vollständig komprimiert ist. Die Luft wird nun langsam abgelassen, die Arterie öffnet sich allmählich wieder. Dabei entsteht ein typisches Oszillationsmuster. Die Oszillationen werden bei der Messung über die Luft in der Gummimanschette und im Schlauchsystem auf einen Sensor übertragen, der sich im Blutdruckmessgerät befindet. Der Sensor ist mit einem Mikrochip gekoppelt, der das Oszillationsmuster auswertet und aus dieser Auswertung den Blutdruck berechnet. Da die Oszillationen bei halb komprimierter Arterie am stärksten sind, ist es mit der Oszillometrie möglich, den mittleren arteriellen Druck (MAP) zu messen.

MAP

> **Merke:** Bei der oszillometrischen Messung werden die gleichen Manschettengrößen verwendet wie bei der **manuellen Blutdruckmessung. Die Messung muss ebenfalls in Herzhöhe durchgeführt werden** (siehe manuelle Messung).

6.5.7 Probleme bei der Messung

- Bewegungen des Patienten, z. B. auch Kältezittern oder Krämpfe stören die Erkennung des Arteriendruckpulses und verlängern die Messdauer. Die Messung ist unzuverlässig oder nicht möglich.
- Arrhythmien erschweren oder verlängern den Messvorgang. Die Messung ist ebenfalls unzuverlässig oder nicht durchführbar.
- Bei schnellen Blutdruckänderungen innerhalb des Zeitraums, in dem der Arteriendruckpuls analysiert wird, ist die Messung nicht möglich oder der Messwert unzuverlässig.
- Bei schwerem Schock oder Hypothermie ist aufgrund der verringerten peripheren Durchblutung der Arterienpuls reduziert und damit eine zuverlässige Messung nicht durchführbar.
- Auch bei extremen Herzfrequenzen unter 40/Min. oder über 300/Min. ist eine Messung unmöglich oder unzuverlässig.
- Bei Adipositas kann die über der Arterie liegende Fettschicht die Oszillationen dämpfen und ihre Weiterleitung zur Manschette behindern. In diesem Fall ist die Messgenauigkeit herabgesetzt.
- Während der Messung dürfen Manschette und Schlauch nicht geknickt oder blockiert sein. Die Luft könnte sonst nicht ungehindert in die Manschette hinein- bzw. aus ihr herausströmen, was zu falschen Messergebnissen führen würde.

6.5.8 Komplikationen

- Ungenaue oder falsche Messung mit evtl. daraus resultierenden (falschen) therapeutischen Maßnahmen.
- Unterschätzung des systolischen Blutdruckes, vor allem bei Hypertonikern durch das Phänomen der auskultatorischen Lücke.
- Fehlmessungen bei rasch schwankendem Blutdruck.
- Schmerzen.
- Gefahr von Ischämie und Nekrosen bei automatischen Blutdruckmessgeräten und häufigem Messen.
- Schädigung eines Dialyseshunts bei Messung am betreffenden Arm.
- Rückstau von Infusionen, wenn ein Venenkatheter in der betreffenden Armvene liegt. Die Infusionsflüssigkeit wird evtl. durch den Einstichkanal am PVK entlang wieder hinausgedrückt. Dies führt nicht nur zur

Unwirksamkeit des zu verabreichenden Medikamentes, sondern je nach Medikament auch zu Nekrosen.
- Evtl. Hautschäden (Druckstellen, Mazeration) bei dauerhaftem Belassen der Manschette.
- Bei Patienten mit schweren Blutgerinnungsstörungen kann es zu Hämatomen kommen.
- Bei Patienten mit Sichelzellanämie besteht die Gefahr, dass Erythrozyten im gestauten Arm hämolysieren.
- Kurz aufeinanderfolgende Messungen über einen längeren Zeitraum können eine Neuropathie verursachen.

Beachte: Die entsprechende Extremität muss regelmäßig inspiziert werden. Die Manschette darf keine Stauung verursachen. Petechien, Ischämien und Purpura sind zu beachten.

Die Anwendungshinweise der Gerätehersteller sind unbedingt zu beachten!

6.6 SpO_2-Messung

Definition: SpO_2 ist die unblutige Messung der arteriellen Sauerstoffsättigung durch die Haut.

6.6.1 Messprinzip

Die Sauerstoffsättigung des arteriellen Blutes wird, vereinfacht ausgedrückt, über den Lichtabsorptionsgrad des arteriellen Blutes gemessen. Da am Messort sauerstoffreiches und -armes Blut fließt, muss der Sensor arterielles von venösem Blut unterscheiden. Diese Unterscheidung ist nicht schwierig, da der Lichtabsorptionsgrad des Gewebes, der Haut, der Fingernägel und des konstanten venösen Blutflusses gleichbleibt, und sich keine Änderungen des optischen Signals ergeben.

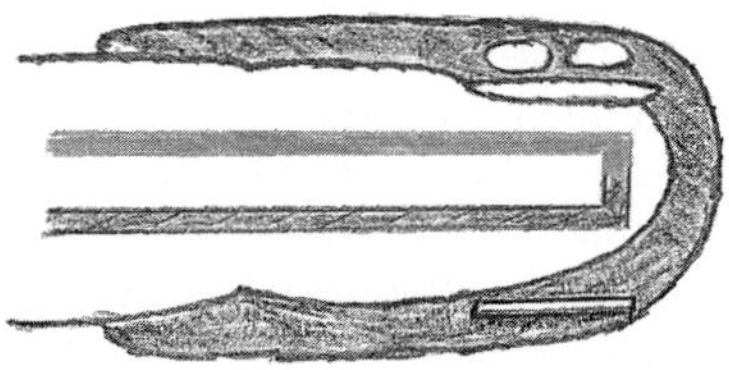

Abb. 50: SpO_2-Messung (1)

Das durchscheinende Licht variiert mit dem rhythmisch pulsierenden, arteriellen Blut. Die Lichtabsorptionsveränderungen durch die Pulswelle (pulssynchrone Volumenveränderung) werden dem arteriellen Blut zugeschrieben. Bei einer Messung über Monitor ist die Darstellung der Pulskurve durch ein **Plethysmogramm** (grafische Darstellung der Pulskurve) möglich. Die Pulsfrequenz wird digital angezeigt.

Plethysmographie

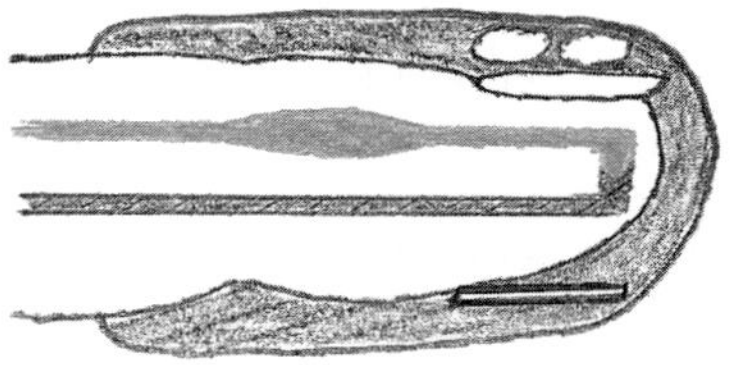

Abb. 51: SpO_2-Messung (2)

Um sauerstoffreiches, arterielles von sauerstoffarmem Blut unterscheiden zu können, werden zwei verschiedene Lichtquellen verwendet. Im Pulsoxymetersensor befinden sich zwei Dioden, die im raschen Wechsel rotes Licht mit einer Wellenlänge von 660 nm und infrarotes Licht mit einer Wellenlänge von 940 nm aussenden. Sauerstoffarmes Blut weist bei rotem Licht, sauerstoffreiches Blut bei infrarotem Licht eine stärkere Absorption auf. Ein Mikroprozessor rechnet die zyklischen Lichtabsorptionsänderungen durch die Pulswelle aus, das Ergebnis wird auf dem Bildschirm digital angezeigt.

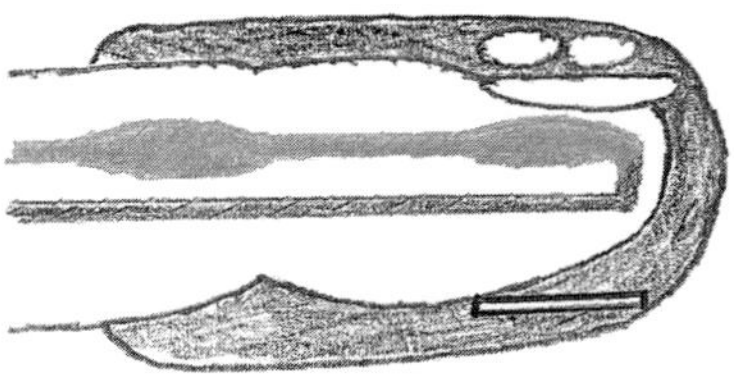

Abb. 52: SpO_2-Messung (3)

6.6.2 Vorteile

- Das Messergebnis steht sehr schnell zur Verfügung, da die Handhabung des Gerätes einfach ist.
- Eine kontinuierliche, zuverlässige Überwachung ist bei richtiger Handhabung möglich.
- Die Messung erfolgt nichtinvasiv, sodass keine Infektionsgefahr besteht.
- Eine Kombination aus Pulsoxymetrie und EKG-Monitoring kann Auskunft über ein peripheres Pulsdefizit geben und bei **Schrittmacherpatienten** eine kontinuierliche Pulsüberwachung ermöglichen.

Überwachung von Schrittmacherpatienten

6.6.3 Nachteile

- Bei Schock, niedrigem Blutdruck, starker Anämie, Hypothermie, Katecholamintherapie u. a. kann es zu falschen Messergebnissen kommen.
- Auch bei venösen Stauungen, z. B. bei NBP-Messung, herabhängender Extremität und einschnürender Kleidung kann es zu falschen Messergebnissen kommen.
- Pulsoxymeter sind sehr störanfällig, u. a. bei Bewegung des Sensors, da die arterielle Pulsation die Gesamtlichtabsorption (z. B. der Fingerkuppe), aus der der SpO_2-Wert errechnet wird, um minimale 1–2 % verändert. Dies kann zum Anzeigen von falsch niedrigen oder falsch hohen Sättigungswerten führen.

6.6.4 Messwerterhöhung

Ein hoher Sättigungswert trotz wenig verfügbarem Sauerstoff bedeutet Lebensgefahr.
Hohe Werte entstehen bei tatsächlich vorherrschenden Störungen/Erkrankungen oder artifiziell.

- Vergiftung mit Kohlenmonoxid (z. B. durch Auspuffgase, Ofenrauch etc.).
- Vergiftung mit Methämoglobinbildnern (Nitrate, Nitrite, Sulfonamid u. a.).
- Anämie (bei Blutungen, Eisenmangel, Tumoren etc.).
- Verwendung von rotem Nagellack führt fälschlicherweise zu hohen Messergebnissen.
- Bewegungsartefakte.
- Starkes Umgebungslicht kann den Messwert erhöhen.

6.6.5 Messwerterniedrigung

Niedriger Sättigungswert trotz evtl. ausreichend verfügbarem Sauerstoff. Einem niedrigen Messergebnis liegen best. Erkrankungen oder Fehler bei der Messung zugrunde, z. B.:

- Gefäßverschlüsse, Exsikkose, Hypothermie etc.
- Gestauter Arm, zu fest sitzende Blutdruckmanschette, einschnürende Kleidung oder Stauung durch herabhängende Extremität.
- Verwendung von weißem Nagellack kann zu einem falsch niedrigen Messergebnis führen.
- Bewegungsartefakte.
- Starkes Umgebungslicht kann zu einem falschen Messwert führen.
- Bei chronischen Lungenerkrankungen z. B. COPD, Asthma, Fibrose und bei chronischen Herzerkrankungen können krankheitsbedingt niedrige Messwerte auftreten. Die Sauerstoffversorgung des Körpers

dieser Patienten ist unzureichend. In diesen Fällen sind die Sättigungswerte in einem entsprechenden Rahmen jedoch noch als normal einzustufen.

6.6.6 Umgang mit dem Sensor

SpO_2-Aufnehmer nach Anweisung des Herstellers anbringen. Eine Messung ist nur möglich, wenn am Messort eine (zumindest minimale) pulsierende Blutströmung vorliegt. Bei Verwendung eines geeigneten Aufnehmers und bei richtiger Anbringung sind folgende Voraussetzungen für genaue Messungen erfüllt:

1. Lichtsender und Lichtempfänger liegen einander genau gegenüber. Das gesamte Licht, das vom Lichtempfänger aufgenommen wird, hat das Gewebe passiert.
2. Der Messort hat die richtige Stärke, um das Licht passieren zu lassen. Für den Fingersensor eines Erwachsenen ist z. B. die große Zehe zu dick und der Finger eines Säuglings zu schmal; es erscheint keine Pulsmeldung. In diesem Fall ist ein geeigneter Messort zu suchen.
3. Zur Bestimmung des optimalen Aufnehmers und eines dafür geeigneten Messortes kann man – falls vorhanden – die Plethysmogramm-Kurvenamplitude heranziehen.

Zur Vermeidung unerwünschter Hautveränderungen sollte man den Messort alle zwei bis drei Stunden überprüfen. Dabei ist auf das Aussehen der Haut und auf die korrekte Lage von Lichtsender und Lichtempfänger zu achten. Ein frühzeitiger Wechsel der Anbringungsstelle ist empfehlenswert.

Bei langer, ununterbrochener Verweildauer des Aufnehmers an der gleichen Stelle erhöht sich die Gefahr unerwünschter Hautveränderungen (Reizungen, Rötungen, Blasenbildung oder Drucknekrosen), insbesondere bei Patienten mit gestörter Mikrozirkulation.

Warnung: Bei Verwendung normaler Pulsoxymeter während der Magnetresonanztomographie können zweit- bis drittgradige Hautverbrennungen auftreten. Für diese Anwendung werden daher spezielle Pulsoxymeter angeboten.

6.7 Körpertemperatur

Bei der Temperaturmessung muss das Temperaturgefälle vom Körperkern Richtung Körperoberfläche berücksichtigt werden. Als Referenzwert der Körpertemperatur gilt die mittels Pulmonalarterienkatheter bestimmte Temperatur des gemischtvenösen Blutes (venöses Blut aus dem ganzen Körper durch das rechte Herz gemischt und in die Pulmonalarterie gepumpt). Die Temperaturwerte an verschiedenen Stellen des Körperkerns

variieren auch unter Normalbedingungen von 0,2 bis 1,2 °C mit höchsten Werten im Rektum.
Die Körpertemperatur eines Schlaganfallpatienten sollte in den ersten 24 Stunden 37,5 °C nicht übersteigen, da die Penumbra sonst irreversibel geschädigt werden kann. Daher sollte die Temperatur sehr sorgfältig und kontinuierlich überwacht werden. Nur so können rechtzeitig Gegenmaßnahmen ergriffen und irreversible Schäden vermieden werden.

6.7.1 Kontinuierliche rektale Temperaturüberwachung

Die Temperatursonde wird mit einer Schutzhülle und Gleitmittel versehen vorsichtig ca. 10 cm rektal eingeführt. Bei kontinuierlicher Messung sollte die Lage der Sonde (Einführtiefe) nicht verändert werden. Die Temperatursonde darf keine Druckstellen verursachen.

Vorteile:

- Einfache Handhabung,
- kontinuierliche Messung über Stunden möglich.

Nachteile:

- Verzögerte Wiedergabe von Temperaturänderungen,
- Wert ist abhängig von Messtiefe (häufige Kontrollen), regionalem Blutfluss, Wärmeproduktion der Darmflora und der Stuhlfüllung.
- Gefahr von Blutungen, Druckstellen und Keimverschleppung.

6.7.2 Blasentemperaturmessung

Die Temperatur wird über einen Blasenkatheter mit integriertem Temperaturfühler gemessen. Sie ist den rektalen Werten ähnlich. Die Körpertemperatur wird sehr genau ermittelt.

Vorteile:

- Relativ einfache Handhabung, falls ohnehin ein Blasenkatheter gelegt werden muss.
- Kontinuierliche Temperaturmessung möglich.

Nachteile:

- Messung kann nur erfolgen, wenn die Indikation zum Legen eines Blasenverweilkatheters gegeben ist.
- Verzögerte Wiedergabe von Temperaturänderungen.
- Temperaturänderungen in der Blase sind von der Urinproduktion abhängig.

6.7.3 Infrarotthermometrie des Trommelfells

Diese Geräte ermitteln die vom Trommelfell ausgesandten Infrarotstrahlen direkt innerhalb von ein bis zwei Sekunden. Die Messung ist sehr präzise, die Herstellerangaben zum Gebrauch des Gerätes müssen genauestens beachtet werden.

Vorteile:

- Bei exakter Platzierung eine ideale Messmethode, da sehr nahe am Thermoregulationszentrum gemessen wird.
- Schnelle, hygienische Messung.

Nachteile:

- Bei ungenauer Platzierung starke Messfehler.
- Wenn der Patient zuvor Ohrstöpsel oder ein Hörgerät trug, können die Werte verfälscht sein.
- Lag der Patient längere Zeit auf dem zur Messung vorgesehenen Ohr, könnten die Werte verfälscht sein (Wärmestau).
- Eine Überprüfung des Gerätes ist vor Ort nicht möglich, das Gerät muss im Falle einer Störung, ungenauer, verfälschter oder unglaubwürdiger Messergebnisse eingeschickt werden.
- Die Messung ist bei Entzündungen oder nach Operationen am Ohr kontraindiziert.
- Eine kontinuierliche Messung ist nicht möglich.

6.7.4 Axillare Temperaturmessung

Die Temperatur wird tief in der Axilla gemessen. Der Oberarm muss während der gesamten Messzeit fest am Oberkörper anliegen.

Vorteile:

- Einfache Durchführung,
- preiswert,
- nichtinvasiv.

Nachteile:

- Vergleichsweise lange Messzeit erforderlich.
- Leichte Dislokation des Thermometers.
- Eine kontinuierliche Messung ist nicht möglich.
- Die Ergebnisse liegen etwa 0,5 °C unter der Rektaltemperatur.
- Im Vergleich zu anderen Messmethoden werden relativ ungenaue Messwerte erzielt.

6.7.5 Sublinguale Temperaturmessung

Die Messung wird unter der Zunge bei geschlossenem Mund durchgeführt.

Vorteil:

- Einfache Methode.

Nachteile:

- Bei Schlaganfallpatienten weniger geeignet (beeinträchtigter Lippenschluss).
- Durch Umgebungsverhältnisse beeinflusst, daher ungenau.
- Eine kontinuierliche Messung ist nicht möglich.

6.8 Invasive Druckmessung

6.8.1 Voraussetzungen für die Signalübertragung

Für eine sichere Signalübertragung müssen bei allen invasiven Druckmessungen bestimmte Grundvoraussetzungen erfüllt sein:

MedGV-Einweisung

- Invasive Druckmessungen dürfen nur von speziell ausgebildetem Personal mit Einweisung nach **MedGV** durchgeführt werden.
- Vor allen invasiven Drucküberwachungen muss ein intravasaler Katheter gelegt werden (z. B. ZVK oder Arterienkatheter).
- Bei allen invasiven Messungen muss das Signal auf eine entsprechende Messeinheit (z. B. ZDV-Messlatte oder Monitorüberwachungsgerät) übertragen werden.
- Bei invasiven Druckmessungen dürfen nur die speziell dafür vorgesehenen Messsysteme verwendet werden.

6.8.2 Die Druckmesseinheit

Die Messeinheit für die Monitorüberwachung invasiver Drücke setzt sich aus folgenden Bestandteilen zusammen:

- Katheter oder arterielle Kanüle,
- flüssigkeitsgefülltes Druckmesssystem,
- Druckwandler (Transducer) inkl. Kabel und Druckmodul,
- Verstärker,
- Monitor zur Darstellung der Druckkurve und des nummerischen Druckwertes.

6.8.3 Der Signalübertragungsweg

Der Übertragungsweg der Signale vom Blutgefäßsystem zur Anzeige auf dem Bildschirm kann in Form einer Messkette dargestellt werden.

Messkette

Der Druck wird vom Blutgefäß über den Katheter (oder die Kanüle) in das Drucksystem übertragen.

⇓

Das mit Flüssigkeit gefüllte Messsystem leitet den Druck zum Druckaufnehmer (Druckwandler, Transducer) weiter.

⇓

Der Druckaufnehmer wandelt den Druck in ein elektrisches Signal um und leitet es an einen Verstärker weiter.

⇓

Dieser gibt das verstärkte Signal an den Monitor weiter.

⇓

Der Monitor stellt das Signal als Kurve dar und zeigt den Messwert digital an.

6.8.4 Das Druckmesssystem

Das Druckmesssystem ist das schwächste Glied der Messkette. Druckmesssysteme müssen sehr vielen klinischen Erfordernissen gerecht werden. Sie müssen flexibel einsetzbar sein, sollten daher nicht zu kurz oder zu starr sein, sie sollten einfach in der Handhabung sein und ökonomischen Erfordernissen gerecht werden, d. h. bezahlbar sein u. a. Die idealen physikalischen Übertragungsbedingungen sind durch diese Systeme zwangsläufig sehr beeinträchtigt, für die Klinik aber noch akzeptabel. Zusätzliche Messfehler sollten daher vermieden werden. Auf dem Monitor erscheinen lediglich die übermittelten Informationen (richtige oder falsche Messergebnisse), eine Fehlererkennung ist nicht möglich. Die Anweisungen der Hersteller für den Umgang mit Druckmesssystemen sind stets genau zu beachten. Druckmesssysteme sind als Teilsysteme oder als vorgefertigte Komplettsysteme erhältlich. Es sollten keine zusätzlichen Komponenten wie Dreiwegehähne, Verlängerungen u. a. eingefügt werden. Das komplett vorbereitete System muss mit Flüssigkeit (z. B. NaCl 0,9 % im 500 ml-Beutel, mit oder ohne Heparinzusatz) gefüllt und sorgfältig entlüftet werden.

6.8.5 Entlüften des Druckmesssystems

Tipps zur richtigen Vorgehensweise:

1. Bauen Sie das System korrekt in die dafür vorgesehenen Halterungen (Druckaufnehmer etc.) ein.
2. Halten Sie den Spülbeutel nach unten und stecken Sie den Dorn von oben in die markierte Einstichstelle des Verschlussstopfens.
3. Schließen Sie die Rollerklemme, bevor Sie den Beutel aufhängen.
4. Füllen Sie die Tropfkammer. Sie sollte mindestens zu drei Vierteln, besser bis 1 cm unterhalb der Tropföffnung gefüllt sein. Dies ist sehr wichtig, da der Spiegel bei größerer Fallhöhe und Betätigung der Schnellspüleinrichtung stark aufgewirbelt wird, und Luftbläschen in das System kommen können.
5. Öffnen Sie nun die Rollerklemme.
6. Halten Sie das Ende/die Enden des Systems beim Entlüften immer nach oben.
7. Zum weiteren Befüllen müssen Sie nun den Spülnippel drücken.
8. Zum schnelleren Entlüften dürfen max. 50 mmHg Druck auf den Spülbeutel ausgeübt werden.
9. Entlüften Sie jeden Dreiwegehahn auch nach außen.
10. Entlüften Sie das System komplett. Erst danach kann der Spülbeutel mit bis zu 300 mmHg Druck komprimiert werden.

Merke: Die Notwendigkeit, das Druckmesssystem sorgfältig durchzuspülen und zu entlüften, kann nicht überbetont werden. Selbst kleinste Luftbläschen tragen zur Verzerrung der Druckwellenform bei.

6.8.6 Umgang mit Drucksystemen

- Verwenden Sie für alle Druckleitungen ein einfaches System. Viele zusätzliche Dreiwegehähne machen die Vorrichtung (v. a. bei der Druckmessung) unübersichtlich und begünstigen die Bildung von Luftblasen im System.

Kontinuierliche Spülung

- Verwenden Sie Vorrichtungen zur kontinuierlichen Spülung, um einen Katheterverschluss und die Bildung kleiner Luftblasen zu vermeiden. Schon winzige Partikel verzerren das Drucksignal, und in stehender Spülflüssigkeit können sich kleine Luftblasen bilden. **Cave: Keine kontinuierliche Spülung bei ICP-Messung.**
- Sorgen Sie für gut konnektierte Verbindungen.
- Verwenden Sie ausschließlich zur Druckmessung zugelassene Originalsysteme, tauschen Sie defekte Teile immer gegen Originalteile aus.
- Verwenden Sie möglichst große Katheterdurchmesser (mind. 18 Gauge). Für Säuglinge und Kinder die größtmöglichen Katheter verwenden. Katheter mit kleinem Innendurchmesser schränken die Flüs-

sigkeitsbewegung ein und ziehen durch erhöhten Widerstand Energie von der übertragenen Druckwelle ab.

- Reinigen Sie das System **nicht,** sondern tauschen Sie es bei Bedarf aus. Unsachgemäße Manipulationen an den kompliziert zu reinigenden Systemen können zu gefährlichen Undichtigkeiten oder Defekten führen.
- Befinden sich Partikel oder Luftblasen im Schlauch, sollten sie mit der Spritze abgezogen werden, bevor sie über das Spülsystem in das Gefäßsystem eingeschwemmt werden.
- Ein arterieller Katheter sollte nicht manuell mit einer Spritze gespült werden, um den Patienten nicht zu gefährden. Untersuchungen haben gezeigt, dass mit einem Spülvolumen von 7 ml ein Gerinnsel oder eine Luftblase gegen den arteriellen Blutstrom in den zentralen Kreislauf verschleppt werden kann. Bei höherer Druckentwicklung, z. B. bei Verwendung einer kleinlumigeren Spritze sind bereits weniger als 7 ml ausreichend.
- Der Manschettendruck von etwa **300 mmHg** muss gleichmäßig auf den ganzen Spülbeutel verteilt sein.

Manschettendruck

- Die Manschette sollte den Spülbeutel ganz umschließen. Der Manschettendruck muss mindestens dreimal pro Schicht kontrolliert werden.
- Der Wechsel des gesamten Messsystems (ohne ZVK oder arterielle Kanüle) wird von den meisten Autoren in Abständen von 48 Std. empfohlen. Bei Untersuchungen zum Wechsel des Systems im 4-Tage-Intervall konnte jedoch auch keine erhöhte Keimbesiedelung nachgewiesen werden.
- Eine Kühlung des Systems (z. B. Kühlung der Infusionsflüssigkeit) sollte wegen höherer Gaslöslichkeit bei niederen Temperaturen und damit verbundener gesteigerter Blasenbildung vermieden werden.
- Infektionen und daraus resultierende Kathetersepsis können durch Einhaltung der **allgemeinen Hygienerichtlinien** und **aseptisches Vorgehen** bei allen Maßnahmen an Katheter und System verhindert werden.

Infektionsprophylaxe

- Patienten mit arterieller Druckmessung sollten nicht unbeaufsichtigt bleiben, da es bei Diskonnektion mit Blutung sehr rasch zu einer lebensbedrohlichen Komplikation kommen kann.
- Achten Sie immer darauf, dass sich der Druckaufnehmer in der richtigen Höhe befindet, v. a. nach der Umlagerung o. ä. Maßnahmen. Die Höhe des rechten Vorhofs gilt als Nullpunkthöhe bei allen invasiven Messungen, **nicht aber bei der ICP-Messung.**
- Der Nullabgleich sollte mind. einmal pro Schicht durchgeführt werden, sinnvollerweise unmittelbar nach der Übergabe (Gewähr für korrekte Messergebnisse).
- Halten Sie Kabelkontakte stets sauber und trocken.

6.8.7 Durchführung des Nullpunktabgleichs

Da es unterschiedliche Systeme und Geräte gibt, müssen Sie sich an den Herstellerangaben für das verwendete System orientieren. Exemplarische Darstellung der Vorgehensweise:

- Platzieren Sie den zum Nullabgleich bestimmten Dreiwegehahn in Höhe des linken Ventrikels (entspricht ungefähr der Höhe des rechten Vorhofes, die mit der Thoraxschublehre ermittelt wird). Ist ein rasches Vorgehen erforderlich, wird der Hahn (beim Erwachsenen) etwa 10 cm über der Matratze platziert. **Für die ICP-Messung müssen Sie den** Nullpunkt in einer anderen Höhe bestimmen.
- Unterdrücken Sie den Monitoralarm für 2 bis 3 Minuten.
- Schließen Sie den zum Nullabgleich bestimmten Dreiwegehahn zum Patienten, wobei Sie gleichzeitig eine Verbindung vom Druckaufnehmer zur Atmosphäre herstellen, (der Druckaufnehmer muss zur Atmosphäre abgeglichen werden).
- Öffnen Sie nun den Schraubverschluss am Dreiwegehahn zur Atmosphäre.
- Nun drücken Sie am Monitor die Taste für den Nullabgleich.
- Erst wenn der Messwert »0« angezeigt wird, hat der Monitor den Nullabgleich akzeptiert.
- Schließen Sie die Öffnung zur Atmosphäre, indem Sie die Verbindung Patient – Drucksystem wieder herstellen und den Deckel auf dem Dreiwegehahn wieder schließen.
- Überprüfen Sie die angezeigte Druckkurve und vergleichen Sie die angezeigten Druckwerte mit den vorherigen Messwerten.
- Aktivieren Sie die Monitoralarme und stellen Sie die Alarmgrenzen nach ärztlicher Anordnung ein (allgemein gültige Vorschriften zur Einstellung gibt es nicht).

Mögliche Fehlerquellen beim Nullpunktabgleich: Selbst wenn die Einzelteile eines Druckmesssystems sorgfältig ausgesucht und richtig zusammengesetzt sind, kann ein Messfehler auftreten. Sehr häufig schleicht sich ein Fehler durch mangelhafte Nullabstimmung in das System ein. Erst nach dem Nullabgleich berücksichtigt die Technik die atmosphärischen und die hydrostatischen Druckeinflüsse auf die Messung. Der Monitor verlässt sich auf den Nullabgleich und errechnet von diesem Ergebnis ausgehend den angezeigten Druck (z. B. ZVD, RR, ICP etc.)

6.9 Intraarterielle Druckmessung

6.9.1 Indikationen

- Kontinuierliche Blutdrucküberwachung bei der Therapie mit kreislaufwirksamen Medikamenten,
- labile Kreislaufverhältnisse (Sepsis, Schock, Multiorganversagen, Polytrauma etc.),
- intra- und postoperative Überwachung Schwerstkranker,
- instabile Kreislaufverhältnisse,

- Hypo- und Hypertonie,
- Langzeitbeatmung.

6.9.2 Vorteile

- Kontinuierliche Messung des arteriellen Blutdruckes mit dauerhafter Messgenauigkeit.
- Rasches Erkennen hämodynamischer Störungen.
- Zugang zur Entnahme arterieller Blutproben, insbesondere für arterielle Blutgasanalysen.

6.9.3 Kontraindikation

- Besondere Vorsicht ist bei arterieller Verschlusskrankheit, schwerer Arteriosklerose, Morbus Raynaud und bestehendem Vasospasmus geboten.

6.9.4 Zugangswege für arterielle Katheter

Zu den leicht zugänglichen peripheren Arterien gehören die **A. radialis,** die **A. brachialis,** die **A. axilaris,** die **A. femoralis,** die **A. dorsalis pedis** und die **A. ulnaris.**

Punktion der Radialisarterie

Die **Radialisarterie** wird bevorzugt punktiert, sowohl aus **praktischen** als auch aus **Sicherheitsgründen.** Sie ist im Allgemeinen gut zugänglich, der Katheter kann sicher fixiert werden, und man kann bei Blutungen hinreichend Druck auf die Punktionsstelle ausüben. Nach Entfernung des Katheters sollte die Punktionsstelle mind. 5–10 Min. komprimiert werden, danach wird ein Druckverband angelegt.

6.9.5 Legen einer Arterienkanüle

6.9.5.1 Vorbereitungen für einen reibungslosen Ablauf

- Der Arzt spricht die geplante Maßnahme mit dem Pflegepersonal ab.
- Er informiert den Patienten eingehend über den Ablauf und die damit verbundenen Risiken.

Pflegerische Tätigkeit

- Die Pflegeperson bereitet das Druckmesssystem vor und stellt den Monitor auf »arterielle Ableitung« ein.
- Das benötigte Material wird auf einem Tablett oder Tisch vorbereitet.

6.9.5.2 Erforderliches Material

Zum Legen einer arteriellen Kanüle benötigt man:

- Desinfektionsmittel,
- sterile Kompressen,

- sterile Handschuhe,
- steriles Lochtuch (Abdecktuch),
- Arterienkatheter,
- aseptischer Kanülenverband,
- Pflaster zur Kanülenfixierung,
- Unterlage (Bettwäscheschutz),
- Abwurfbehälter,
- Pflasterstreifen (möglichst mit roter Markierung) mit der Aufschrift »Arterie«,
- Kanülen-Abwurfbehälter,
- evtl. BGA-Spritze,
- Blutentnahmeröhrchen für Laboruntersuchungen,
- evtl. Nahtmaterial (bei Femoralisarterie),
- evtl. eine Spritze mit 10 ml NaCl 0,9 % und rotem Dreiwegehahn mit 15 cm Verlängerung,
- evtl. Einmalrasierer,
- evtl. Schere,
- evtl. Maske.

6.9.5.3 Durchführung

- Der Arzt wählt die Punktionsstelle.
- Sie legen einen Bettwäscheschutz unter den Punktionsbereich und desinfizieren die Punktionsstelle, (evtl. müssen Sie den Bereich zuvor rasieren).
- Sie reichen dem Arzt das Punktionsmaterial steril an.
- Der Arzt zieht sich die sterilen Handschuhe an (evtl. zuvor Mundschutz anlegen) und deckt dann den Einstichbereich mit dem sterilen Lochtuch ab.
- Er legt die Kanüle, fixiert sie und schließt das Drucksystem an, (ggf. nimmt er zuvor Blut zur Bestimmung der BGA oder sonstiger Laborwerte ab).
- Auf dem Monitor ist im Normalfall eine einwandfreie Kurve zu sehen.
- Der sterile Verband wird angelegt.
- Sie machen eine Nullpunktbestimmung und einen Nullabgleich.
- Sie stellen die Alarmgrenzen ein und aktiveren sie.

6.9.5.4 Fehlersuche

Sie ist erforderlich, wenn bei korrekt liegender Kanüle keine Druckkurve sichtbar ist. Mögliche Ursache ist die Lageveränderung oder ein leichtes Abknicken der Kanüle beim Anlegen des Verbandes. Kontrollmaßnahmen:

Kontrollmaßnahmen

1. Prüfen Sie das System auf korrekten Anschluss, und ob alle Dreiwegehähne richtig stehen.
2. Prüfen Sie die Kabelverbindung zum Monitor.
3. Führen Sie einen erneuten Nullabgleich durch und prüfen Sie, ob die Nulllinie und der Messwert »0« auf dem Monitor erscheinen.

4. Überprüfung der Monitoreinstellung »Arterie« und der Skalierung. Diese muss i. Abh. v. Gerät zwischen 0 und 180 bzw. 250 mmHg liegen. Die Bestimmung des zentralen Venendruckes erfolgt in einem Skalenbereich von 0 bis 20 mmHg, die Blutdruckkurve liegt in einem anderen Bereich.
5. Kontrolle des Spülbeutels auf Druck (300 mmHg) und Druckverteilung (gleichmäßig auf den gesamten Beutel).
6. Aspirieren Sie etwas Blut aus der arteriellen Kanüle und spülen Sie sie mittels Schnellspüleinrichtung durch. Beim Drücken der Schnellspülung muss die Druckkurvenlinie auf dem Monitor senkrecht nach oben gehen und als gerade Linie auf der oberen Skalierung erscheinen. Wird der Spülnippel losgelassen, muss die Linie senkrecht abfallen und dann in die Druckkurve übergehen.
7. Sollte noch immer keine Druckkurve und kein Druckwert sichtbar sein, liegt ein technischer Fehler vor. Es handelt sich meist um lockere, feuchte oder defekte Kabelverbindungen. Defekte Teile können einzeln ausgetauscht werden. Das Erneuern des gesamten Kabelsystems ist jedoch sinnvoller.
8. Ist der Defekt noch immer nicht behoben, schalten Sie den Monitor für ein paar Sekunden aus und starten ihn dann wieder neu. Nun konfiguriert die Technik sich selbst.
9. Die letzte Möglichkeit ist das Austauschen der gesamten Messtechnik.

6.9.5.5 Arterielle Druckkurve

Windkesselfunktion

Die vom linken Ventrikel erzeugten **Druckschwankungen** zwischen z. B. 120 mmHg systolisch und 80 mmHg diastolisch werden durch die **Windkesselfunktion der elastischen Aorta und des arteriellen Systems** soweit ausgeglichen, dass der **Druck jenseits der Aortenklappe** zwischen **120 mmHg systolisch** und **80 mmHg** diastolisch pendelt. Während der Erschlaffungsphase des Herzens in der Diastole reicht die im arteriellen System gespeicherte Energie aus, die Perfusion des Körpers zu sichern.
Mit Auswurf des Schlagvolumens vom linken Ventrikel (Herzkammerkontraktion) in die Aorta beginnt die Druckwelle. Sie setzt sich mit einer Geschwindigkeit von 6–10 m/Sek. im Gefäßsystem fort. Im Fuß kommt sie nach ca. 0,15 Sek. an. Form und Amplitude der Druckkurve verändern sich Richtung Peripherie. Der Druck in der A. dorsalis pedis liegt systolisch um ca. 40 mmHg über dem Druck in der Aorta. Dieses Phänomen wird durch die Reflexion der Pulswelle hervorgerufen.

> **Merke:** Durch die Schwingungsfähigkeit des arteriellen Systems verändern sich Form und Amplitude der Druckwelle Richtung Peripherie.

Faktoren, die Form und Höhe der Blutdruckkurve während der Systole (Abb. 53) und während der Diastole (Abb. 54) beeinflussen:

Die systolische Kurvenform wird beeinflusst von:

- der Auswurfgeschwindigkeit des linken Ventrikels,
- dem Schlagvolumen des linken Ventrikels,

- der Compliance des arteriellen Systems
- und dem peripheren Gesamtwiderstand.

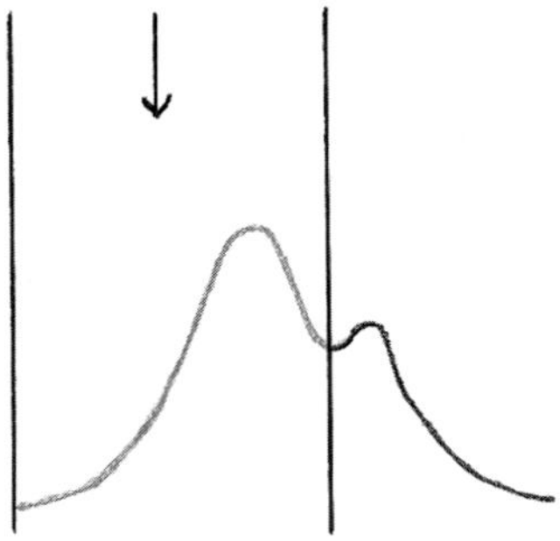

Abb. 53: Systolische Blutdruckkurve

Die diastolische Kurvenform wird beeinflusst von:

- dem peripheren Gesamtwiderstand,
- der Herzfrequenz
- und der Compliance des arteriellen Systems.

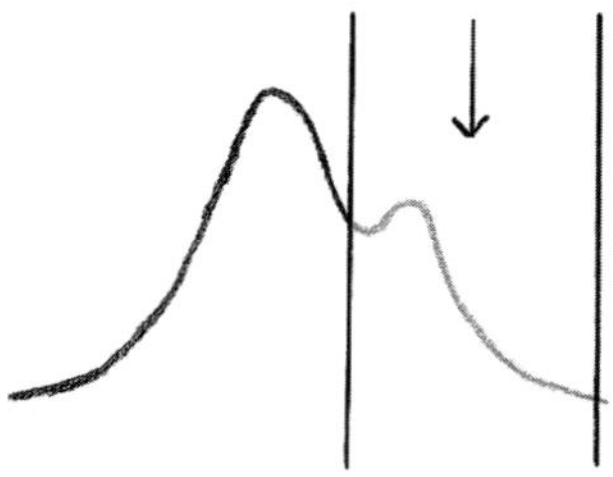

Abb. 54: Diastolische Blutdruckkurve

Dikrote Welle

Die »dikrote Welle« während der Diastole ist Folge der Grundschwingungen im arteriellen System. Sie entsteht durch Überlagerung hin- und herlaufender Reflexionswellen. Form und Amplitude der Druckkurve verändern sich Richtung Peripherie.
Alle längeren Arterienäste sind unabhängige elastische Systeme mit eigenem Reflexionsfaktor. Daher können Druckunterschiede von mehr als 10 mmHg zwischen rechtem und linkem Arm auftreten.

6.9.5.6 Messprobleme

Mitunter werden Messungen mit dem herkömmlichen Blutdruckgerät durchgeführt, um die Genauigkeit der arteriellen Druckwerte zu überprüfen, v. a. wenn Grund besteht, die arteriellen Werte in Frage zu stellen. Unterschiedliche Ergebnisse zwischen der direkten und der indirekten Methode rufen häufig Bedenken hervor. Beim größeren Teil der überwachten

Patienten kann man beim peripher gemessenen arteriellen Druck aber 10–20 mmHg höhere Werte erwarten als bei der indirekten Messung.

6.9.5.7 Erniedrigte arteriell ermittelte Werte

Wenn die arteriell gemessenen Werte niedriger sind als die indirekt gemessenen, können folgende Ursachen zugrunde liegen:

Ursachen

1. Thromben, Luftblasen oder Blut, das nach der Blutentnahme im Katheter zurückbleibt, verursachen eine Dämpfung der Kurve. Gegenmaßnahme: Luft/Partikel mit Hilfe einer Spritze abziehen, Kathetersystem mittels Schnellspüleinrichtung spülen.
2. Die Katheter-/Schlauchverbindungen sind locker. Gegenmaßnahme: Alle Schlauchverbindungen sicher konnektieren und, falls erforderlich, fehlerhafte Teile austauschen.
3. Die Katheterspitze stößt gegen eine Gefäßwand, oder es besteht ein Gefäßspasmus. Gegenmaßnahme: Den Katheter etwas zurückziehen oder nach Anordnung ganz entfernen.
4. Es wurden falsche Systemkomponenten verwendet. Gegenmaßnahmen: Das System wieder in den Originalzustand bringen, gegebenenfalls ganz austauschen.
5. Es ist eine Nullabstimmung erforderlich. Maßnahme: Richtige Technik zur Nullabstimmung anwenden. Ein ungenaues Nullniveau beeinflusst alle Druckwerte.
6. Der Druckwandler (Transducer) oder der Verstärker ist defekt. Gegenmaßnahme: Druckwandler oder Verstärker (bei moderneren Geräten im Monitor) austauschen.

Abb. 55: Normale Druckkurve

Abb. 56: Gedämpfte Druckkurve

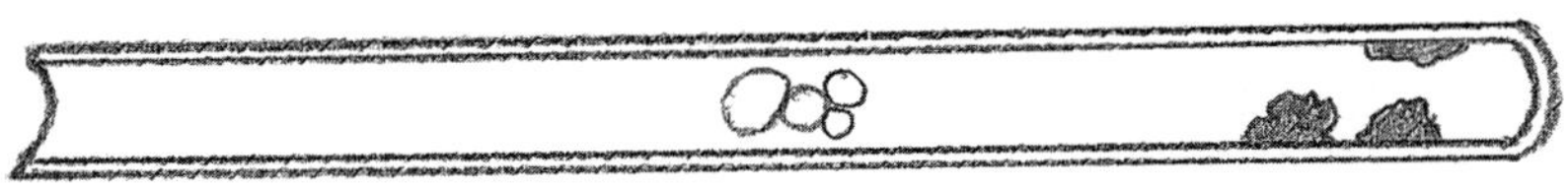

Abb. 57: Gerinnsel oder Luftblasen

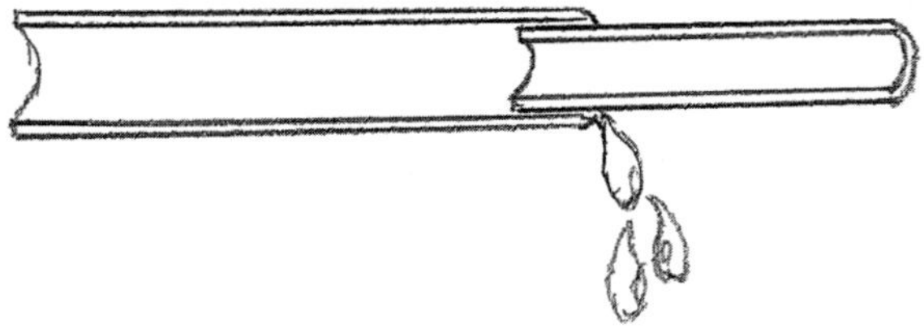

Abb. 58: Lose Verbindung

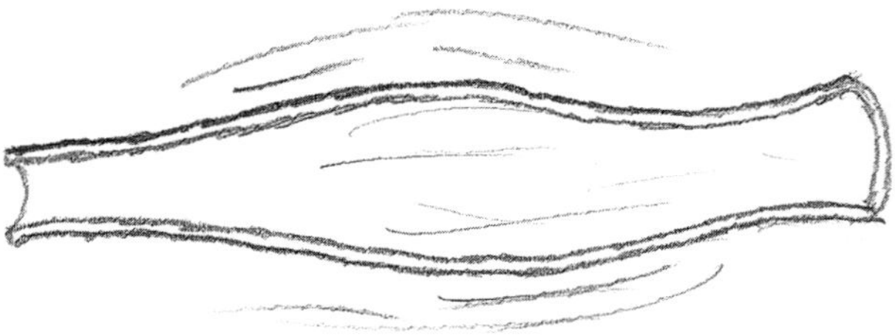

Abb. 59: Nachgiebiger Schlauch

6.9.5.8 Erhöhte arteriell ermittelte Werte

Wenn die arteriell gemessenen Werte höher sind als die indirekt gemessenen, können folgende Ursachen zugrunde liegen:

Ursachen

1. Bewegungen der Katheterspitze im Blutgefäß verändern die Flüssigkeitsbewegungen im Messsystem. Die zusätzliche Dynamik der Flüssigkeit verursacht Artefakte, die den Effekt der Druckwellen durch deren Überlagerung verstärken. Abhängig von der Größe des Artefakts können die angezeigten Druckwerte 10–20 mmHg über dem Blutdruck liegen. Gegenmaßnahme: Katheter nach Möglichkeit wieder in die richtige Lage bringen.
2. Durch Bewegungen an der Druckleitung zwischen Druckaufnehmer und Patient kommt es zu einer Steigerung von Eigenfrequenzen des Systems. Um diesen Fehler zu erkennen, wird die Bewegung provoziert. Schütteln Sie die Druckleitung (**der Patient darf nicht angeschlossen sein**) und achten Sie auf die Monitoranzeige.
   Geeignete Maßnahmen: Eventuell zusätzlich eingebaute Verlängerungen wieder entfernen. Spülbeutel kontrollieren und für eine einwandfreie Spülung des Systems sorgen. Bewegungen am System vermeiden.
3. **Tachykardie:** Zu Beginn jedes kardialen Zyklus steigt der arterielle Druck rasch bis zu seiner maximalen Höhe an und fällt anschließend langsamer auf sein Minimum ab. Wenn der Herzschlag zunimmt, erfolgen die pulsierenden Änderungen rascher. Die Flüssigkeit im Messsystem kann dem Herzzyklus (rasches Auf, langsames Ab) immer weniger folgen und wird dadurch etwas aufgeschaukelt (Beharrungsvermögen von Flüssigkeitssäulen). Das System misst den aufgeschaukelten Druck, der etwas über dem eigentlichen Blutdruck liegt.

6.9.6 Zentraler Venenkatheter (ZVK)

6.9.6.1 Indikationen

- Schaffen eines geeigneten venösen Zugangs zur Injektion oder Infusion hochwirksamer Medikamente,
- länger dauernde Infusionstherapie,
- parenterale Ernährung,
- Schock (hypovolämisch, septisch o. a.),
- akute Herzinsuffizienz,
- große Operationen,
- Messen des zentralen Venendrucks (ZVD).

6.9.6.2 Zugangswege zum Legen eines zentralen Venenkatheters

Zum Legen zentraler Venenkatheter sind nur große Venen geeignet, z. B.:

- die Vena jugularis interna,
- die Vena jugularis externa,
- die Vena basilica,
- die Vena subclavia oder
- sehr selten die Vena femoralis.

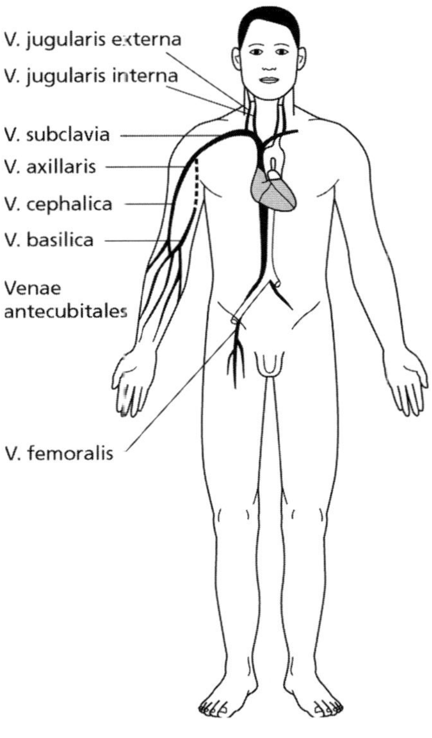

Abb. 60: Zugangswege zum Legen eines zentralen Venenkatheters

Die Wahl des Punktionsortes richtet sich nach den anatomischen Gegebenheiten und nach der Übung und Erfahrung des durchführenden Arztes.

6.9.6.3 Punktionstechnik

Bei der Punktion werden i. Abh. v. verwendeten Kathetersystem unterschiedliche Methoden angewendet. Man unterscheidet:

a) Katheter – über – Nadel – Systeme,
b) Nadel – über – Katheter – Systeme,
c) Seldinger – Technik unter Verwendung spezieller Punktions- und Einführungskanülen.

Jedes System hat Vor- und Nachteile. Die Auswahl richtet sich nach Übung und Erfahrung des Arztes, den anatomischen Gegebenheiten und dem Durchmesser des Katheters.

6.9.6.4 Material zum Legen eines Venenkatheters

Material

- Händedesinfektionsmittel,
- sterile Handschuhe,
- steriler Schutzkittel,
- 2 Gesichtsmasken,
- Haube,
- Bettschutz,
- Einmalrasierer,
- sterile Abdecktücher,
- Lokalanästhetikum mit Spritze und Kanüle,
- 10 ml-Spritzen,
- NaCl 0,9 % (Flaschen oder Ampullen) als Spüllösung,
- ZVK-Set (je nach Punktionsort und Anzahl der Katheteröffnungen),
- Dreiwegehähne »blau« nach Anzahl der Katheteröffnungen,
- sterile Kompressen,
- Hautdesinfektionsmittel,
- Nahtmaterial, Nadelhalter, Schere,
- kleines spitzes Skalpell,
- Wundverband,
- Kanülenabwurf,
- Abfallbehälter.

6.9.6.5 Pflegemaßnahmen beim Legen eines ZVKs

Vorbereitung:

- Patienten ausreichend über die Vorgehensweise und die geplanten Maßnahmen informieren.
- Material unter Einhaltung der Hygienerichtlinien vorbereiten.

Lagerung des Patienten

- Patienten **i. Abh. v. Punktionsort** auf Schutzunterlage lagern:
  - **V. basilaris:** leichte **Oberkörperhochlagerung,**

  - V. **jugularis interna** und **externa:** leichte **Oberkörpertieflage** (auf Zeichen einer intrakraniellen Druckerhöhung achten), Kopf leicht zur anderen Seite drehen,
  - **V. subclavia: flache Rückenlage,** den Kopf zur anderen Seite drehen. Bei Bedarf kann der Oberkörper auch tiefer gelagert werden.
- Nach Möglichkeit EKG-Monitorüberwachung anschließen.
- Vorbereitung der Punktionsstelle durch Rasur und Desinfektion.
- Mundschutz anlegen.
- Hände desinfizieren.

Maßnahmen während der Durchführung:
- Steriles Anreichen des vorbereiteten Materials.
- Psychische Betreuung des Patienten.
- Evtl. erforderliche Umlagerung vornehmen.
- Überwachung des EKGs, evtl. auftretende Rhythmusänderungen melden (siehe Abb. 61)

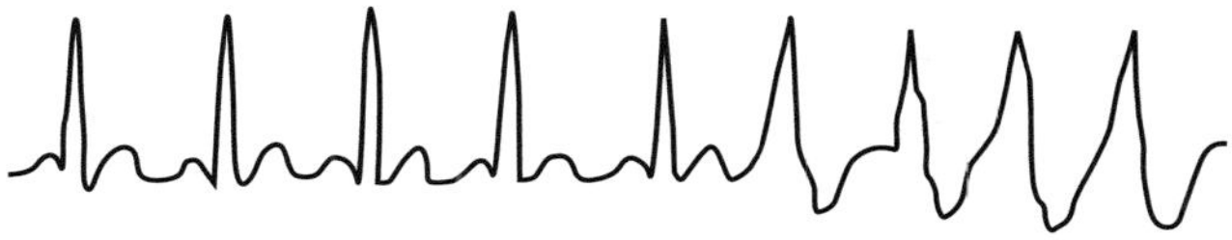

Abb. 61: VES beim Auftreffen des Katheters auf die Ventrikelwand

Nachbereitung:

- Ver- und Entsorgung der Utensilien.
- Patienten lagern, Bett in Ordnung bringen.
- Röntgenanforderung (Rö-Thorax) vorbereiten.
- Liegt der Katheter im Gefäßsystem, wird langsam 0,9 %ige NaCl-Lösung zum Offenhalten infundiert. Weitere Infusionslösungen (geplantes Infusionsprogramm) können erst nach Röntgenkontrolle (gesicherte korrekte Lage des Katheters) infundiert werden.
- Dokumentation.

6.9.6.6 Mögliche Komplikationen während des Legens

- Gefäßperforation,
- Herzrhythmusstörungen,
- Pneumothorax,
- Hämatothorax,
- Luftembolie,
- Hautemphysem,
- Perforation des rechten Ventrikels.

6.9.6.7 Umgang mit dem zentralen Venenkatheter, Vermeidung von Komplikationen

Infektionen

Hygienemaßnahmen

- Durchführung der **Venenpunktion** unter streng aseptischen Bedingungen.

- **Verbandwechsel** bei Bedarf und in regelmäßigen Abständen. Inspektion der Einstichstelle im Hinblick auf Rötung, Schwellung, Schmerzen, Sekretion.
- Regelmäßiger **Wechsel der Infusionssysteme** (Wechselintervall beachten). Zahl der Anschlussstücke und Verlängerungen so gering als möglich halten.
- **Manipulationen** am Katheter nur unter aseptischen Bedingungen durchführen.
- **Liegedauer** möglichst auf max. 14 Tage begrenzen. Die ZVK-Indikation sollte täglich überprüft und der Katheter so früh als möglich wieder entfernt werden.
- **Blutentnahmen** aus dem ZVK nach Möglichkeit vermeiden.

Thromboembolische Komplikationen

- Liegedauer des Katheters möglichst kurz halten. Bei Kathetern, die über einen längeren Zeitraum liegen, können sich an der Außenfläche Fibrinhäute bilden.
- Venenkatheter sollten nach Möglichkeit in große Blutgefäße gelegt werden (z. B. Vena subclavia, jugularis interna), da der Blutfluss dort schneller ist als in den kleineren peripheren Blutgefäßen.

Verhindern einer Luftembolie

- **Luftembolie:** Über den Katheter kann es zur Luftaspiration kommen, wenn der **Venendruck unter dem atmosphärischen Druck liegt.** Diese Gefahr ist bei hypotonen Patienten besonders groß. Vorbeugung:
  - **Katheter** vor jeder Diskonnektion **sicher abklemmen.**
  - Zahl der Anschlussmöglichkeiten so gering als möglich halten.
  - Größte Vorsicht bei Lagerungsmaßnahmen, um **Diskonnektionen** zu **vermeiden.**
  - Infusionsleitungen und Dreiwegehähne müssen sehr **sorgfältig angeschlossen** werden.
  - Bei Verbandwechseln und bei der Rasur muss sehr vorsichtig vorgegangen werden, um **Beschädigungen des Katheters** zu **vermeiden.**
  - Strenge **Einhaltung der Richtlinien** zum Umgang mit Infusionen und Druckinfusionen.
  - **Patienten** zum Wechsel der Infusionen nach Möglichkeit **flach lagern.**

Katheterverlegung

- Verlegung des Katheters vermeiden:
  - Möglichst keine **Blutentnahmen** aus dem ZVK. Wird Blut entnommen, muss der Katheter nach der Blutabnahme sorgfältig gespült werden.
  - Nach Injektion bestimmter Medikamente (z. B. Phenytoin) und Infusionslösungen (z. B. Kontrastmittel) muss das Lumen sorgfältig gespült werden.
  - Für kontinuierliche **Spülung** sorgen, auch bei der Umlagerung und bei Transporten.
  - Unterschiedliche Infusionslösungen nur bei gegenseitiger **Verträglichkeit** über das gleiche System laufen lassen. Die Infundierung von Kalzium- und Phosphatlösung über das gleiche Infusionssystem führt zur **Ausflockung** (Bildung von Gipskristallen) und zur Verlegung des Katheters.

- Ein verstopftes Kathetersystem sollte durch **Aspiration** mit einer Spritze durchgängig gemacht werden. Das Anspülen des Katheters durch Einspritzen von Lösungen ist wegen der hohen Infektions- und Emboliegefahr obsolet.

Lageveränderung des Katheters (Dislokation)

Die Lage des Katheters kann sich auch bei ausreichender Katheterfixierung verändern. Die Katheterspitze kann z. B. durch Vorbeugen von Kopf und Rumpf bis zu 5 cm tiefer treten.

Diagnostik

- Diagnostische Maßnahmen:
  - **Röntgenologische Verlaufskontrollen,** um eine Lageveränderung auszuschließen bzw. zu erkennen.
  - Regelmäßige **EKG-Kontrollen** und **Überwachung der Druckkurve:** Eine Fehllage des Katheters kann EKG- und Druckkurvenveränderungen zur Folge haben (siehe Abb. 62)

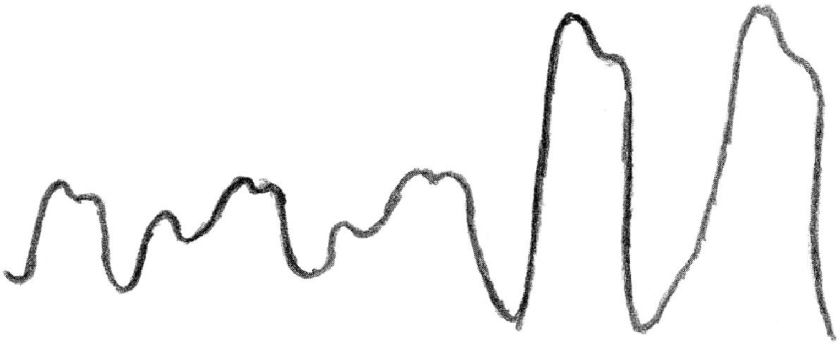

Abb. 62: Druckkurvenveränderung bei Kathetereinführung in den rechten Ventrikel

Prophylaxe

- Vorbeugende Maßnahmen zur Vermeidung einer Lageveränderung:
  - **Sicherung des Katheters** durch **chirurgische Naht.**
  - Vorsichtige Vorgehensweise beim Verbandwechsel, zusätzliche Sicherung des Katheters mit **Pflasterstreifen.**
  - **Katheter markieren** (wasserfester Stift, Pflaster), Markierung in regelmäßigen Abständen kontrollieren.
  - **Infusionsleitungen in ausreichender Länge** verwenden.
  - **Infusionssysteme** ordnen und gegen Herausziehen **sichern.**
  - Größte **Vorsicht** bei der **Mobilisation** und bei **unruhigen Patienten.**

Perforation des rechten Ventrikels oder des Ventrikelseptums

EKG-Veränderungen (VES) und eine Änderung der Druckwellenform bei der ZVD-Messung über den Monitor (siehe Abb. 62 und 63) können bei versehentlichem Eindringen des Katheters in den rechten Herzventrikel (während des Einführens oder durch Lageveränderung des Katheters) auftreten.

- Um eine Perforierung der Ventrikelwand oder des Ventrikelseptums zu verhindern, muss der Katheter wieder richtig positioniert werden.

Beschädigung des Katheters

- Vorsichtige Manipulation mit Scheren, Klemmen, Skalpellen, Rasierer etc. in Katheternähe.
- Knicken oder Einschnüren des Katheters (z. B. bei Verbandwechseln) vermeiden.

Druckstellen

- Katheter und Dreiwegehähne an druckgefährdeten Hautarealen unterpolstern.

6.9.7 Zentraler Venendruck (ZVD)

Die Messung erfolgt über einen zentralen Venenkatheter, dessen Spitze vor dem rechten Vorhof in der klappenlosen oberen Hohlvene platziert ist. Die Höhe des zentralen Venendrucks ist ein Maß für den Füllungsdruck des rechten Herzens. Der ZVD-Normalwert liegt, bei Messung in flacher Lage, zwischen 5 bis 10 mmHg oder 6 bis 12 cmH_2O (1 mmHg = 1,36 cm H_2O). Bei Mehrlumenkathetern wird an dem Lumen gemessen, dessen Ansatz an der Katheterspitze liegt.
Es gibt zwei Methoden, den ZVD zu ermitteln:

6.9.7.1 Manuelle Messmethode (hydrostatische Druckmessung mittels Wassersäule)

Bei der manuellen Messmethode ist keine kontinuierliche Messung mit parallel laufender Katheterspülung möglich, sodass zwischen den Messungen immer eine Infusionslösung zum Offenhalten des Katheters angehängt werden muss. Zur manuellen Messung benötigt man neben dem üblichen Material:

Material

- einen Infusionsständer,
- ein ZDV-Messsystem (Infusionssystem mit Dreiwegehahn),
- eine kleine Infusionsflasche (z. B. 100 ml NaCl 0,9 %, die mit dem Öffnungsdatum versehen ist),
- eine ZDV-Messleiste, in die der Schlauch für die Wassersäule geklemmt wird,
- eine Thoraxschublehre und einen Markierungsstift (nur bei der Erstmessung).

6.9.7.2 Durchführung

Ermitteln des ZVD-Wertes

- Messlatte am Infusionsständer befestigen.
- Messsystem nach Herstellerangabe entlüften und den Schlauch der Wassersäule in die Messlatte einlegen.
- Die **Wassersäule** sollte vor der Messung bis zu einer Höhe von 25 cm gefüllt sein.
- Patienten über die geplante Vorgehensweise informieren.
- Messsystem am richtigen Katheterlumen anschließen.

- Patienten flach lagern (**Vorsicht: möglicher ICP-Anstieg).**
- Messpunkt im Bereich des Thorax mittels Thoraxschublehre ermitteln (Höhe rechter Vorhof).
- **Nullpunkt** der Wassersäule in Höhe des Messpunktes einstellen.
- Wassersäule in der Messlatte mittels Dreiwegehahn zur Katheterspitze hin (in Patientenrichtung) öffnen, sodass die anderen, am gleichen Lumen angeschlossenen Infusionslösungen unterbrochen werden.
- Maximales Absinken der Wassersäule abwarten.
- **Messergebnis** am **höchsten Punkt der Wassersäule** ablesen (Schwankungen sind atemabhängig).
- Dreiwegehahn zur Wassersäule schließen und die Infusionszufuhr öffnen.
- Patienten in gewünschte Lage zurückbringen.
- Messwert dokumentieren.

Wichtig: Vor der Venendruckmessung muss abgeklärt werden, ob der Patient flach gelagert werden darf (ICP-Steigerung bei Flachlagerung möglich!) Vor Anschluss an den Venenkatheter muss sichergestellt sein, das sich im anzuschließenden Kathetersystem keine Medikamente (z. B. Katecholamine) befinden, um Bolusgaben zu vermeiden. Im Zweifelsfall sollte **immer** der behandelnde Arzt befragt werden.

6.9.7.3 ZVD-Messung über Transducer (Monitor)

Venendruckkurve

Der Transducer wandelt Druck in elektrische Impulse um und stellt sie auf dem Monitor als Kurve dar. Um die **Venendruckkurve** wiedergeben zu können, muss auf dem **Monitor** die richtige **Skalierung** gewählt werden (je nach Hersteller unterschiedlich, der Bereich zwischen 0 und 20 mmHg ist im Allgemeinen geeignet). Die **Darstellung der Venendruckkurve** empfiehlt sich **während der Messung,** um sich einer einwandfreien Ableitung sicher sein zu können (siehe Abbildung 63).

Druckkurvenverlauf

Die **Venendruckkurve** weist einen **charakteristischen Verlauf** auf: Die **a-Welle** wird durch die Vorhofkontraktion des rechten Herzens ausgelöst. Die zweite positive **c-Welle** entsteht durch die Vorwölbung der Trikuspidalklappe in den rechten Vorhof während der Systole. Das **x-Tal** entsteht während der Austreibungsphase, in der sich die Klappenebenen in Richtung Herzspitze verschieben. In der beginnenden Diastole steigt der Druck im Vorhof solange an (**v-Welle**), bis sich die Trikuspidalklappe öffnet (**y-Tal**).

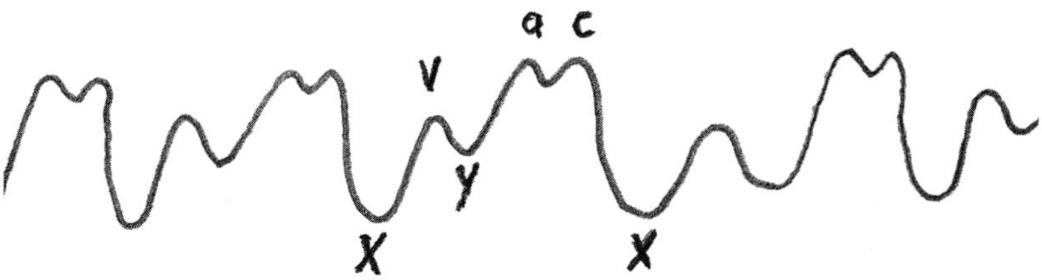

Abb. 63: Zentrale Venendruckkurve

Arterieller Blutdruck und ZVD-Messung

Die Systeme der Hersteller sind unterschiedlich, die Herstellerangaben sind unbedingt zu beachten. Nicht alle Systeme erlauben bei zusätzlich angeschlossener **arterieller Druckmessung** eine **kontinuierliche ZDV-Messung.** Sollen beide Drucke (arterieller Blutdruck und ZVD) kontinuierlich gemessen werden, so muss für jede Druckmessung ein **separater Transducer** verwendet werden. Zur **elektronischen ZVD-Messung** benötigt man das gleiche System wie zur arteriellen Druckmessung, die **Farbe** sollte jedoch **blau** sein (siehe arterielle Druckmessung).

6.9.7.4 Durchführung

- Patienten informieren.
- Messsystem an der richtigen Katheteröffnung anschließen.
- **Vorsicht: Bolusgabe vermeiden** (nicht an Katheterlumen messen, über die Medikamente verabreicht werden).
- Patienten flach lagern (**cave:** möglicher ICP-Anstieg).
- Referenzpunkt mittels Thoraxschublehre ermitteln (Höhe rechter Vorhof).
- Nullpunkt in Höhe des Messpunktes einstellen (Herstellerangaben beachten).

Nullabgleich:

- Monitoralarme 2–3 Min. ausschalten.
- Druckskalierung am Monitor auf 0–20 mmHg stellen (je nach Herstellerangaben).
- Dreiwegehahn des Transducers zum Patienten schließen und zur Atmosphäre hin öffnen.
- Eichknopf drücken, die Nulllinie und die digitale Nullanzeige muss auf dem Monitor erscheinen.
- Dreiwegehahn zur Atmosphäre schließen und zum Patienten hin öffnen.
- Nach kompletter Durchführung des Nullabgleichs richtige Höhe des Transducers kontrollieren (atmosphärische Öffnung des Dreiwegehahns am Transducer muss auf Höhe des Referenzpunktes am Patienten sein).
- Verbindung zwischen Messsystem und Katheter herstellen.
- Wert unter Beachtung der ZVD-Kurve am Monitor ablesen (Orientierung am Mitteldruck).
- Patienten in die gewünschte Lage zurückbringen.
- Messwert dokumentieren.

6.9.7.5 Probleme bei der ZVD-Messung über Monitor

Höhe des Druckaufnehmers

Häufig entstehen Ungenauigkeiten bei der ZVD-Messung durch falsche Positionierung des Druckaufnehmers bei der Messung (zu hoch oder zu tief). Im Bereich des venösen Niederdrucksystems sind schon kleinste Abweichungen von sehr großer Bedeutung. Das Pflegepersonal muss über die richtige **Höhe des Druckaufnehmers** informiert sein und sie einhalten. Häufig stehen größere ZVD-Änderungen mit dem Zeitpunkt des Schichtwechsels in Zusammenhang.

Veränderte ZVD-Werte können folgende **Ursachen** haben:

Veränderungen des ZVD-Wertes

1. **Ungenaue Nullabstimmung.** Gegenmaßnahme: Korrekte Nullabstimmung durchführen, vor allem bei Lagewechsel des Patienten. Ggf. Lage des Patienten bei der Messung dokumentieren.
2. Gedämpfte Kurve aufgrund eines **Blutgerinnsels** oder einer **Luftblase im Schlauch.** Gegenmaßnahme: Luftblase oder Blutgerinnsel mit einer Spritze aus dem Schlauchsystem aspirieren und das System mittels Schnellspüleinrichtung durchspülen. Blutentnahmen aus dem ZVK nach Möglichkeit vermeiden.
3. **Lageveränderung der Katheterspitze.** Gegenmaßnahme: Katheter wieder in die richtige Position bringen und sicher fixieren.
4. **Undichte Stelle im Messsystem.** Gegenmaßnahme: Sämtliche Verbindungsstellen im System überprüfen und sicher konnektieren; defektes Teil gegen ein Originalteil austauschen.
5. Einfluss des **respiratorischen Druckes bei Beatmung.** Gegenmaßnahme: Druckwerte in der Expirationsphase oder während einer Beatmungspause ablesen. Einflüsse der »CPAP«- und der »PEEP«-Beatmung berücksichtigen.
6. Bei mehrlumigen Venenkathetern sollte immer am gleichen, möglichst am distalen Lumen gemessen werden.

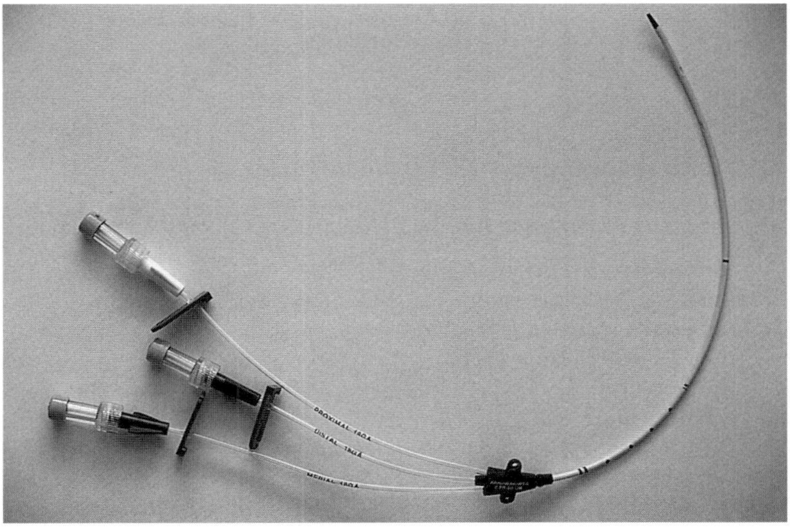

Abb. 64: Mehrlumiger Venenkatheter

6.10 Intrakranielle Drucküberwachung

Das Gehirn hat im knöchernen Schädel eine sehr begrenzte Ausdehnungsmöglichkeit. Es kann nur Liquor oder venöses Blut verdrängen, wodurch der intrakranielle Druck bei einer Hirnschwellung rasch ansteigt.

6.10.1 Interpretation intrakranieller Hirndruckwerte

Die Werte variieren in Abhängigkeit von den Literaturangaben.

Übersicht 3: Physiologische und pathologische Hirndruckwerte

5–15 mmHg	Normalwert, kurzzeitige Spitzen bis 60 mmHg, z. B. beim Pressen sind physiologisch, können aber im Einzelfall gefährlich werden (Gefahr einer Einklemmung).
15–30 mmHg	Leicht erhöhte, verdächtige Drucksteigerung.
ab 30 mmHg	Druck stark erhöht.
ab 40 mmHg	Mögliches Vorliegen einer intrakraniellen Raumforderung.
ab 50 mmHg	Hirndruckwerte über 50 mmHg führen zu Pupillenerweiterung, Atemstörungen, Herz-Kreislaufstörungen und zu zerebraler Dysregulation.

6.10.2 Ursachen einer Hirndruckerhöhung

Mögliche Ursachen eines krankhaften intrakraniellen Druckanstieges:

1. Raumfordernde Hirninfarkte
2. Tumore
3. Infektionen (Meningoenzephalitis)
4. Schädel-Hirn-Trauma
5. Hirnblutungen
6. Hydrozephalus.

6.10.3 Zeichen einer Hirndruckerhöhung

Die Steigerung des Hirndruckes ist an folgenden Symptomen zu erkennen:

Krankenbeobachtung

- Veränderungen des Pupillenbefundes:
  Eine einseitige Raumforderung führt auf der gleichen Seite zu einer Druckschädigung des Okulomotorius und dadurch zu einem Übergewicht der sympathischen Einflüsse des Hirnstammes, woraus eine Pupillenerweiterung resultiert.

- Kopfschmerzen,
- Sehstörungen,
- Singultus,
- Erbrechen,
- verändertes Verhalten,
- Veränderung der Bewusstseinslage,
- Veränderungen der Atmung, der Pulsfrequenz (zunächst Bradykardie) und des Blutdrucks,
- fokal – neurologische Ausfälle.

6.10.4 Diagnostik

Frühzeitige zerebrale Computertomografie (CCT, siehe Seite 46).

- Computertomografische Zeichen eines erhöhten Hirndrucks sind z. B. die Kompression der Ventrikel oder eine Verschiebung der Mittellinienstrukturen.

6.10.5 Behandlungsmöglichkeiten

6.10.5.1 30°-Oberkörperhochlagerung

Bei Patienten mit raumforderndem Hirninfarkt muss die Oberkörperhochlagerung von 30° zum Schutz der Penumbra sehr genau eingehalten werden. Wird der Oberkörper höher gelagert, nimmt die zur Versorgung der Penumbra benötigte Durchblutung ab, und es kann zu irreversiblen Schäden kommen. Wird der Oberkörper flacher gelagert, nimmt der Hirndruck zu. Dadurch kommt es ebenfalls zur Mangeldurchblutung der Penumbra, evtl. mit irreversibler Schädigung.

Postischämisches Hirnödem

Bei ca. 10 % aller Patienten mit zerebraler Ischämie entwickelt sich in den ersten Stunden nach Einsetzen der klinischen Symptomatik ein **postischämisches Hirnödem,** das sein **Maximum nach 24–72 Stunden** erreicht. Patienten, bei denen mit der Entwicklung eines raumfordernden Hirnödems zu rechnen ist (lt. Hacke 1996 ca. 78 % aller Patienten mit komplettem Mediainfarkt), sollten in den ersten 12 Stunden nach Einsetzen der klinischen Symptomatik pflegerisch möglichst optimal auf eine nachfolgende **Ruhezeit von etwa 72 Stunden** vorbereitet werden.

Pflegemaßnahmen während der Ruhezeit

- Patienten nach Möglichkeit in ein **ruhiges Zimmer** legen.
- Anschließen aller erforderlichen **Überwachungseinheiten** und Legen der **Zugänge** (Blasenkatheter mit Temperaturüberwachung, Magensonde, Sauerstoffsonde, Unterstützung beim Legen eines ZVKs, einer art. Druckmessung, eines PVKs etc.).
- Durchführung der kompletten **Körperpflege** (evtl. Haarwäsche) noch **vor Beginn der kritischen Phase.**
- **Kompressionsstrümpfe** zur Thromboseprophylaxe anziehen.
- Patienten auf einer **Antidekubitusmatratze** lagern.

- **Oberkörperhochlagerung 30°.**
- **Achsengerechte Körperlage.**
- Die Lageveränderung des Kopfes nach vorne, hinten oder zur Seite muss in der Akutphase vermieden werden. Tipp: **Hinterkopfunterlage** verwenden.
- Beine gestreckt, Waden zur Fersenfreilagerung evtl. leicht erhöht lagern.
- Arme leicht erhöht lagern, um ödematöse Schwellungen zu vermeiden.
- Für **angenehme Umgebungstemperatur** sorgen (Kältezittern wegen Gefahr der ICP-Erhöhung vermeiden).
- **Möglichst keine pflegerischen Maßnahmen in der Akutphase,** Maßnahmen nur, wenn unbedingt nötig (Hilfe bei der Stuhlentleerung, ...) Behutsame Vorgehensweise!
- Für **Ruhe** sorgen.

6.10.5.2 Beeinflussung des arteriellen PO_2 und PCO_2 durch kontrollierte Hyperventilation

Die Hirngefäße reagieren auf Veränderungen der Blutgaspartialdrücke. Fällt der arterielle Druck PO_2 und steigt der PCO_2, werden die Hirngefäße stimuliert und erweitern sich. Erniedrigter PCO_2 oder erhöhter PO_2 führen zu einer Gefäßverengung. Eine kontrollierte Hyperventilation führt zur Zunahme des PO_2 und zur Abnahme des PCO_2, es kommt zur Gefäßverengung. Dadurch nimmt die zerebrale Durchblutung und das zerebrale Blutvolumen ab. Wird der arterielle PCO_2 um 1 mmHg gesenkt, reduziert sich der zerebrale Blutfluss um ca. 4 % oder 11 bis 13 ml. Bei der kontrollierten Hyperventilation wird der arterielle PCO_2 von z. B. 40 mmHg auf 30 mmHg gesenkt. Bei Absenkung des PCO_2 auf Werte unter 25 mmHg kommt es zu einem generalisierten zerebralen Gefäßspasmus mit Einschränkung der Sauerstoffversorgung.

6.10.5.3 Ausschwemmen von Flüssigkeit

Medikamentöse Behandlung

Zufuhr hyperosmolarer zerebraler Diuretika (Wasserentziehungsmittel) wie Mannitol. Diese Medikamente üben ihre Wirkung aber nur in polarisierten Membranen aus, d. h. sie beseitigen nicht die Hirnschwellung im geschädigten Bereich, sondern sie entziehen dem gesunden Hirngewebe Wasser und verringern somit den Hirndruck. Dies kann bei einem raumfordernden Infarkt nachteilig sein. Der Bereich, in den sich der raumfordernde Infarkt ausdehnt, wird auf der gesunden Hirnseite geschaffen. Dies kann sehr rasch zu einer Verlagerung der Mittellinie auf die gesunde Seite führen.

> **Beachte:** Durch zusätzliche Gabe von Furosemid wird die Wirkung von Mannitol verlängert. 20%-iges Mannitol darf nur über ZVK verabreicht werden.

6.10.5.4 Kortikosteroide

Sie eignen sich besonders zur **Behandlung des Begleitödems** bei Hirntumoren, Metastasen und Abszessen. Bei Schlaganfall und Blutung spielen sie jedoch keine Rolle (zytotoxisches Ödem).

6.10.5.5 Barbiturate

Eine Barbiturattherapie ist bei **generalisierter Krampfaktivität** indiziert. Die Hirndurcksenkung soll bei hochdosierter Barbiturattherapie durch Reduzieren des Hirnstoffwechsels möglich sein, was allerdings nicht sicher erwiesen ist.

6.10.5.6 Moderate Hypothermie

Durch Hypothermie (Absenken der Körpertemperatur) nehmen die Hirndurchblutung und der zerebrale Stoffwechsel ab. Eine Hypothermie kann nur unter Beatmung und Analgosedierung (mit Fentanyl® und Midazolam über Perfusor) durchgeführt werden. Zusätzlich ist eine neuromuskuläre Blockade mit Atracurium zur Vermeidung von Kältezittern (Gefahr des Hirndruckanstiegs) notwendig. Die Körpertemperatur wird kontinuierlich über einen Blasenkatheter, die intrakranielle Temperatur über einen Ventrikelkatheter (ICP-Sonde) gemessen. Die Temperatur wird mit einer Kühlmatte und einer Kühldecke um etwa 1,5 °C pro Std. auf 33 °C gesenkt und 48 bis 72 Std. aufrechterhalten. Ein Temperaturabfall um 1 °C mindert den Hirndruck um 6 bis 7 %. In der nachfolgenden Aufwärmphase kann es jedoch zu ernsten Nebenwirkungen kommen. **Hauptkomplikationen** sind: Pneumonie, Vasokonstruktion, Gerinnungsstörungen, Vorhofflimmern, Kältediurese, Hirndurckanstieg. Komplikationen

6.10.5.7 Externe Ventrikeldrainage (EVD)

Über eine externe Ventrikeldrainage kann Liquor fraktioniert oder kontinuierlich abgeleitet und somit der Hirndruck gesenkt werden. Externe Ventrikeldrainagen bieten darüber hinaus die Möglichkeit, den Ventrikeldruck zu kontrollieren, der bei korrekter Messung dem Hirndruck entspricht.

6.10.5.8 Entlastungskraniotomie

Durch eine dekompressive Kraniotomie (operative Öffnung des knöchernen Schädels zur Druckentlastung) kann das funktionelle Ergebnis und die Mortalität günstig beeinflusst werden. Die Entscheidung zur Operation sollte im Zweifelsfall großzügig vor Eintreten irreversibler Schäden getroffen werden.

6.10.5.9 Maßnahmen zur Vermeidung eines Hirndruckanstiegs

Unruhige Patienten, Schmerzpatienten und solche, die mit dem Beatmungsgerät nicht zurechtkommen, müssen, um einen zusätzlichen intrakraniellen Druckanstieg zu vermeiden, sediert, analgesiert und gegebenenfalls relaxiert werden. Pflegerische Maßnahmen sollten weitestgehend vermieden werden (z. B. Betten, Absaugen u. Ä.).

6.10.5.10 Sonstige Maßnahmen

Nach Möglichkeit sollte die physiologische Körpertemperatur aufrechterhalten werden, da Fieber mit einer erhöhten Stoffwechselleistung des Gehirns verbunden ist.

Mit Hilfe der arteriellen Blutdruckmessung und der intrakraniellen Druckmessung ist es möglich, einen adäquaten zerebralen Perfusionsdruck zu ermitteln. Mittels zerebraler Perfusionsdruckmessung kann durch Einsatz von Medikamenten (z. B. Katecholaminen) eine weitere Schädigung des Gehirns durch zerebrale Minderperfusion vermieden werden. Bei Hypertonie sollten nur Medikamente zum Einsatz kommen, die keinen Einfluss auf die zerebrale Durchblutung haben (z. B. Urapidil).

Diabetes insipidus

Sollte die Freisetzung des antidiuretischen Hormons (ADH) aus der Neurohypophyse gestört sein, muss der daraus resultierende Diabetes insipidus bei der Wasser- und Elektrolytzufuhr berücksichtigt werden. Durch die Gabe von Minirin® kann die **Polyurie** des Diabetes insipidus meist deutlich **reduziert** werden.
Im akuten Stadium sollte bei der Ernährung auf die Glukosezufuhr weitestgehend verzichtet werden. Der Blutzuckerwert sollte unter 200 mg% liegen.

6.11 Indikationen zur Hirndruckmessung

Die Indikation zur Messung des Hirndrucks besteht, wenn

- ein pathologischer Zustand voraussichtlich eine Gehirnschwellung zur Folge haben wird,
- die Liquorwege verlegt sind,
- ein raumfordernder Prozess vorliegt,
- der Patient Anzeichen und Symptome einer intrakraniellen Hypertonie aufweist.

6.11.1 Möglichkeiten zur intrakraniellen Druckmessung

6.11.1.1 Epidurale Hirndruckmessung

Ein Miniaturdruckaufnehmer wird zwischen die Schädelkalotte und die Dura mater gesetzt.

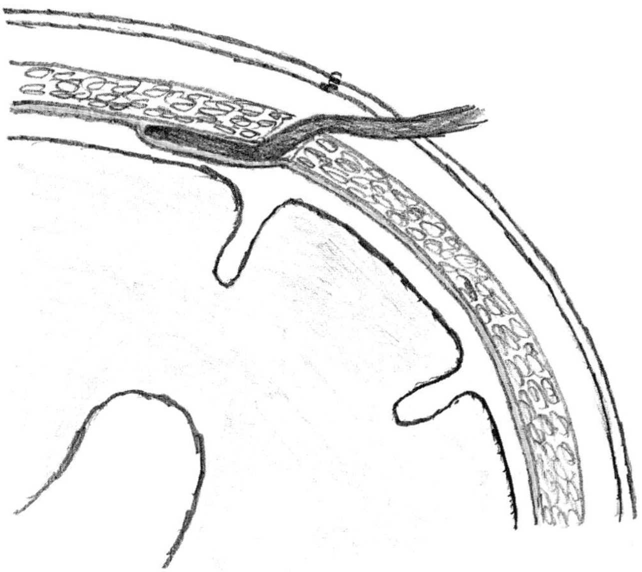

Abb. 65: Epidurale Hirndruckmessung

Da subdurale und intraventrikuläre Methoden der Hirndruckmessung die Gefahr von Infektion, Gehirntrauma oder Liquorverlust mit sich bringen, wird in manchen Fällen die epidurale Druckmessung eingesetzt. Der Nachteil besteht darin, dass es bei epiduralen Druckmessungen u. U. zur Anzeige zu hoher Werte kommen kann. Dies könnte mit der Sondenlage (da durch die Sonde die umliegende Dura mater von der Knochenoberfläche abgehoben wurde) oder mit einer noch nicht idealen Sondenform zusammenhängen.

6.11.1.2 Subdurale oder subarachnoidale Hirndruckmessung

Ein Messfühler wird **unter die Arachnoidea** eingeführt. Der Messfühler ist entweder ein kleiner Druckaufnehmer oder eine hohle Schraube, die außen mit einem Druckaufnehmer verbunden ist.
Es gibt darüber hinaus verschiedene Typen von Miniaturdruckwandlern, die hier nicht beschrieben werden, da sie oftmals ungenau oder schwierig zu eichen sind (Arztsache). Die subarachnoidal einzusetzende Schraube wurde als Alternative zum Minidruckwandler entwickelt. Der Arzt bohrt eine Öffnung von etwa 1/4 Zoll Durchmesser in die Schädelkalotte und entfernt mit einem Skalpell die Dura mater, woraufhin die Arachnoidea und etwas Liquor sichtbar wird. Die Schraube wird bis unter die Oberfläche der Dura eingedreht. Sie wird über einen Absperrhahn an einen mit NaCl 0,9 % gefüllten Verlängerungsschlauch mit Druckaufnehmer angeschlossen. Der Nullabgleich wird vom Arzt durchgeführt. Das Schlauchsystem muss luftdicht gehalten werden, um besonders bei hohem ICP ein Durchsickern von Liquor oder das Austreten von Hirngewebe zu verhindern.

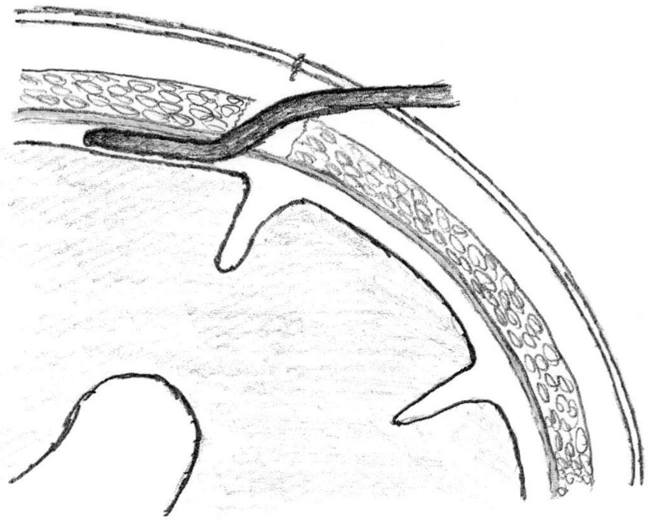

Abb. 66: Subdurale/subarachnoidale Hirndruckmessung

6.11.1.3 Intraparenchymatöse Messung

Die Spitze eines Miniaturdruckwandlers wird **direkt in das Hirngewebe** eingelegt.

Abb. 67: Intraparenchymatöse Messung

Mit der intraparenchymatösen Druckmessung ist es möglich, den Durck direkt am Ort der Hirndruckerhöhung zu messen (evtl. ein Vorteil bei Anwendung in der Neurochirurgie nach osteoklastischen Trepanationen der hinteren Schädelgrube o. ä. Eingriffen). Sie ist kostengünstig und mit geringem Aufwand verbunden. Nachteilig ist, dass die Druckaufnehmer relativ empfindlich sind, und Liquor nicht abgelassen werden kann.

Anmerkung: An der Neurologischen Uni-Klinik Tübingen wird der Hirndruck bisher fast ausschließlich ventrikulär gemessen.

6.11.1.4 Intraventrikuläre Druckmessung

Ein Katheter wird in das Vorderhorn des seitlichen Ventrikels eingeführt. Es handelt sich um eine genaue Methode, sofern keine Fehler durch das Messsystem (z. B. Verstopfung der Kanüle, unkorrekter Nullabgleich etc.) entstehen. Sie ist eine häufig angewandte Technik, die aber einige Nachteile mit sich bringt.

Nachteile:

- Verstopfungsgefahr (Gewebe oder Blutkoagel).
- Falsche Messwertanzeige bei Verrutschen des Druckaufnehmers.
- Häufiges Auftreten von Infektionen.
- Gefahr eines unkontrollierten Liquorverlustes.

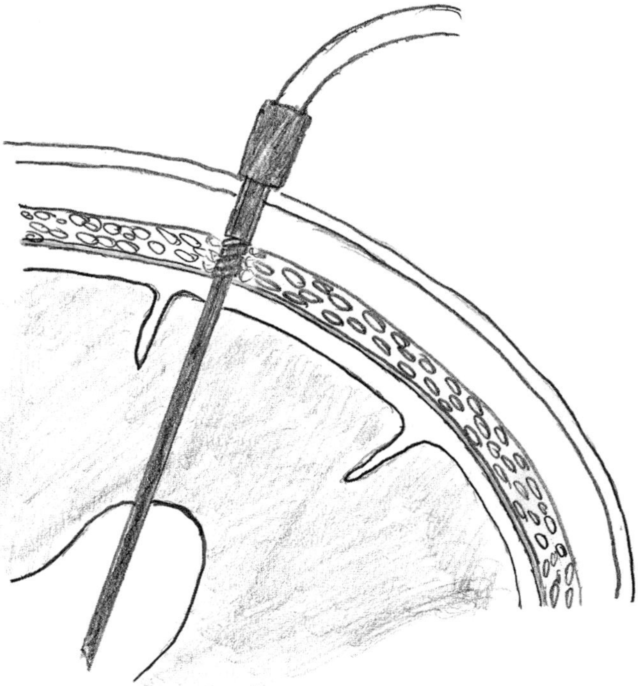

Abb. 68: Intraventrikuläre Druckmessung

> **Vorsicht:** Zur Messung muss immer eine Restmenge Liquor vorhanden sein. Nach Überdrainage (zu rascher Verlust großer Liquormengen) oder nach Auspressen der Ventrikel durch intrakranielle Drucksteigerung (Ödem, Raumforderung, Schwellung) kann es zur Verlegung der Katheterspitze kommen, wodurch eine genaue Hirndruckmessung nicht mehr möglich ist.

Die Technik dieser Druckmessung ist vergleichbar mit der invasiven Druckmessung. In die vordere Schädeldecke wird eine Öffnung gebohrt, der Katheter wird ungefähr 7 cm tief in das Vorderhorn des seitlichen Ventrikels eingeführt. Der Katheter wird außen mit einem Druckmesssystem verbunden. Folgendes ist bei Verwendung des Druckmesssystems (siehe Seite 117 ff.) besonders zu beachten:

Pflegehinweise

1. Die Nullpunkthöhe ist in Höhe des Foramen Monroi (Verbindung zwischen 3. Hirnventrikel u. den Seitenventrikeln).
2. Es darf keine kontinuierliche Spüleinrichtung verwendet werden. Legen Sie deshalb auch keine Druckmanschette um den 500 ml-NaCl-Beutel. Lassen Sie Rollerklemme und Absperrhähne vom Druckaufnehmer zum NaCl-Beutel geschlossen. Es darf keine Spülflüssigkeit in den Ventrikel fließen.
3. Bei Verdacht auf Kanülenverschluss muss der Arzt die notwendigen Maßnahmen ergreifen, um sie durchgängig zu machen.
4. Es muss darauf geachtet werden, dass alle Verbindungen sicher konnektiert, geschlossen und dicht sind.
5. Das Drucksystem muss von der Katheterspitze im Ventrikel bis zum Druckaufnehmer luftfrei (mit Liquor gefüllt) sein.

6.12 Messen des intrakraniellen Drucks über eine Ventrikelkanüle

6.12.1 Ablauf der Messung

1. Druckmesssystem vorbereiten (siehe Seite 117) und anschließen. **Besonderheiten:**
   a) Die Druckmanschette um den Spülbeutel erübrigt sich, da das System ohne kontinuierliche Spülung betrieben wird.
   b) Die Rollerklemme und sämtliche Absperrhähne vom Druckaufnehmer zum Spülbeutel müssen nach Entlüften des Systems so geschlossen werden, dass keine Spülflüssigkeit in den Ventrikel fließen kann.
2. Nullabgleich durchführen. **Besonderheit:**
   a) Der Nullabgleichspunkt für den Druckaufnehmer ist in Höhe des Foramen Monroi. Wenn der Patient umgelagert wird, muss der Druckaufnehmer der neuen Höhe angepasst werden. Schon bei

Kopfdrehung sind je nach Transducerplatzierung Abweichungen von +/–4 mmHg möglich. Die richtige Höhe ist hier die Lage der Katheterspitze (im Ventrikel).

3. Messskalierung des Monitors dem Hirndruck anpassen, sodass die größte Druckkurve dargetellt wird. Der Messbereich am Monitor sollte in variablen Schritten einstellbar sein, um eine optimale Druckkurvendarstellung zu ermöglichen. Wünschenswerte Einstellungsbereiche:
   a) 0–20 mmHg bei Drücken im Normbereich,
   b) 0–50 mmHg bei erhöhten Drücken,
   c) 0–100 mmHg bei stark erhöhten Hirndrücken.
   d) Wünschenswert ist zudem eine Skalierung unter 0, um auch Unterdruck darstellen zu können. Der Hirndruck kann in aufrechter Position unter 0 (bis – 5 mmHg) absinken.
4. Bei der Hirndruckmessung zeigt der Monitor nur den mittleren intrakraniellen Druck digital (in mmHg an).

Abb. 69: Normale Hirndruckkurve

7 Pupillenreaktion

(P. Manz)

Dokumentation der Pupillenreaktion

Die Überprüfung der Pupillenform, der Pupillengröße und des Pupillenreflexes ist bei der Überwachung von Schlaganfallpatienten zwingend notwendig. Die Kontrollen werden nach Anordnung in festen Zeitintervallen (z. B. stündlich) durchgeführt. Im Überwachungsbogen werden die Beobachtungen wie folgt dokumentiert:

- die Pupillengröße von **1–5 mm,**
- der Pupillenreflex: + = prompt, (+) = verzögert, – = keine Reaktion,
- die Pupillenform: e = entrundet.

7.1 Pupillengröße

Die Pupillen sind normalerweise gleich weit, ihr Durchmesser beträgt 2 bis 4 mm. Ist der Durchmesser unter 2 mm, spricht man von einer verengten Pupille (**Miosis**), bei einem Durchmesser über 4 mm liegt eine erweiterte Pupille vor (**Mydriasis**). Sind die Pupillen unterschiedlich groß, und beträgt der Größenunterschied mehr als 1 mm, spricht man von einer Pupillendifferenz (**Anisokorie**).

7.1.1 Pupillenreflex

Lichtreaktion

Zur **Beurteilung des Pupillenreflexes** richtet man einen **Lichtstrahl auf die Pupille.** Durch das plötzlich einfallende Licht ziehen sich die Pupillen zusammen. Dieser **unbewusste Reflex** dient dazu, die Fotorezeptoren des Auges vor zu starkem Lichteinfall zu schützen. Der Lichtreiz gelangt über Nervenbahnen zur Schaltzentrale (Westphal-Edinger-Kerne). Die Schaltzentrale reagiert, gleich von welchem Auge der Lichtimpuls kommt, sie unterscheidet nicht zwischen linkem und rechtem Auge. Sie sendet ein Signal über den Nervus oculomotorius, das eine Verengung beider Pupillen veranlasst. Beide **Pupillen reagieren** dabei **gleichsinnig** (siehe Abb. 71), d. h., wenn der Lichtstrahl nur in das linke Auge fällt, zieht sich auch die Pupille des rechten Auges zusammen und umgekehrt. Die Lichtreaktion beginnt bei hellen Reizen nach ca. 0,2 Sek. und bei schwellennahen, dunkleren Reizen nach ca. 0,5 Sek. Die ausgelöste Kontraktion dauert etwa eine halbe Sekunde. Man beobachtet und bewertet die Pupillenverengung sowohl auf dem belichteten Auge (direkte

Lichtreaktion) als auch auf dem gegenüberliegenden Auge (konsensuelle Reaktion).

Beachte: Auch wenn der Lichtreiz nur ein Auge trifft, und das andere völlig abgedunkelt ist, ziehen sich normalerweise beide Pupillen zusammen. Wenn aber ein Objekt im Gesichtsfeld immer näher kommt, verengen sich die Pupillen als optische Hilfe, um es möglichst scharf sehen zu können (Konvergenzreaktion siehe Abb. 72). Daher sind zur Beurteilung des Pupillenlichtreflexes die in Abb. 71 beschriebenen Maßnahmen zu beachten.

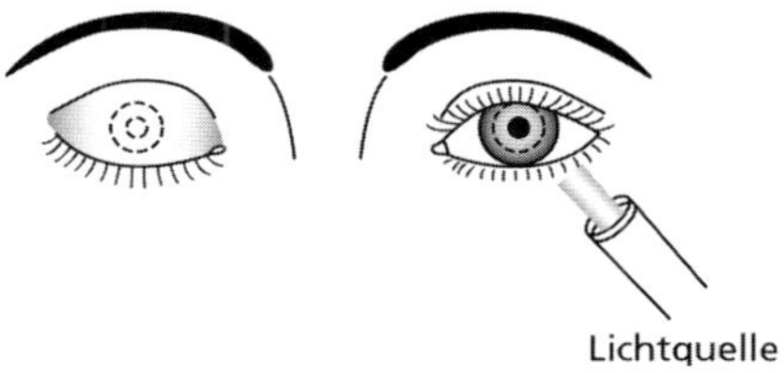

Abb. 70: Pupillenlichtreflex: Durch Lichteinfall auf die Retina verändert sich die Pupillenweite. Der Lichtreflex reguliert durch Veränderung der Pupillenweite die Lichtmenge, die auf die Retina fällt.

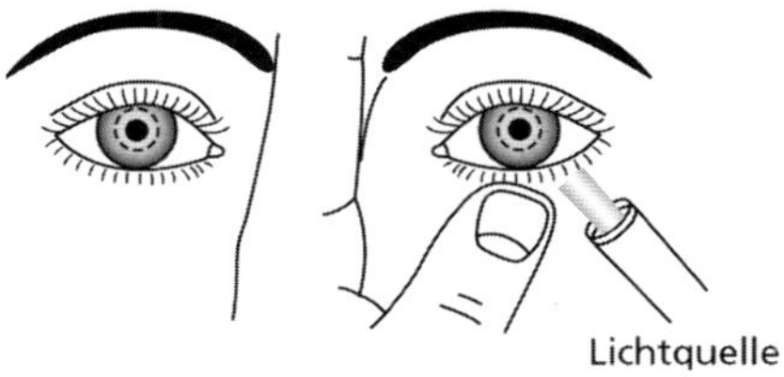

Abb. 71: Konsensuelle Reaktion: Die Augen werden mit der Handfläche voneinander abgeschirmt. Eine Pupille wird mit der Lampe beleuchtet, das Mitreagieren der Pupille des nicht belichteten Auges wird beobachtet.

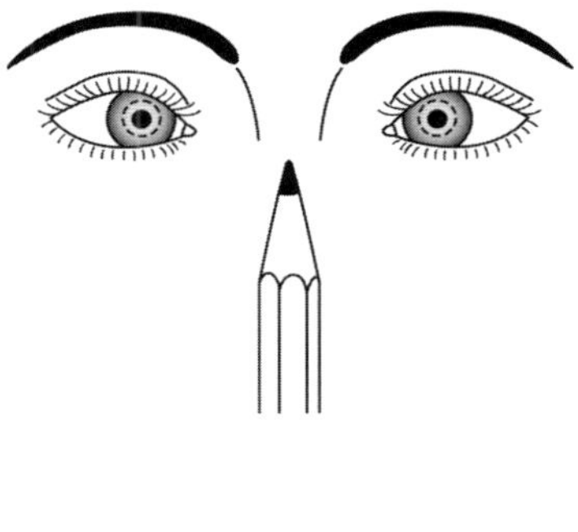

Abb. 72: Konvergenzreaktion: Kommt ein Objekt im Gesichtsfeld näher, so richten sich beide Augen darauf. Die Pupillen beider Augen verengen sich dabei immer stärker, je näher das Objekt kommt. Diese unwillkürliche Verengung der Pupillen ist eine optische Hilfe (Fotoapparat »Blende«), um ein möglichst scharfes Abbild von dem Gegenstand auf der Netzhaut zu erhalten. Kommt das Objekt zu nahe, treten Doppelbilder auf.

7.2 Normale Pupillenreaktion

Hinweis: Die Pupillenweite wird nicht nur vom Lichteinfall in das Auge und der Konvergenzreaktion gesteuert, auch extraokuläre Reize können zur Veränderung der Pupillenweite führen, z. B.:

- **Schmerzen:** besonders starke Schmerzen im Bereich der Nackenmuskulatur.
- **Psychische Erregung:** Pupillenweitstellung in Angst- und Schrecksituationen.
- **Hypoxie:** Erweiterung der Pupillen mit mangelhafter Lichtreaktion. Bei akuter Hypoxie ist eine Pupillenverengung solange möglich, bis die Auswurfleistung des Herzens absinkt.
- **Hypothermie:** Erweiterung der Pupillen mit mangelhafter Lichtreaktion.
- **Epileptischer Anfall:** Weite, evtl. seitendifferente Pupillen mit verlangsamter Lichtreaktion.
- **Medikamente**, z. B.:
  - Opiate → Pupillenverengung,
  - Barbiturate → Pupillenverengung,
  - Adrenalin → Pupillenerweiterung,
  - Atropin® → Pupillenerweiterung,
  - Antidepressiva → Pupillenerweiterung.

Tabelle 8: Normale Pupillenreaktion [7]

	Ausgangslage	**Direkte Belichtung re. Auge**	**Direkte Belichtung li. Auge**	**Konvergenzreaktion**
	rechts links 			
Normale Pupillenreaktion	Mittelweite Pupillen, beide Pupillen sind gleich groß.	Beide Pupillen verengen sich.	Beide Pupillen verengen sich.	Wenn sich ein Gegenstand dem Gesichtsfeld nähert, verengen sich die Pupillen als optische Hilfe, um ein möglichst scharfes Abbild auf der Netzhaut zu erhalten.

7.2.1 Fehlervermeidung

Um Fehler bei der Beurteilung des Pupillenlichtreflexes und der Pupillengröße zu vermeiden, muss folgendermaßen vorgegangen werden:

1. Information über evtl. vorliegende Krankheitsbilder wie z. B. ICB, Hirnödem, Tumor, Glaukom, Glasauge etc.
2. Lampenlichtstärke kontrollieren: Die Lampe muss sehr hell leuchten, um eine prompte Lichtreaktion (0,2 Sek.) auslösen zu können (siehe Pupillenreflex).
3. Der Patient wird aufgefordert, in die Ferne oder etwas nach oben zu blicken.
4. Mit der Handfläche werden die Augen voneinander abgeschirmt.
5. Der Lichtstrahl (zur Verengung der Pupille) kommt von seitlich außen und etwas unterhalb des zu beurteilenden Auges (siehe Abb. Pupillenlichtreflex).
6. Zur Beurteilung der Pupille des anderen Auges wird kurz gewartet, bis die vorherige Pupillenreaktion abgeklungen ist.
7. Nun soll der Patient wieder in die Ferne oder etwas nach oben blicken.
8. Der Lichtstrahl (zur Verengung der Pupille) wird nun am anderen Auge von seitlich außen und etwas unterhalb auf die Pupille gerichtet.
9. Dokumentation (bei Veränderungen Arzt informieren).

7.2.2 Prüfung der Konvergenzreaktion

1. Der Untersucher hält seinen Finger ca. 1 m vor die Augen des Kranken.
2. Der Patient wird aufgefordert, den Finger mit seinen Augen zu fixieren.
3. Der Finger wird nun rasch bis kurz vor die Nasenspitze bewegt.
4. Dabei wird die Pupillenreaktion beobachtet.

7.3 Die Pupillenmotorik

Die Muskulatur der Pupille wird ausschließlich von sympathischen bzw. parasympathischen Nerven erregt. Die sympathischen Nerven ziehen zu dem am Pupillenaußenrand gelegenen Musculus dilatator pupillae. Dieser bewirkt die Weitstellung (Mydriasis) der Pupille, z. B. bei Dunkelheit. Die parasympathischen Nerven ziehen über den N. oculomotorius zu den innen gelegenen Ringmuskeln der Pupillen (Musculus sphinkter pupillae). Diese bewirken die Verengung (Miosis) der Pupille. Beide halten ein sehr fein abgestimmtes Gleichgewicht. Bei akutem Stress oder heftigen Schmerzen dominiert der Sympathikus, und die Pupillen werden weit. In Ruhe und im Schlaf dominiert der Parasympathikus, die Pupillen sind eng.

7.4 Ablauf der Pupillenlichtreaktion

Der Pupillenlichtreflex wird über ein Auge ausgelöst.

Das Signal erreicht beide Pupillen gleichzeitig. Beide Pupillen verengen sich.

Der Lichtimpuls wird über die afferenten Bahnen zu den Edinger-Westphal-Kernen geleitet.

Über efferente Bahnen wird das Signal zur Pupillenverengung zum M. sphincter pupillare gesendet.

An der Pupillenlichtreaktion sind folgende Nerven und Nervenfasern beteiligt:

Nerven und Nervenfasern

N. oculomotorius (motorisch-vegetativer III. Hirnnerv): Er tritt aus dem Sulcus medialis cruris cerebri und zieht bis in die Orbita.
M. sphincter pupillae: Aus spiralig verlaufenden Muskelfasern bestehendes Maschenwerk. Seine Innervation erfolgt durch parasympathische Fasern des N. oculomotorius.
Ganglion ciliare: Es enthält präganglionäre Fasern aus dem N. oculomotorius. Seine postganglionäre Fasern bewirken Pupillenverengung und Kontraktion des M. ciliare für das Nahsehen.
Edinger-Westphal-Kern: Paarig autonomer Lateralkern des N. oculomotorius. Dadurch, dass die Impulse zu den Edinger-Westphal-Kernen beider Seiten gelangen, wird die konsensuelle Lichtreaktion ermöglicht (die Belichtung eines Auges führt auch zur Pupillenverengung des kontralateralen Auges).
M. dilatator pupillae: Er wird über den Sympathikus innerviert, der aus dem sog. Centrum ciliospinale über die A. carotis interna zum M. dilatator pupillae zieht. Wird der M. shincter pupillae z. B. durch eine Schädigung im Bereich der Edinger-Westphal-Kerne oder im Verlauf der Fasern zum Muskel gelähmt, kommt es infolge des Übergewichts des M. dilatator pupillae zu einer Mydriasis.
N. opticus (Fasciculus/Tractus opticus): Werden die afferenten Fasern im Verlauf des N. opticus (Fasciculus) geschädigt, fehlt der Lichtreflex nicht nur auf dem ipsilateralen Auge (einer Seite), sondern es fehlt auch die konsensuelle Reaktion auf dem kontralateralen Auge. In diesem Falle erfolgt aber bei Belichtung des kontralateralen Auges der Lichtreflex beidseits.

7.5 Pupillenstörungen

7.5.1 Läsionsmöglichkeiten

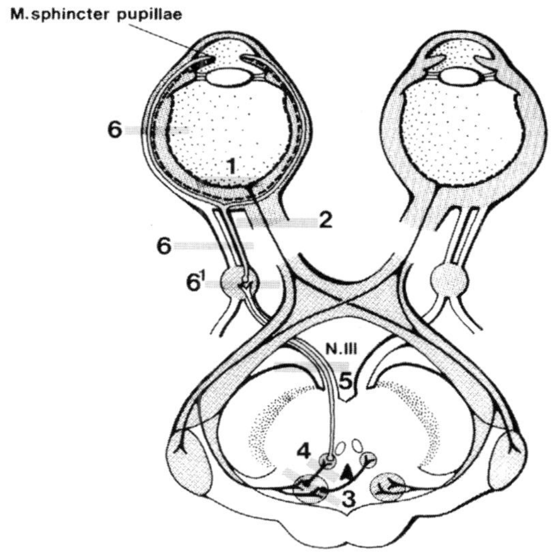

Retina (1)
Nervus opticus (2)
Pretektum (3)
Mittelhirn (4)
Nervus oculomotorius (5)
Nervi ciliares breves (6)
Ganglion ciliare (6[1])

Abb. 73: Pupillenstörungen [4]

- Afferenter Schenkel 1, 2, amaurotische Pupillenstarre.
- Efferenter Schenkel 3, 4, absolute Pupillenstarre.
- Mittelhirnhaubenverschaltung 5, 6, z. B. Argyll-Robertson-Pupille.

7.6 Störungen der Pupillenreaktion

Tabelle 9: Amaurotische Pupillenstarre am rechten Auge [7]

Pathologische Pupille re. Auge	Ausgangslage	Direkte Belichtung re. Auge	Direkte Belichtung li. Auge	Konvergenzreaktion

Amaurotische Pupillenstarre re.	Das rechte Auge ist blind, beide Pupillen sind gleich groß.	Beide Pupillen reagieren nicht, da am re. Auge alle optischen Funktionen und jegliche Lichtempfindung aufgehoben ist. Der Lichtimpuls gelangt nicht zu den Westphal-Edinger-Kernen. Die konsensuelle Lichtreaktion bleibt aus.	Beide Pupillen verengen sich, da der Lichtimpuls die Westphal-Edinger-Kerne erreicht. Die konsensuelle Lichtreaktion wird ausgelöst.	Beide Pupillen verengen sich, da der Impuls über das gesunde Auge, das den Gegenstand scharf abbilden möchte, wahrgenommen wird.

Tabelle 10: Miosis im Bereich des rechten Auges, Horner-Syndrom [7]

Pathologische Pupille re. Auge	Ausgangslage	Direkte Belichtung re. Auge	Direkte Belichtung li. Auge	Konvergenzreaktion

Miosis re. Auge, Horner-Syndrom	Zum Horner-Syndrom gehört die Miosis einer Pupille (Parese des M. dilatator pupillae).	Normale Lichtreaktion, die Pupille des re. Auges erweitert sich danach aber langsamer und unvollständig.	Normale Lichtreaktion, Erweiterung der re. Pupille langsamer und unvollständig.	Normal, Erweiterung der re. Pupille langsamer und unvollständig.

Tabelle 11: Okulomotoriusparese des rechten Auges [7]

Pathologische Pupille re. Auge	Ausgangslage	Direkte Belichtung re. Auge	Direkte Belichtung li. Auge	Konvergenzreaktion
Okulomotoriusparese re. Auge	Mydriatische, lichtstarre Pupille re. Auge.	Durch Lähmung der vom N. oculomotorius versorgten Muskeln des re. Auges bleibt die Lichtreaktion am re. Auge aus. Die li. Pupille verengt sich, da hier die Funktion erhalten ist.	Die li. Pupille verengt sich. Das re. Auge bleibt reaktionslos, da seine vom N. oculomotorius versorgten Muskeln gelähmt sind.	Die li. Pupille verengt sich, da es den Gegenstand scharf abbilden möchte. Das re. Auge bleibt reaktionslos, da seine vom N. okulomotorius versorgten Muskel gelähmt sind.

Tabelle 12: Pupillotonie, Adie-Pupille [7]

Pathologische Pupille re. Auge	Ausgangslage	Direkte Belichtung re. Auge	Direkte Belichtung li. Auge	Konvergenzreaktion	Krankheitsbild
Pupillotonie, Adie-Pupille	Pupillotonie (Störung der Pupillenmotorik → Pupillenträgheit) des re. Auges, bei der es bei Helligkeit oder Dunkelheit zu einer stark verzögerten Änderung der Pupillenweite kommt (Transmitterstörung im Ganglion ciliare).	Träge oder fehlende Lichtreaktion re. Auge.	Prompte Lichtreaktion li. Pupille, träge oder fehlende konsensuelle Lichtreaktion re. Pupille.	Langsame, gleichmäßig ablaufende Konvergenzreaktion mit kontinuierlicher Erweiterung der re. Pupille nach Konvergenzreaktion.	Holmes-Adie-Syndrom.

Tabelle 13: Reflektorische Pupillenstarre, Argyll-Robertson-Phänomen [7]

Pathologische Pupille re. Auge	Ausgangslage	Direkte Belichtung re. Auge	Direkte Belichtung li. Auge	Konvergenzreaktion	Krankheitsbilder
Argyll-Robertson-Phänomen, reflektorische Pupillenstarre	Argyll-Robertson-Phänomen (mit Pupillenengstellung einhergehende, reflektorische Pupillenstarre, Fehlen der reflektorischen Pupillenverengung auf Lichteinfall) bei intakter Konvergenz- bzw. Naheinstellung. Ursache ist eine entzündliche oder vaskuläre Mittelhirnläsion. Die Pupillen sind eng und meistens entrundet.	Keine reflektorische Pupillenverengung auf beiden Seiten.	Keine reflektorische Pupillenverengung auf beiden Seiten.	Wenn sich der Gegenstand im Gesichtsfeld nähert, verengen sich beide Pupillen, um ein möglichst scharfes Bild zu erhalten.	Neurosyphilis, Tumor, selten Wernicke-Enzephalopathie und Multiple Sklerose.

	Ausgangslage	Direkte Belichtung	Belichtung Gegenseite	Konvergenz	Besonderheiten
Normal	rechts links				
Amaurotische Pupillenstarre					Rechts blind.
Okulomotoriusläsion (und Ganglionitis ciliaris)					Rechts Augenmotilität nur bei Okulomotroiusparese gestört. Kontraktion auf Miotika.
„Adie"-Pupille (Pupillotonie)					Augenmotilität frei. Tonische Erweiterung nach Konvergenzreaktion.
Argyll-Robertson (reflektorische Pupillenstarre)					Pupillen oft entrundet.
Frühe Optikusläsion					
Atropineffekt					Augenmotilität frei. Keine Kontraktion auf Miotika. Rotes Gesicht, psychische Symptome.

Abb. 74: Zusammenfassung Tab. 8–13: Störungen der Pupillenreaktion (rechts pathologisch) [7]

Warnzeichen:

- Eine einseitige, akut oder subakut auftretende, weite und lichtstarre Pupille ist immer verdächtig auf einen intrakraniell raumfordernden Prozess, der den 3. Hirnnerv komprimiert.
- Beidseitig weite, lichtstarre Pupillen sprechen im Koma für eine Mittelhirnschädigung.
- Beidseitig enge, aber lichtreaktive Pupillen (pinpoint) können auf eine akut beginnende, schwere Ponsläsion hinweisen.

7.7 Pupillengröße und Reaktionen bei Einklemmung

Dienzephales Syndrom → Zwischenhirnsyndrom

Die Pupillen sind eng und reagieren prompt auf Licht → Miosis → enge und unausgiebig auf Licht reagierende Pupillen.

a)

Abb. 75–78: Pupillengröße und Reaktion bei Einklemmung

Mesenzephale Einklemmung → Mittelhirnsyndrom

Die Pupillen werden ein- oder beidseitig mittelweit, sind gelegentlich entrundet, die Lichtreaktion ist unausgiebig oder fehlt gänzlich → mittelweite und unausgiebig oder nicht auf Licht reagierende Pupillen.

b)

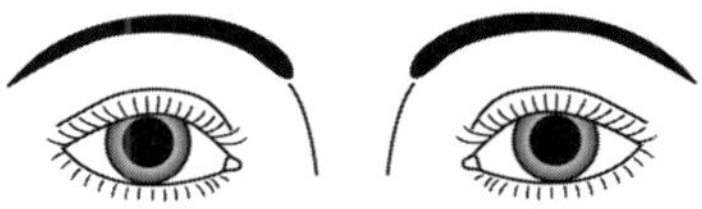

Abb. 76

Pontine Einklemmung

Die Pupillen sind mittelweit, oft entrundet und lichtstarr.

c)

Abb. 77

Bulbärhirnsyndrom

Die Pupillen sind maximal weit und lichtstarr → Mydriasis.

Abb. 78

d)

7.8 Mögliche Pupillenveränderungen bei Hirndruckanstieg bis zur Einklemmung

Tabelle 14: Pupillenveränderung im Bereich beider Augen

Hirndruckanstieg re. Hemisphäre	Ausgangslage	Direkte Belichtung re. Auge	Direkte Belichtung li. Auge	Konvergenzreaktion
Pupillenverengung beide Augen	Hirndruckanstieg führt zu Druck auf den rechten Ast des N. oculomotorius. Dieser wird irritiert, es kommt zunächst zu einem parasympathischen Reiz, der beide Pupillen verengt.	Keine Pupillenlichtreaktion, da der Parasympathikus überwiegt.	Keine Pupillenlichtreaktion, da der Parasympathikus überwiegt.	Da in diesem Moment der Parasympathikus überwiegt, ist keine Konvergenzreaktion möglich.

Weiterer Hirndruckanstieg re.	Ausgangslage	Direkte Belichtung re. Auge	Direkte Belichtung li. Auge	Konvergenzreaktion
Pupillenweitstellung re. Auge	Der steigende Druck in der re. Hemisphäre führt zur Abklemmung des re. Okulomotoriusastes auf der Kante des »Clivus Blumenbachii« (Klivuskantensyndrom). Es kommt zum Ausfall der parasympathischen Leitung vom rechten Ast des N. oculomotorius zum re. M. sphincter pupillare (Pupillenschließmuskel).	Am rechten Auge keine Pupillenlichtreaktion, da die Leitung vom re. Okulomotoriusast zum re. M. sphincter pupillare abgeklemmt ist. Die konsensuelle Lichtreaktion der li. Pupille ist möglich, solange der Lichtimpuls am re. Auge noch zu den Westphal-Edinger-Kernen durchdringt.	Einseitige Lichtreaktion der li. Pupille ohne konsensuelle Reaktion der re. Pupille, da die Leitung vom re. Okulomotoriusast zum re. M. sphincter pupillare abgeklemmt ist.	Sie ist nur noch bei der li. Pupille vorhanden.

Tabelle 15: Pupillenweitstellung des rechten Auges

Einklemmung	Ausgangslage	Direkte Belichtung re. Auge	Direkte Belichtung li. Auge	Konvergenzreaktion
Pupillenweitstellung beider Augen	Bei Einklemmung wird der N. oculomotorius beidseitig abgeklemmt, die Leitungen von beiden Okulomotoriusnerven zu den Pupillenschließmuskeln sind unterbrochen, und es kommt zur Weitstellung beider Pupillen.	Keine Pupillenlichtreaktion möglich.	Keine Pupillenlichtreaktion möglich.	Keine Pupillenreaktion möglich.

Tabelle 16: Pupillenweitstellung beider Augen

Fehler bei der Beurteilung der Pupillenlichtreaktion und Pupillenweite

Fehler:
Die Lampe wurde so gehalten, dass sich die Pupillen zur Scharfeinstellung und nicht auf den einfallenden Lichtimpuls zusammenziehen (Konvergrenzreaktion).
Irrtümliche Beobachtung → prompte Lichtreaktion.
Das Fehlen einer reflektorischen Pupillenverengung auf Lichteinfall bei intakter Naheinstellungsreaktion (Argyll Robertson pupil) tritt auf bei Neurosyphilis oder bei anderen Erkrankungen des Mittelhirndaches wie Enzephalitis, Multiple Sklerose, Tumor.

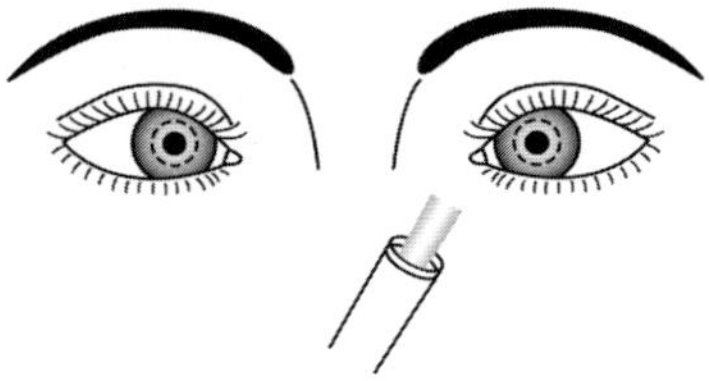

Abb. 79: Fehler bei der Beurteilung der Pupillenreaktion

Fehler:
Direkt nach Beurteilung der Lichtreaktion des einen Auges wird die Pupillengröße des anderen Auges beurteilt, ohne abzuwarten, bis die vorherige Pupillenreaktion abgeklungen ist.
Irrtümliche Beobachtung → Pupillengrößendifferenz.
Eine Ungleichheit der Pupillenweite um mehr als 1 mm wird als Anisokorie bezeichnet. Bei intakter Pupillenreaktion handelt es sich um eine angeborene Anomalie (selten), oder eine neurologische Erkrankung, z. B. eine intrakranielle Raumforderung durch Blutung, Ödem, Tumor oder um eine Störung des vegetativen Nervensystems (Horner-Symptomenkomplex, Pupillotonie u. a.).

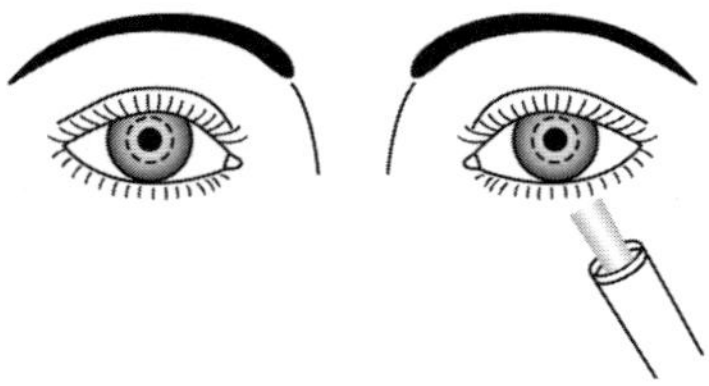

Abb. 80: Fehler bei der Beurteilung der Pupillenreaktion

8 Vigilanzstörungen

(P. Manz)

Definition und Bedeutung

Normalerweise verfügt der Mensch im wachen Zustand über ein klares Bewusstsein. Er ist in der Lage, in verschiedenen Situationen adäquat zu reagieren. Wenn der Mensch schläft, wird sein Bewusstsein für einen gewissen Zeitraum außer Kraft gesetzt, er ist jedoch jederzeit weckbar.

Bei Bewusstseinstrübungen ist das Reaktionsvermögen gemindert. Das Denken und Handeln sowie die Wahrnehmung von Reizen und die Reaktion darauf sind verlangsamt oder fehlen ganz. Bewusste und unbewusste Schutzreflexe, die Mobilität und die Sensibilität sind betroffen.
Die Bewusstseinstrübung wird in qualitative und quantitative Bewusstseinsstörungen unterteilt.

8.1 Qualitative Bewusstseinsstörungen

Bei qualitativen Bewusstseinstörungen ist jeweils nur eine Bewusstseinsfunktion betroffen, während andere beim gleichen Patienten unauffällig sein können. Qualitative Bewusstseinsstörungen betreffen mehr das psychiatrische Fachgebiet. Sie beinhalten psychotische Geschehnisse, Tagträumereien und halluzinatorische Episoden.

8.2 Quantitative Bewusstseinsstörungen

Bei quantitativen Bewusstseinsstörungen sind alle Bewusstseinsleistungen gleichzeitig betroffen. Hierunter versteht man eine pathologische Minderung der Bewusstseinshelligkeit und der Wachheit. Quantitative Bewusstseinsveränderungen sind neurologisch von größerer Bedeutung.

Zahlreiche neurologische Erkrankungen sind mit Störungen der Vigilanz (Wachheit) bzw. des Schlaf-Wach-Rhythmus verbunden. Das Maß für den Grad der Bewusstseinstrübung ist die Weckbarkeit, d. h. die Stärke des benötigten Außenreizes, um die Aufmerksamkeit des Patienten zu erlangen. Nach dem Grad der Vigilanzminderung unterscheidet man Somnolenz, Sopor und Koma.

8.3 Diagnostik

Mit optischen, akustischen und sensiblen Stimuli beurteilt man:

Beurteilungskriterien

- die Spontaneität,
- das psychomotorische Tempo,
- die Wachheit,
- die Aufmerksamkeit bzw. Erweckbarkeit des Patienten.

Mit zunehmender Vigilanzminderung bleibt zuerst die Reaktion auf optische, dann auf akustische und zuletzt auf Schmerzreize aus. Je stärker der Reiz sein muss, um eine Abwehrreaktion auszulösen, und je später und undifferenzierter die Reaktion erfolgt, desto ausgeprägter ist die Vigilanzstörung.

> **Merke:** Die Art und die Tiefe der Bewusstseinstörung muss festgestellt und mit Uhrzeit dokumentiert werden.

8.4 Pflegerische Möglichkeiten zur Beurteilung des Bewusstseins

Patienten ansprechen und folgende Sachverhalte prüfen:

Möglichkeiten

a) Reagiert der Patient sofort oder verlangsamt?
b) Muss der Patient durch Berühren geweckt werden?
c) Öffnet er die Augen und nimmt er gezielt Blickkontakt auf?
d) Antwortet er verständlich?

Gezielte Fragen stellen:

a) Name, Geburtsdatum und Aufenthaltsort,
b) aktuelles Datum, Jahr, Wochentag.

Gezielte Handlungen durchführen lassen:

a) Drücken Sie mir die Hand.
b) Strecken Sie die Zunge heraus.
c) Öffnen Sie bitte beide Augen.
d) Runzeln Sie die Stirn.

Reize ausüben:

a) Patienten laut ansprechen.
b) Person vorsichtig schütteln.
c) Anwendung der basalen Stimulation.

Die regelmäßige Überwachung von Pupillenlichtreaktion, -größe und -aussehen ist bei Veränderungen der Bewusstseinslage zwingend erforderlich, (siehe Pupillenlichtreaktion, Seite 146 ff.).

8.5 Glasgow-Koma-Skala

Der Bewusstseinszustand kann auch durch Anwendung der Glasgow-Koma-Skala ermittelt werden.

Definition und Anwendungsbereich: Die **Glasgow-Coma-Scale** wurde 1981 von Jennett und Teasdale entwickelt.
Sie wurde speziell zur klinischen Einschätzung der Prognose bei akuten Schädel-Hirn-Traumen entwickelt und ist daher für die allgemeine Einschätzung von Vigilanzstörungen nur von begrenzter Bedeutung. Neben den Funktionen »**Augenöffnen**« und »**verbale Äußerungen**« werden besonders die **motorischen Reaktionen auf Schmerzreize** als Kriterium für die Schwere der Hirnschädigung herangezogen.

Beurteilungskriterium	Neurologische Funktion	Bewertung
Augenöffnen	spontan	4
	auf Ansprechen	3
	auf Schmerzreiz	2
	keine Reaktion	1
motorische Reaktion	gezielt nach Aufforderung	6
	gezielt auf Schmerzreiz	5
	ungezielt auf Schmerzreiz	4
	Beugemechanismen	3
	Streckmechanismen	2
	gar keine	1
verbale Reaktion	orientiert, prompt	5
	verwirrt	4
	inadäquat	3
	unverständlich	2
	keine	1

Übersicht 3:
Glasgow-Koma-Skala

Beurteilung

Wenn die Addition der Punktwerte eine Zahl **unter 8** ergibt, ist von einer **schwereren Hirnfunktionsstörung** auszugehen.

8.5.1 Somnolenz

Definition: Somnolenz bedeutet abnorme Schläfrigkeit bei erhaltener Weckreaktion auf akustische Reize.

Beobachtung

Der Patient wirkt apathisch und schläfrig, teilweise im Wechsel mit motorischer Unruhe und Umtriebigkeit. Er öffnet auf Ansprache die Augen und reagiert mit spontaner Zuwendung. Bei geöffneten Augen lösen optische Reize wie z. B. helles Licht den Lidschlussreflex aus. Die Somnolenz ist am schwersten zu erfassen, da sie der Schläfrigkeit des Gesunden im Zustand starker Müdigkeit gleicht. Pathologisch ist, dass die Schläfrigkeit ohne physiologische Ursache (Schlafdefizit) auftritt. Das Krankheitsbild äußert sich in:

- fehlender Spontaneität des Patienten,
- Desinteresse an Vorgängen in seiner Umgebung,
- psychomotorischer Verlangsamung,
- erhöhter Schlafneigung.

Der Somnolente dämmert vor sich hin und muss zu den einfachsten Verrichtungen angehalten werden.

8.5.2 Sopor

Definition: Im Sopor fehlen die spontanen Bewegungen. Man beobachtet jedoch eine adäquate Schmerzreaktion.

Beobachtung

Der Patient befindet sich ständig in einem schlafähnlichen Zustand und kann durch lautes Rufen oder sonstige stärkere Außenreize nur kurz erweckt werden. Der Patient wendet zunächst die Augen, dann den Kopf der Geräuschquelle zu. Schmerzreize werden mit adäquaten Abwehrbewegungen beantwortet.
Der Kranke liegt überwiegend regungslos im Bett oder führt unkoordinierte Bewegungen aus. Zusammenhängende sprachliche Äußerungen finden nicht mehr statt.

8.5.3 Koma

Definition: Im Koma ist der Patient nicht mehr weckbar, eine Kontaktaufnahme ist nicht möglich.

Beobachtung

Koma bedeutet Bewusstlosigkeit, d. h. das Fehlen von (bewusstem) Erleben. Im beginnenden Koma erfolgen keine Reaktionen auf optische oder akustische Stimuli, es kommt aber zu undifferenzierten Abwehrbewegungen auf sensible Reize. Im tiefen Koma ist der Patient auch durch starke Außenreize nicht weckbar, jegliche Reaktion auf wiederholte Schmerzreize bleibt aus. Der Arzt diagnostiziert:

- wie schwer die Hirnschädigung ist, durch die es zum Koma kam,
- den Krankheitsverlauf.
- Er stellt die Prognose.

Danach wird das Koma in vier Stadien eingeteilt:

Stadium I: In diesem Stadium erfolgt auf Schmerzreize noch eine gezielte Abwehrreaktion, z. B. der Versuch, die Reizquelle abzuwehren oder den betreffenden Körperabschnitt wegzuziehen.
Stadium II: In diesem Stadium sind die Abwehrreaktionen ungezielt und ineffektiv. Der Patient reagiert nur noch mit Grimassieren oder Wälzbewegungen.
Stadium III: In Stadium III führen Schmerzreize nur noch zu automatisierten, wiederholt auftretenden Beuge- und Streckkrämpfen.
Stadium IV: In diesem Stadium ist jegliche motorische Schmerzreaktion erloschen.

8.6 Ursachen für eine sekundäre Verschlechterung der Bewusstseinslage

Subarachnoidalblutung:	→ Hydrozephalus, → Rezidivblutung, → Vasospasmus, → postoperative Infektion.
Ischämischer Infarkt:	→ durch ein Hirnödem (bei malignem Mediainfarkt), → durch einen Hydrozephalus (bei raumforderndem Kleinhirninfarkt), → durch sekundäre Einblutung, → durch Rezidivinfarkt (bei kardialer Emboliequelle).
Hypoxischer Hirnschaden:	→ Hirnödem.
Sinusvenenthrombose:	→ Heparin-assoziierte Thrombozytopenie, Typ II.
Eitrige Meningitis:	→ Hydrozephalus, → ischämische Infarkte durch passagere Stenosen, → Sinusvenenthrombose, → septischer Schock, → Nebennierenrindennekrose.
Tuberkulöse Meningitis:	→ Hydrozephalus, → ischämische Infarkte durch Vaskulitis.
Enzephalitis:	→ Hirnödem, → Status epilepticus.
Hyponatriämie:	→ zentrale pontine Myelinose.
Schädel-Hirn-Trauma:	→ Hirnödem, → ischämischer Infarkt durch Dissekat, → Meningitis.

Status epilepticus:	→ Antikonvulsiva-Überdosis.
Alkoholismus:	→ Entzugsdelir, → Wernicke-Enzephalopathie.
Sonstige Ursachen:	→ Medikamentennebenwirkung (zentrales anticholinerges Syndrom), → Hyperosmolalität (vor allem nach Mannitol-Therapie), → (Multi-)Organversagen, → Lungenembolie.

Übersicht 4: Ursachen für eine sekundäre Verschlechterung der Bewusstseinslage

8.7 Vorgehen bei plötzlicher Bewusstseinsverschlechterung

Unmittelbare Gefahren beherrschen

Kreislaufparameter und Atmung prüfen:
- Bedrohliche Abweichungen **sofort** behandeln.

Auf Einklemmungszeichen achten, wenn vorhanden:
- sofort Oberkörperhochlagerung (30°), evtl. Osmotherapie beginnen (125 ml Mannit-Lösung rasch i. v. infundieren), evtl. intubieren und beatmen (mäßig hyperventilieren).

Klassifikation und Dokumentation der Bewusstseinsstörung

Art und Tiefe der Bewusstseinsstörung feststellen und mit Uhrzeit dokumentieren.
- Annamneseerhebung, klinische Untersuchung, technische Diagnostik (Labor, CCT, Doppler etc.)

Abschätzen der wahrscheinlichsten Ursache der Bewusstseinstrübung

- Sind fokale Ausfälle nachweisbar?
- Liegen Fieber und/oder Meningismus vor?
- Sind sonstige Ursachen erkennbar?

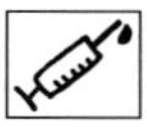

Notfalltherapie: Eine ätiologisch ausgerichtete Notfalltherapie ist erst nach definitiver diagnostischer Abklärung des jeweiligen Krankheitsbildes möglich. Bestimmte Symptome erfordern jedoch schon während des noch laufenden diagnostischen Prozesses therapeutische Maßnahmen. Der Patient muss hierbei vor möglicherweise irreversiblen Schäden (z. B. Hirndruck, Aspiration etc.) bewahrt werden.

Maßnahmen, die vor einer endgültigen diagnostischen Abklärung erforderlich sind:

Symptome	Maßnahmen
Bewusstlosigkeit	Atemwege freihalten, bei insuffizienter Atmung Intubation. Herz-Kreislauf-Stabilisierung.
V. a. **Hypoglykämie**	20–100 ml Glukose 20–40 % i. v.
V. a. **Vitamin B_1-Mangel** (z. B. bei Alkoholismus)	100 mg Thiamin i. v.
Intrakranielle Drucksteigerung	Oberkörperhochlagerung (30°), bei Hinweis auf primären oder metastatischen Hirntumor 500 mg Prednisolon (z. B. Solu-Decortin® H) als Kurzinfusion (oder 100 mg Dexamethason, z. B. Fortecortin® i. v.) Bei vital bedrohlicher Einklemmung Bolusinjektion von 100 ml Mannit 20 %.
Gehäufte **zerebrale Krampfanfälle**	Schnellsättigung mit Phenytoin (bzw. 1–2 Amp. Rivotril® i. v.).
Hypo- oder **Hyperthermie**	Temperaturerhöhung bzw. -senkung.
Störung des Säure-Basen-Elektrolythaushalts	Auf die Störung abgestimmte Infusionstherapie.
Verdacht auf **Vergiftung** mit Opiaten und Opioiden bzw. Benzodiazepinen.	Naloxon (Narcanti®) bzw. Benzodiazepin-Antagonisten (Anexate®).

Tabelle 17: Sofortmaßnahmen

9 Allgemeine und therapeutische Pflege

(A. Conzelmann)

9.1 Nahrungsaufnahme

Grundsätze

- Grundsätzlich ist die Ernährung des Schlaganfallpatienten mit äußerster Vorsicht anzugehen! Häufig werden Gefahren, die bei Schlucklähmung auftreten, unterschätzt. Besonders bei Patienten, die sich einwandfrei artikulieren können, wird oft übersehen, dass ihnen die Nahrungsaufnahme Schwierigkeiten bereiten könnte.
- Daher sollten Patienten über mögliche Schluckschwierigkeiten aufgeklärt und zu langsamem Trinken und Essen angehalten werden.
- Der Patient sollte bei der Nahrungs- u. Flüssigkeitsaufnahme möglichst aufrecht im Bett oder Rollstuhl sitzen.
- Schluckversuche können durch spezielle Übungen mit Logopäden im Vorfeld trainiert werden.
- Breikost ist meistens einfacher zu schlucken als Flüssigkost oder gar feste Nahrung – aber auch hier gibt es unterschiedliche Ansichten. Wegen der hohen Aspirationsgefahr kann der erste Schluckversuch auch ausschließlich mit Wasser erfolgen. Hier sollten individuelle Klinikerfahrungen Priorität haben.
- Bei wiederholt missglückten Schluckversuchen, schwerwiegenden Schluckstörungen oder Somnolenz ist das Legen einer Magensonde oder einer PEG unumgänglich.
- Schwierigkeiten, die sich beim Essen durch die Hemiplegie ergeben, sollten unterstützend durch Ergotherapeuten trainiert werden. Sie können verschiedene Hilfsmittel zur Verfügung stellen, die vom Patienten einfach und effektiv genutzt werden können (z. B. spezielles Besteck, Geschirr, Küchenhilfsmittel etc.).

9.1.1 Essregeln für Patienten mit Schluckstörungen

Pflegehinweise

1. Auf gute und aufrechte Sitz- und Kopfhaltung achten.
2. Patienten/-in fragen, ob er/sie Appetit hat und sich auf die Mahlzeit freut.
3. Wenn möglich Lieblingsgerichte anbieten.
4. Süße Speisen verursachen mukösen (zähen) Speichel. Deshalb eher Herzhaftes anbieten, um das Schlucken zu erleichtern.
5. »Plaudern« mit dem Patienten während des Essens unterlassen.
6. Fragen sollten nur gestellt werden, wenn der Mund leer und alles geschluckt ist.

7. Patienten/-in in Ruhe essen lassen, Zeit lassen.
8. Nahrung in kleinen Bissen verabreichen, Flüssigkeit schluckweise trinken lassen. Nachschlucken lassen.
9. Auf gründliches Kauen und Mundschluss beim Schlucken achten.
10. Nach jedem Schluck Tasse oder Röhrchen absetzen und eine kurze Pause einlegen. Verwendung von Schnabeltassen unterlassen!
11. Der Mund muss leer sein, bevor eine neue Portion gereicht wird.
12. Sind nach dem Schlucken noch Speisereste im Mund, ein- bis mehrmals nachschlucken lassen.
13. Mundpflege ist nach jedem Essen wichtig.
14. Patient/-in soll nach dem Essen mindestens 20 Min. sitzen, erst dann zu Bett bringen.

9.2 Kommunikation

Störungen

Viele Schlaganfallpatienten leiden direkt nach dem Geschehen unter einer Veränderung ihrer Kommunikationsfähigkeit. Die häufigsten Störungen sind Dysarthrophonie und Aphasie.

9.2.1 Dysarthrophonie

Definition: Sprechstörung aufgrund einer Schädigung des zentralen oder peripheren Nervensystems.

Hierzu gehören:

- Gestörte Muskelkontrolle.
- Lähmung, Schwäche und Koordinationsstörung der am Sprechen beteiligten Muskulatur. Diese Störungen können einzeln oder in Kombination auftreten.

Betroffen sind die Funktionskreise

- Sprechatmung:
  Abnahme des Atemvolumens, Frequenzanstieg der Atmung, arrhythmische Atembewegungen (Dyspnoe).
- Stimmbildung:
  Einschränkung der Phonation: veränderte Höhe, Dynamik, Qualität und Stabilität der Stimme (Dysphonie).
- Sprechmotorik:
  Dysfunktion der Artikulation inkl. Sprachmelodie und Sprachrhythmus (Dysarthrie).

Tabelle 18: Dysarthrieformen und Ätiopathogenese

Ort der Läsion	Dysarthrieform
kortikal: Läsion der Großhirnhemisphäre (»Hemisphärendysarthrie«).	Unscharfe Konsonanten, »abgehackter Sprechrhythmus« und Stimmstörungen.
subkortikal: Läsion unter der Hirnrinde.	Ungenaue Konsonanten, monotone Stimmmelodie und -dynamik, rauhe, zu tiefe, gepresste Stimme, langsame Sprechgeschwindigkeit.
bulbär: Hirnstammlösion, periphere Ausfälle der Hirnnerven.	Hypernasalität, »kloßiges Sprechen«, ungenaue Artikulation, monotone Stimmmelodie.
extrapyramidal: Schädigung der Stammganglien und ihrer Bahnen zum Kortex und Hirnstamm.	Monotone Stimmmelodie, hypokinetische Artikulation, leise Stimme (Mikrophonie), Sprechhemmung oder hyperkinetisch-explosives Sprechen (Makrophonie).
zerebellar: Kleinhirnläsion.	»Ataktische« Sprechweise, wechselndes Sprechtempo, unangemessene Betonung, ungenaue Konsonanten, gedehnte Vokale.

9.2.2 Aphasie

Definition: Sprachstörung aufgrund einer umschriebenen Läsion der sprachdominanten Hemisphäre.
Nach Wallesch:
»Aphasie ist eine erworbene Störung der Sprache in allen Modalitäten nach vollzogenem Spracherwerb infolge einer umschriebenen Hirnläsion.«

Die Kommunikationsfähigkeit ist beeinträchtigt beim

- Sprechen
- Verstehen
- Lesen und
- Schreiben.

Betroffen sind:

- Phonologie (Lautbildung),
- Lexikon (Wortschatz),
- Syntax (Satzbau) und Morphologie (Wortbildung) sowie
- Semantik (Wortbedeutung).

Logopäden unterscheiden heute zusätzlich zwischen Aphasieformen der **akuten** und **chronischen** Phase.

In der Akutphase

Tabelle 19: Aphasieformen der Akutphase

Aphasieform	Darstellung	Behandlungsziel
Flüssige Aphasieform	• Leichte Aphasie vorwiegend mit Wortfindungsstörungen, • mittelschwere oder schwere Aphasie mit inhaltsarmer Rede und schlechtem Sprachverständnis.	• Hemmen des inhaltsleeren Redeflusses, • Verbesserung des Sprachverständnisses.
Unflüssige Aphasieform	• Mittelschwere oder schwere Aphasie mit starken Wortfindungsstörungen bei recht gut erhaltenem Sprachverständnis, • schwere Aphasie mit massiven Problemen beim Sprechen und Verstehen.	• Aktivieren (automatisierter) Sprache, • Verbesserung des Sprachverständnisses.

In der chronischen Phase

Hier unterscheidet man die klassischen vier Aphasiemuster:

Tabelle 20: Aphasiemuster der chronischen Phase

Aphasieform	Leitsymptom/Symptomatik	Lokalisation
1. Broca-Aphasie	**Agrammatismus** (Telegrammstil): • Erheblich verlangsamter Sprachfluss mit großer Sprachanstrengung (1–3 Wörter pro Äußerung), • Sprachverständnis leicht bis mittelgradig beeinträchtigt, • viele phonematische Paraphrasien, • reduzierter Wortschatz, • oft von Sprechapraxie (Sprechanstrengung) begleitet, • Kommunikation aufgrund der ausgeprägten Sprachstörung meist stark beeinträchtigt. **Unflüssige Aphasieform**	**Frontaler Anteil** der Sprachregion, am Fuße der **3. Stirnhirnwindung.**
2. Wernicke-Aphasie	**Verlust von Sprachverständnis und Schrift:** • Gut erhaltener Sprachfluss, • Sprachverständnis erheblich beeinträchtigt, • häufig überschießender Sprachfluss (Logorrhoe), • inhaltsleere Redefloskeln, • Paragrammatismus, • Kommunikationsfähigkeit stark beeinträchtigt. **Flüssige Aphasieform**	**Rückwärtiger Anteil des Temporallappens** und erste Temporalwindung.

Tabelle 20: (Fortsetzung)

Aphasieform	Leitsymptom/Symptomatik	Lokalisation
3. Globale Aphasie	**Sprachautomatismen und Stereotypien:** • Sprachproduktion und Sprachverständnis massiv beeinträchtigt, • stockender Sprachfluss mit Sprach- und Sprechanstrengung, • häufig massive Artikulationsstörungen, • stark reduzierter Wortschatz, • extrem ausgeprägte Wort- und Buchstabenverwechslungen (Paraphrasien), • Alexie, Agraphie (Lese- und Schreibstörung). **Unflüssige Aphasieform**	**Versorgungsgebiet des Hauptstammes der A. cerebri media (frontal bis temporoparietal).**
4. Amnestische Aphasie	**Wortfindungsstörungen:** • gut erhaltener Sprachfluss, • Sprachverständnis nur gering beeinträchtigt, • gute Artikulation, • überwiegend intakter Satzbau, • Satzabbrüche (Wortfindungsstörungen), • semantische Paraphrasien mit geringer bedeutungsmäßiger Abweichung, • allgemein gute Kommunikationsfähigkeit. **Flüssige Aphasieform**	**temporoparietal**

9.2.3 Hilfen im Gespräch mit Aphasie-Patienten

Hinweise zur Kommunikation

- Langsam und deutlich sprechen, dabei kurze und einfache Sätze verwenden.
- Auf Ruhe achten (Ablenkung und störenden Lärm vermeiden).
- Nachfragen, ob man verstanden wurde, ggf. sicherheitshalber die Gegenfrage stellen.
- Prüfen, ob die vom Patienten gegebene Antwort auch die gewollte war, denn »Sprechen steckt an«, d. h. das zuletzt Gehörte ist gewissermaßen im »Arbeitsspeicher« des Gehirns und wird u. U. unwillkürlich als Antwort abgerufen (→ Gegenfrage stellen!)
- Bei Vorliegen einer (unflüssigen) Aphasie Fragen stellen, die mit »Ja« oder »Nein« beantwortet werden können.
  Achtung: »Ja« muss nicht immer gleich »Ja« bedeuten! Mimik und Gestik beachten, Gegenfrage stellen.

- Situationsverständnis ist einfacher als Sprachverständnis, deshalb sollte man es sich bei der Kommunikation zunutze machen.
- Hat man einen Aphasiker nicht ganz verstanden, sollte man das bereits Verstandene wiederholen (Kontrollmöglichkeit für den Patienten) und den Rest erneut erfragen.
- Nur der Inhalt des vom Patienten Gesagten ist wichtig! Die Korrektur einer schlechten Formulierung sollte unterbleiben (schafft Unsicherheit beim Patienten).
- Beim Zuhören abwarten, Hilfestellung weitestgehend vermeiden, evtl. nur kaschierte Hilfestellung geben.
- Nonverbale Kommunikation anregen/unterstützen (Mimik, Gestik, Zeigen, Aufzeichnen, etc.)
- Bei Patienten mit Tracheostoma oder Personen, bei denen die verbale Kommunikation aufgrund einer ausgeprägten Aphasie erheblich eingeschränkt ist, gibt es die Möglichkeit, Buchstabentafeln oder Sprachcomputer einzusetzen.
- Bei Aphasikern ist die regelmäßige Kommunikation mit dem Pflegepersonal und anderen Bezugspersonen besonders wichtig!
- Zu viele Kommunikationsimpulse können den Patienten jedoch verwirren! Deshalb ist darauf zu achten, dass sich Besucher möglichst einzeln mit dem Patienten beschäftigen und keine »Gruppengespräche« führen.
- Generell sollte der Geräuschpegel im Zimmer auf ein Minimum reduziert werden.
- Locked-In-Patienten können eine spezielle, ausschließlich auf Augenbewegungen ausgerichtete Sprache erlernen oder sich teilweise auch durch Kopfbewegungen verständlich machen.

Tipp: Gestik und Mimik verraten viel über Befinden, Wünsche, Zu- und Abneigungen des Patienten, deshalb ist gerade auf die Körpersprache vermehrt zu achten.

Logopädie

Die früh einsetzende logopädische Behandlung mit täglichen Sprach- und Sprechübungen beeinflusst eine Aphasie oder Dysarthrophonie günstig. Wichtig ist auch die regelmäßige Überprüfung, Verfolgung und Dokumentation der Sprachmodalitäten wie Spontansprache, Nachsprechen, Benennen, Schriftsprache und Sprachverständnis.

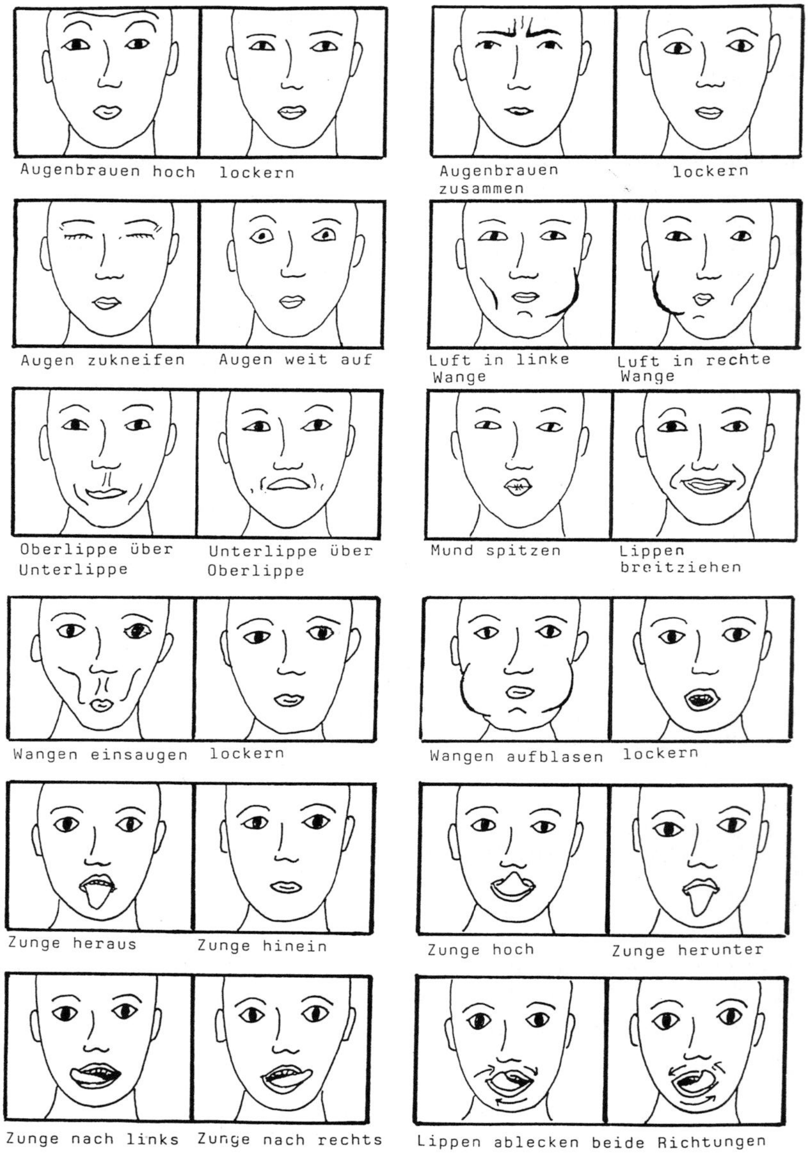

Abb. 81: Übungen der Gesichtsmotorik [8]

9.2.4 Psychische Betreuung

Patienten, die einen Schlaganfall erleiden, werden innerhalb von Minuten aus ihrem gewohnten Leben herausgerissen und finden sich plötzlich in einer Lage der Hilflosigkeit und Abhängigkeit wieder. Die Betroffenen können ganz unterschiedliche Reaktionen zeigen und Verhaltensweisen annehmen. Es gibt Patienten, die ihre Situation versuchen zu verdrängen und so tun, als sei gar nichts passiert. Sie neigen häufig dazu, alleine aufstehen zu wollen oder sich in anderer Art und Weise möglichst eigenständig zu bewegen. Dabei scheinen sie nicht zu merken, dass verschiedene Körperbereiche nicht mehr so »funktionieren« wie zuvor. Andere sind durch den Schlaganfall in eine Art Schock oder auch Depression versetzt und lehnen jegliche Kommunikation ab. Dies äußert sich z. B. darin, dass sie »durch Personen hindurchschauen« statt sie anzusehen; manche kneifen auch die Augen zu. Selbstverständlich gibt es aber auch zahlreiche Patienten, die sich mit ihrer Situation realistisch auseinandersetzen und sichtlich bemüht und motiviert sind, möglichst viele ihrer früheren Ressourcen zurückzuerlangen.

Motivation

Bei allen Patienten hat die psychische Betreuung einen hohen Stellenwert. Motivation und Lob können nicht häufig genug eingebracht werden. Kritik sollte nach Möglichkeit positiv formuliert werden. Selbst die kleinsten Fortschritte müssen oftmals deutlich aufgezeigt werden, um dem Patienten zu vermitteln, dass sein Bemühen belohnt wird. Viele haben den Ehrgeiz, in kürzester Zeit möglichst große Fortschritte machen zu wollen und übernehmen sich damit. Es ist dann umso frustrierender für sie, erkennen zu müssen, dass ihre Kräfte begrenzt sind. Daher ist es für Pflegende wichtig, die Grenzen eines Patienten zu erkennen und aufzuzeigen.

Merke:
- Es kann niemals zu viel gelobt werden!
- Kritik vorsichtig und gezielt anbringen und gleichzeitig Verbesserungsvorschläge aufzeigen!
- Grenzen erkennen, wahren und aufzeigen!

9.2.5 Angehörigenbetreuung

Integration

Für Angehörige ist der Schlaganfall meistens ein Schockerlebnis, mit dem sie urplötzlich konfrontiert werden. Die Verarbeitung und Auseinandersetzung mit der neuen Situation beginnt in der Regel erst Tage nach dem Geschehen. Deshalb ist es umso wichtiger, engste Angehörige von Anfang an in die Pflege zu integrieren.

Wichtig sind vor allem

- Aufklärung und Information des betroffenen Angehörigen über den Zustand des Patienten und das Krankheitsbild.
- Beruhigung und Trost in der Akutphase.
- Ermutigung und Motivation zur aktiven Mitarbeit und Hilfe bei der Rehabilitation.
- Integration engster Angehöriger in die Pflege, soweit möglich und zumutbar.
- Erklären des Trainings- und Rehabilitationskonzepts bei Schlaganfallpatienten und
- Anleitung bei der Versorgung des Hemiplegikers.
- Aufzeigen von Fortschritten des Patienten.

- Die Sicherheit und Motivation der Angehörigen fällt auf den Patienten zurück!

> **Tipp:** Es empfiehlt sich, ein Informationsblatt der Station zu erstellen, in dem Angehörige Antwort auf alle wichtigen Fragen finden: Krankheitsbild, Therapie- und Rehabilitationskonzept, Besuchszeiten. Was ist auf der Station und im Umgang mit dem Patienten zu beachten? Hinweise auf Informationseinrichtungen für Schlaganfallpatienten usw.

9.2.6 Komplikationen

> **Achtung:** Schwerwiegende Komplikationen, die eine Verlegung auf die Intensivstation oder in den OP notwendig machen, sind:
> - schwere intrakranielle Blutungen,
> - Reinsult mit Befall des Atemzentrums,
> - Entwicklung eines Hirnödems, das medikamentös nicht zu behandeln ist.

9.2.7 Ergotherapie

Zielsetzung

Das Ziel der ergotherapeutischen Behandlung des Schlaganfallpatienten ist das Wiedererlangen bzw. die Erhaltung seiner Handlungsfähigkeit. Damit verbunden ist die Erlangung größtmöglicher Selbstständigkeit des Patienten und seine Unabhängigkeit von Hilfsmitteln und Hilfspersonen im persönlichen, häuslichen und beruflichen Alltag.

Behandlungsmethoden

Dieses Hauptziel wird durch verschiedene Behandlungsansätze, die sich an den individuellen Problemen des Erkrankten sowie seinen täglichen Bedürfnissen und Anforderungen orientieren, erreicht. Anwendung finden z. B. die Behandlungsmethoden nach Bobath, Affolter, Perfetti u. a. Die vielfältigen Störungen nach einem Schlaganfall, das meist zeitgleiche Auftreten motorischer, sensibler, neuropsychologischer Störungen in den Bereichen Konzentration, Gedächtnis, Orientierung, Ausdauer, Denken, Sprechen, Wahrnehmen, Sehen, Hören, Fühlen, Lesen und Rechnen und auch das Vorhandensein psychischer Probleme erfordert eine komplexe Behandlung.

Ziele und Inhalte der Ergotherapie:

- Verbesserung motorischer Defizite, Anbahnen physiologischer Bewegungsabläufe, Förderung der Sensibilität (Fühlen, Temperatur-, Schmerzempfinden).
- Erhaltung und Verbesserung der neuropsychologischen Fähigkeiten.
- Selbsthilfetraining bei der Körperpflege und im Haushaltsbereich.
- Beratung und Training im/bei Gebrauch von Hilfsmitteln (z. B. Esshilfen, Badewannensitz etc.), Hilfsmittelversorgung.

- Angehörigenberatung im Zusammenhang mit der Nachsorge, Hausbesuche zur Beratung bei Wohnungsumgestaltung und Hilfsmitteleinsatz.

Ergotherapie wird vom Arzt verordnet. Im Anschluss an die stationäre Behandlung kann die Therapie auf Rezept durch eine ambulante Ergotherapiepraxis fortgeführt werden. Diese Praxen führen bei entsprechender Verordnung auch Hausbesuche durch.

Tipp: Die Adressen von Ergotherapiepraxen im jeweiligen Umkreis können dem Branchenverzeichnis bzw. den Gelben Seiten entnommen werden.

9.2.8 Hilfsmittel

Tipps zum Thema Hilfsmittel

Hilfsmittel (z. B. Anziehhilfen, Toilettensitzerhöhung, ...) sollen die Behandlung unterstützen, zur Erhaltung der Selbstständigkeit beitragen und die Pflege erleichtern. Sie sollten nur dann eingesetzt werden, wenn damit die Rehabilitation und die Unabhängigkeit des Patienten unterstützt wird.

Kostenübernahme durch Krankenkassen

Krankenversicherte haben Anspruch auf ärztlich verordnete Hilfsmittel. Dies gilt nicht für allgemeine Gebrauchsgegenstände des täglichen Bedarfs. Vor Beschaffung eines Hilfsmittels benötigt die Krankenkasse ein **ärztliches Attest** und einen **Kostenvoranschlag,** der z. B. von einem Sanitätshaus erstellt werden kann. In der Regel wird die Krankenkasse keinen Zuzahlungsbeitrag erheben. Eine Ausnahme besteht für erforderliche Hilfsmittel, bei denen ein **Festbetrag** besteht. Hier trägt der Krankenversicherungsträger die **Kosten** nur bis zur **festgesetzten Höhe.**

Vor Anschaffung von Hilfsmitteln sollten sich der Patient und insbesondere die Angehörigen bei der Krankenkasse direkt informieren und die Hilfsmittel wenn möglich sogar vorher testen – hierbei kann auch der Ergotherapeut die Betroffenen beraten und zur richtigen Entscheidung beitragen.
Alle Kranken- und Pflegekassen stellen ihren Versicherten unterschiedliche Hilfsmittel (Rollstühle, Krankenbetten, Unterarmstützen u. a. aus ihrem Gerätelager auf Grundlage der Hilfsmittelkataloge als **Leihgeräte** zur Verfügung.

Pflegehilfsmittel von Pflegekassen

Zur Erleichterung der Pflege (nach **Einstufung nach den Vorgaben der Pflegeversicherung**) stellen die Pflegekassen Pflegehilfsmittel zur Verfügung, wenn diese nicht wegen Krankheit oder Behinderung von der Krankenkasse erbracht werden müssen. Den Umfang notwendiger Pflegehilfsmittel überprüft die Pflegekasse in **Zusammenarbeit** mit einer **Pflegefachkraft** oder dem **Medizinischen Dienst der Krankenversicherung.**

Empfehlung: Interessante Informationen über die Hilfsmittelversorgung im Alltag bietet die kostenlos zu beziehende Broschüre: »Ratgeber Schlaganfall«, Bundesministerium für Gesundheit, Referat Öffentlichkeitsarbeit, 53108 Bonn.

Hilfsmittel können über Sanitätshäuser bezogen werden.

Abb. 82: Gegen Wegrutschen gesicherter Teller mit erhöhtem Rand [9]

Abb. 83: Spezialbesteck [9]

Abb. 84: Spezielle Schnürsenkel [8]

Abb. 85: Greifhilfe [8]

10 Diagnostik

(A. Conzelmann)

10.1 Kraniale Computertomografie (CCT)

10.1.1 Definition

Die kraniale Computertomografie (CCT) ist ein Röntgenschichtverfahren, das auf einer computerisierten Messung von Dichteunterschieden der Gewebestrukturen beruht. Dadurch können Schädelkalotte, Gehirn und der spinale Bereich mit und ohne Kontrastmittel auf dem Monitor und als Bild dargestellt werden.

Das CCT ist neben der Kernspintomografie die wichtigste Methode zum Nachweis umschriebener oder diffuser Prozesse im Bereich des Gehirns und des Rückenmarks.

Die Beurteilung folgender Veränderungen ist möglich:

- Schädigung der knöchernen Schädelstruktur,
- Ödem/Schwellung,
- Blutung,
- Ischämie/Infarkt,
- Tumorwachstum im Bereich des Hirngewebes.

10.1.2 Technisches Verfahren

Mit einem computerisierten Messverfahren werden die Dichteunterschiede der einzelnen Gewebestrukturen ermittelt und dargestellt. Dies geschieht in Form einzelner Schichtaufnahmen. Die Anzahl der Schichten wird im Vorfeld der Untersuchung vom Radiologen festgelegt und in den Rechner eingegeben (eingezeichnet). Während der Untersuchung durchdringt ein 1 cm breites Röntgenstrahlenbündel die jeweils zu untersuchende Körperschicht und wird durch die verschiedenen Gewebe unterschiedlich geschwächt. Die wieder aus dem Körper austretenden Röntgenstrahlen werden von mehreren nebeneinander liegenden, strahlungsempfindlichen Messfühlern (Detektoren) registriert. Diese Messungen erfolgen fortlaufend, während sich Röntgenröhre und Detektorensystem um die Längsachse des Patienten drehen. Bei jeder Schichtaufnahme werden etwa 100 000 Messdaten aufgenommen und gespeichert. Schließlich entsteht ein Abbild der unterschiedlichen Gewebestrukturen des Schädelquerschnitts, das auf dem Monitor dargestellt und als Fotografie ausgegeben wird.

10.1.3 Beurteilungskriterien

Darstellung von Gewebestrukturen im CT

Je dichter die abzubildende Substanz ist, **umso heller (hyperdens)** erscheint sie im CT-Bild. **Je mehr zellarme Flüssigkeit** (Plasma, Liquor) ein Gewebe enthält, **umso dunkler (hypodens)** erscheint es im CT-Bild. Die unterschiedlichen Gewebestrukturen stellen sich im Einzelnen folgendermaßen dar:

- **Knochengewebe** stellt sich **weiß** dar.
- **Gehirn- und Rückenmarkgewebe** erscheint **grau.**
- **Liquor** zeigt sich **schwarz.**
- Frische Blutungen sind weiß bis hellgrau.
- Frische **Ischämien** sind im CT nicht sofort ersichtlich. Sie demarkieren sich **frühestens nach 1 Std.** und sind erst nach 12 bis 24 Std. als **hypodenses Areal** zu erkennen. Die dunkle Darstellung ergibt sich aus der vermehrten Wassereinlagerung in das ischämische Gewebe (Ödembildung).
- **Tumore** erscheinen **hyperdens.**
- **Kontrastmittelanreicherungen** erscheint ebenfalls **hyperdens.**

10.1.4 Indikation

Das Schädel-CT stellt die erste und wichtigste diagnostische Möglichkeit zur differenzierten Einteilung der Schlaganfälle in ischämische Insulte und Hirnblutungen dar.
Während eine Gehirnblutung auf dem Bild sofort als hell markiertes Areal (= hyperdens) sichtbar ist, zeigt ein ischämischer Hirnanteil frühestens nach einer Stunde erste Demarkierungen und lässt erst innerhalb von 24 Stunden einen dunklen Schatten in Insultgröße zurück. Dieser wird auch als hypodenses Areal bezeichnet.
An dieser Stelle wird deutlich, wie schwierig es ist, die Entscheidung für eine Lysetherapie zu treffen, da der Insult u. U. noch nicht auf dem CT-Bild zu sehen ist. Aussagekräftige Kriterien ergeben sich deshalb meistens aus der weiteren Symptomatik des Patienten. Das CT dient zu einem so frühen Zeitpunkt in erster Linie dem Ausschluss einer Hirnblutung!

10.1.5 Vor- und Nachsorge des Patienten

Pflegemaßnahmen

- Aufklärung des Patienten (durch den Arzt).
- Voraufnahmen mitnehmen.
- **Angst nehmen.**
- **Ruhe** vermitteln.

- **Zum Gelingen des CT's ist es unbedingt erforderlich, dass der Patient während der Untersuchung ruhig liegen bleibt!**
- **Kontakt** zum Patienten **aufnehmen** (Hand halten, Untersuchung erklären).
- Ggf. vor der Untersuchung Kreatininwert und Schilddrüsenwerte (TSH) ermitteln (Kontrastmittelapplikation!)
- Erfragen einer evtl. bereits bekannten Kontrastmittelallergie und Beachten von **Allergiezeichen.**
- **Nierenschale** wg. möglicher Übelkeitsreaktion bereithalten.
- **Infusions- und Schlauchsysteme** übersichtlich ordnen und befestigen.
- **Infusomat, Perfusor und Monitor** sollten durch integrierten Akku über ausreichende Kapazität verfügen, damit die Geräte während des Hin- und Rücktransports zum CT und auch während der Untersuchung **funktionstüchtig** bleiben.
- **Vitalparameter** während der Untersuchung im Blick behalten (**Monitor**).
- Patientenbeobachtung!
- Nach Gabe von Kontrastmittel für **ausreichende Flüssigkeitszufuhr** sorgen, damit das Kontrastmittel hinreichend über die Niere ausgeschieden wird!

Anmerkung: Da der Patient während der Untersuchung flach auf dem CT-Tisch liegt, kann dies in einzelnen Fällen ungünstige Auswirkungen auf den intrakraniellen Druck haben. Deshalb hat die **permanente Patientenbeobachtung** v. a. bei instabilen Patienten höchste Priorität!

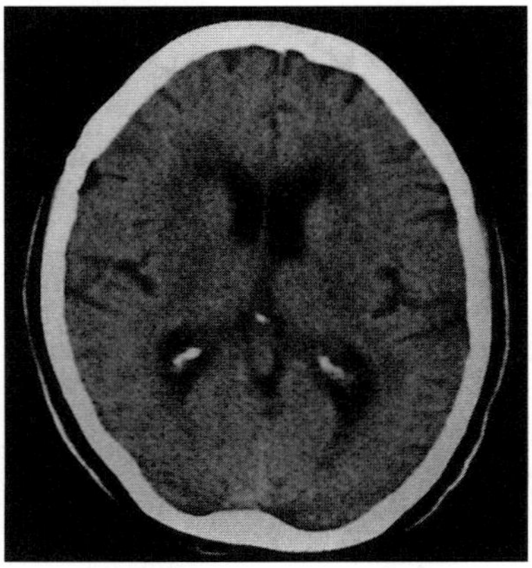

Abb. 86: CT-Bild [2]

Empfehlungen:

- Bei dieser Untersuchung entsteht – wie bei allen Röntgenverfahren – eine entsprechende Strahlenbelastung für den Patienten und die Untersuchungsumgebung.
- Sollte es während der Untersuchung notwendig sein, den Röntgenraum zu betreten, so sind die üblichen Schutzmaßnahmen (z. B. Anlegen von Bleischürze und Halsabdeckung) gegen die hohe Strahlenbelastung einzuhalten.
- Schwangere Bedienstete dürfen den Röntgenbereich nicht betreten.
- Im Idealfall wird die Untersuchung für diesen Zeitraum kurz unterbrochen.

10.2 Magnetresonanztomografie/MRT (Kernspintomografie)

10.2.1 Definition

Die Magnetresonanztomografie hat sich als bildgebendes Verfahren zur Ergänzung der Computertomografie bewährt.
Diese spezielle Untersuchungstechnik erlaubt die Herstellung geschichteter Aufnahmen des knöchernen Schädels, des Gehirns und des Spinalbereichs mit und ohne Kontrastmittel. MRT-Bilder sind aufgrund des speziellen Messverfahrens besonders detailreich und ermöglichen eine noch differenziertere Beurteilung der anatomischen Verhältnisse und Strukturen.
Die MRT gewinnt auch in der Schlaganfalldiagnostik immer mehr an Bedeutung. Da jedoch der Untersuchungsaufwand und auch die benötigte Zeit wesentlich höher liegen als beim CT, wird sie erst in zweiter Präferenz eingesetzt.

10.2.2 Technisches Verfahren

Jede Art von Gewebe enthält einen Anteil an Wasserstoffatomen. Im Kern jedes Wasserstoffatoms befindet sich ein Proton, welches stets – wie ein Kreisel – um seine eigene Achse rotiert.
Bringt man wasserstoffhaltige Materie, z. B. den menschlichen Körper in ein starkes künstliches Magnetfeld, so richten sich die Protonen im Magnetfeld aus. Sie werden durch spez. Hochfrequenzimpulse abgelenkt. Wird das Magnetfeld wieder abgeschaltet, so schwingen die Protonen unter Aussendung eines Signals von elektromagnetischen Wellen wieder in

ihre Ausgangslage zurück. Die Dauer der Rückkehrzeit heißt »Relaxationszeit« und wird als elektromagnetisches Signal gemessen. Damit erhält man gewebespezifische Kernspinresonanzsignale aus dem Körpergewebe, die mit Hilfe eines Computers ausgewertet und zu einem Schichtbild zusammengesetzt werden können.
Die bei der Messung ermittelten Relaxationszeiten und ihre Organ- oder Gewebeabhängigkeiten ergeben ein Tomogramm, u. a. zur Differenzierung von grauer und weißer Hirnsubstanz.
Das bei der MRT verwendete Kontrastmittel tritt bei gestörter Blut-Hirn-Schranke ins Parenchym über und dient so dem Nachweis einer Blut-Hirn-Schrankenstörung.

10.2.3 Beurteilungskriterien

Anders als im CT stellen sich knöcherne Strukturen und pathologische Verkalkungen aufgrund ihrer geringen Protonendichte signalarm dar. Dagegen wird z. B. das fettreiche Knochenmark des Wirbelkörpers signalintensiver abgebildet.

Beurteilbar sind v. a.

- anatomische Verhältnisse und Strukturen wie z. B. das Ventrikelsystem,
- die Gewebedichte,
- Blutungen,
- Tumore,
- Hirnödem.
- Ischämien:
  stellen sich früh dar, insbesondere ischämische Läsionen im Hirnstamm- und Kleinhirnbereich sind oft nur mit der MRT nachweisbar.
- Disseminierte demyelinisierende Prozesse (Multiple Sklerose),
- enzephalitische Herde,
- Blut-Hirn-Schrankenstörungen,
- Aneurysmen (MR-Angiografie).

10.2.4 Indikationen

- Ischämische Läsionen, v. a. im Hirnstamm- und Kleinhirnbereich.
- V. a. enzephalitische Herde.
- Differenzierung intrazerebraler, auch mehrzeitiger Blutungen.
- Sinusvenenthrombose.
- Nachweis von Hirn- und Rückenmarktumoren.
- Disseminierte demyelinisierende Prozesse.
- Bei unauffälligem CT-Befund und gleichzeitig vorliegendem klinischem V. a. einen Tumor oder ein Aneurysma.

10.2.5 Kontraindikationen

- Implantierte Schrittmacher.
- Sonstige Metallimplantate im Körper.
- Psychische Erkrankungen und Angstzustände, die aufgrund der räumlich beengten Verhältnisse zur Eskalation führen könnten.

10.2.6 Vor- und Nachsorge des Patienten

Pflegemaßnahmen

- Aufklärung (durch den Arzt).
- Voraufnahmen mitnehmen.
- **Angst nehmen.**
- **Ruhe vermitteln.**
- **Kontakt aufnehmen** (Hand halten, Untersuchung erklären).
- Kreatininwerte und Schilddrüsenwerte bei evtl. Kontrastmittelgabe ermitteln.
- Erfragen und Beachten evtl. bestehender **Kontrastmittelallergien.**
- **Unruhige Patienten** werden ggf. am Untersuchungstisch **fixiert** bzw. bekommen bereits vor der Untersuchung eine **entsprechende Medikation.**
- Durch das starke Magnetfeld gestaltet sich die **Patientenüberwachung** relativ **schwierig:** Bei Patienten mit Monitorüberwachung ist ein MRT-tauglicher, metallfreier Monitor mit Zubehör notwendig, Beatmungsgeräte müssen mit überlangen Schläuchen sehr weit vom Magnetfeld entfernt in einem anderen Raum aufgestellt werden.
- **Infusionen** können während der Untersuchung nur **frei laufend** (ohne Infusomat) akzeptiert werden, deshalb neutrale Lösungen verwenden (NaCl 0,9 %, Glucose 5 %).
- **Patientenbeobachtung.**
- **Infusions- und Schlauchsysteme** übersichtlich ordnen und befestigen.
- Nach Gabe von Kontrastmittel auf **ausreichende Flüssigkeitszufuhr** achten, damit es über die Niere hinreichend ausgeschieden wird, gleichzeitig auf **Diurese** achten.
- Auf **Allergiezeichen** achten: **Beobachtung von Haut, RR, Puls.**

> **Anmerkung:** Auch bei dieser Untersuchung liegt der Patient flach auf dem Untersuchungstisch, was in Einzelfällen ungünstige Auswirkungen auf den intrakraniellen Druck haben kann. Deshalb hat die permanente Patientenbeobachtung v. a. bei instabilen Patienten höchste Priorität!

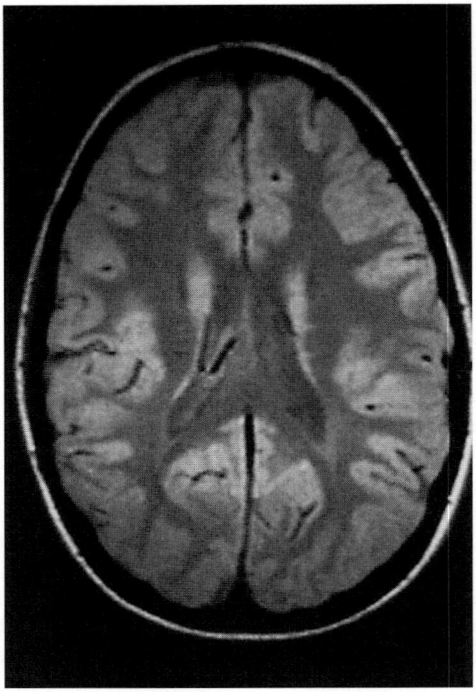

Abb. 87: MRT-Darstellung [2]

10.3 Zerebrale Angiografie

10.3.1 Definition

Kontrastmitteldarstellung der extra- und intrakraniellen Hirngefäße mittels Kathetertechnik. Man unterscheidet die **konventionelle Angiografie** von der **digitalen Subtraktionsangiografie** (DSA). Diese bietet aufgrund der digitalen Bildverarbeitung bei verkürzter Untersuchungszeit und reduziertem Komplikationsrisiko besonders kontrastreiche Einzel- und Serienaufnahmen, die frei von störenden Bildanteilen wie Knochen oder Weichteilen sind. Die **DSA** kommt besonders in der **Schlaganfalldiagnostik und -therapie** zum Einsatz.

10.3.2 Technik

Vorgehensweise

Punktionsort ist in der Regel die A. femoralis, seltener die Aa. brachialis/axillaris. Anschließend wird ein spezieller Katheter zum gewünschten Gefäß vorgeschoben. Dies kann z. B. der Aortenbogen, der Truncus brachiocephalicus, die A. carotis oder selektiv ein einzelnes Hirnarteriengefäß sein. Während das jodhaltige, wasserlösliche Kontrastmittel injiziert wird, erfolgt eine Serie von Röntgenaufnahmen. Bei der DSA wird zunächst ein Leerbild (Maske) und dann das eigentliche Bild der mit Kontrastmittel angefärbten Gefäße angefertigt; beide Bilder werden dann voneinander subtrahiert. Mit dieser Technik entsteht ein reines Gefäßbild, das sog. Subtraktionsbild.
Bei beiden Angiografiemethoden wird besonders auf die arteriellen, kapillären und venösen Füllungsphasen der Zielgefäße geachtet. Somit ist eine Beurteilung von Füllung, Anomalien, Kaliberschwankungen, Lumeneinengungen, Abbrüchen, Verlagerungen und Spasmen der Gefäße möglich.

10.3.3 Indikationen

Die zerebrale Angiografie ermöglicht insbesondere den Nachweis von

- Gefäßfehlbildungen wie z. B. Aneurysmen, Angiomen etc.,
- Stenosen,
- Verschlüssen,
- zerebralem Perfusionsstillstand bei Hirntod.

Therapiemöglichkeit

Außerdem stellt die DSA eine zusätzliche therapeutische Möglichkeit bei der Behandlung von Hirninfarkten dar. Sie dient der Rekanalisierung thromboembolisch verschlossener oder hochgradig eingeengter Hirngefäße durch lokale Thrombolyse oder Ballondilatation (perkutane transluminale Angioplastie = PTA).

10.3.4 Komplikationen

Da das Gefäßsystem in seiner Beschaffenheit zwar flexibel, aber stellenweise sehr filigran ist, und der Angiografiekatheter ein Fremdkörper ist, können bei dieser Untersuchung eine Reihe von Komplikationen auftreten:

- technisch ausgelöster thromboembolischer Verschluss mit nachfolgendem Infarkt,
- Gefäßspasmus,
- Gefäßruptur.
- Außerdem Kontrastmittelreaktionen des Patienten, z. B. anaphylaktischer Schock.

Pflegemaßnahmen

10.3.5 Vor- und Nachsorge des Patienten

Maßnahmen vor der Untersuchung:

- Ggf. Punktionsort rasieren (wenn vom untersuchenden Arzt erwünscht).
- Patienten nach Möglichkeit nüchtern zur Untersuchung bringen.
- Aktuelle Laborwerte mitgeben (insbes. Gerinnungsparameter, Kreatinin- und TSH-Wert).
- Sandsack mitnehmen.

Nach der Angiografie:

- Sandsack auf die Punktionsstelle legen.
- Bettruhe (bei Kompressionsverband 24 Std., bei Gefäßnaht mindestens 6 Std.).
- Stündliche Überwachung der Vitalwerte und Fußpulse.
- Stündliche Kontrolle der Punktionsstelle bzw. des Druckverbands.
- Nachblutung oder Hämatombildung frühzeitig erkennen, sofort Arzt benachrichtigen.
- Auf ausreichende Flüssigkeitszufuhr und Diurese achten.
- Auf Allergiezeichen achten: Haut, RR, Puls beobachten.

10.4 Dopplersonografie

10.4.1 Definition

Ultraschalluntersuchung der Gefäße zur Diagnostik extra- und intrakranieller Hirnarterienstenosen und -anomalien.

10.4.2 Technik

Zur Messung der Strömungsgeschwindigkeit innerhalb der Gefäße werden bleistiftartige Sonden verwendet, die einen Ultraschallsender und -empfänger (2–8 MHz) enthalten. Die von der Sonde ausgesandten Ultraschallsignale werden von den Erythrozyten des fließenden Blutes ebenfalls als Schall reflektiert. Dieser reflektierte Schall unterscheidet sich jedoch von dem ausgesandten Schall des Gewebes und wird als Strömungsbild bzw. Tonfolge dargestellt. Diese liegt im akustisch hörbaren Bereich, wird zusätzlich auf einem Bildschirm dargestellt und fortlaufend grafisch aufgezeichnet. Durch die akustische Bewertung des Dopplersignals, anhand der Form der registrierten Stromkurven, der systolischen und diastolischen Spitzenfrequenzen und der Erfassung von Strömungsrichtungen, Strömungsgeschwindigkeiten und Kollateralkreisläufen können Gefäßstenosen mit über 50 %iger Lumeneinengung ermittelt werden.

Direkte Dopplersonografie

Die Sonde wird beidseits in einem Winkel von 45° über die A. subclavia, vertebralis und carotis geführt. Ein gepresstes Geräusch weist hierbei auf eine Stenose, ein fehlendes Strömungssignal auf einen kompletten Gefäßverschluss hin. Eine Stenose > 50 % verursacht eine grafisch darstellbare Strömungsbeschleunigung, die mit vermehrter Stenosierung zunimmt.

Indirekte Dopplersonografie

Beschallt wird hierbei die A. supratrochlearis am medialen Augenwinkel. Man erhält beidseits ein kräftiges Signal, das bei einer hämodynamisch wirksamen Lumeneinengung der A. carotis absinkt und sich bei hochgradiger Stenosierung umkehrt.

Indikation

Früherkennung und präoperative Diagnostik **extrakranieller** Gefäßstenosen und -verschlüsse.

> **Merke:** Eine hämodynamisch relevante Stenose der A. carotis lässt sich in 90–95 % der Fälle mit Hilfe der Dopplersonografie exakt nachweisen.

Transkranielle Dopplersonografie

Hiermit können die Strömungssignale der großen Hirnbasisarterien geortet werden. Dabei dienen die relativ dünne Temporalschuppe, die Orbita und das Foramen occipitale magnum als »akustische Fenster«. Durch Kompression der A. carotis lässt sich die intrakranielle kollaterale Gefäßversorgung beurteilen.

Indikation

Dieses Verfahren ermöglicht die Diagnose **intrakranieller** Gefäßstenosen und -verschlüsse. Für ein Angiom ist eine hohe diastolische Fließgeschwindigkeit charakteristisch. Auch bei Vasospasmus ist die Blutfließgeschwindigkeit erhöht.

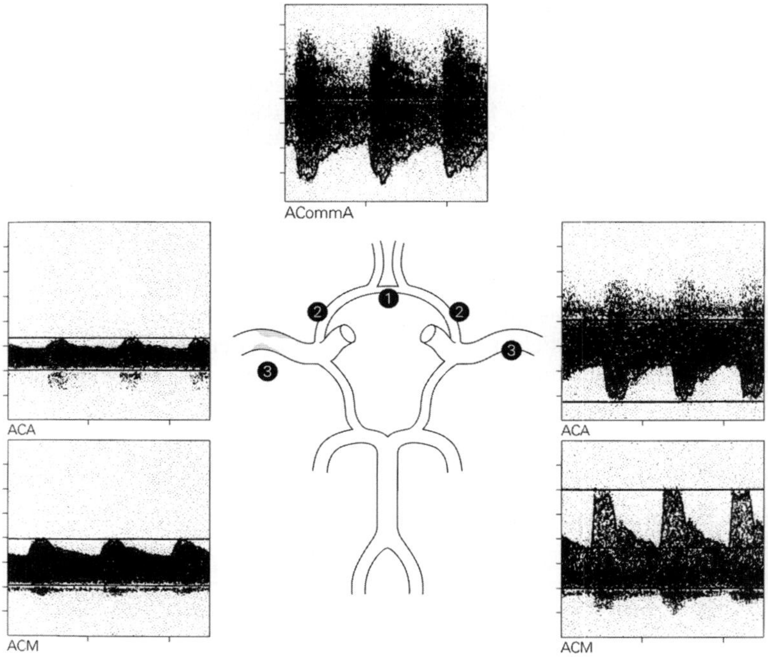

Abb. 88: Transkranielle Dopplersonografie [2]
(1) Ramus communicans
(2) A. circumflexa
(3) A. media

10.5 EEG (Elektroenzephalografie)

10.5.1 Definition

Das Elektroenzephalogramm (EEG) dient dem Nachweis umschriebener oder diffuser neurologischer Störungen (Allgemeinveränderungen), die durch tumoröse, traumatische, entzündliche Hirnprozesse, Ischämien, Intoxikationen u. a. verursacht werden.

10.5.2 Technik

Das EEG ist eine Ableitung von Potentialschwankungen der bioelektrischen Gehirnaktivität mittels **Oberflächenelektroden,** die auf der **Kopfschwarte** in einer **standardisierten Anordnung** angebracht werden. Die Untersuchung erfolgt in liegender, entspannter Position und bei geschlossenen Augen.

Elektrodenableitung

Mit Hilfe zweier Verschaltungsprinzipien, **bipolare Ableitung** und **Referenzschaltung,** lassen sich die unterschiedlichen Merkmale der zerebralen Aktivität darstellen.
Anhand der Elektrodenplatzierung können die aufgezeichneten Wellen den jeweiligen Hirnregionen zugeordnet werden, sodass pathologische Befunde grob lokalisiert werden können.

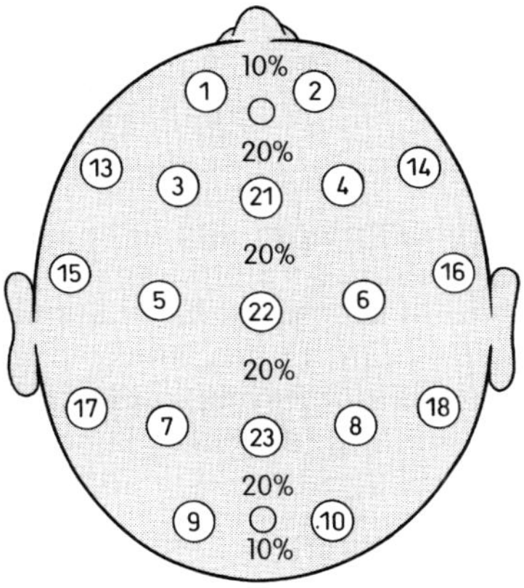

1 frontopolar links
2 frontopolar rechts
3 hochfrontal links
4 hochfrontal rechts
5 zentral links
6 zentral rechts
7 parietal links
8 parietal rechts
9 occipital links
10 occipital rechts
13 temporal vorne links
14 temporal vorne rechts
15 temporal mitte links
16 temporal mitte rechts
17 temporal hinten links
18 temporal hinten rechts
21 sagittal vorne
22 sagittal mitte
23 sagittal hinten

Abb. 89: Platzierung der EEG-Elektronen [1]

Tabelle 21: Beschreibung der Wellenformen im Elektroenzephalogramm

Wellenform	Frequenz	Lokalisation	Bedeutung
Alpha-Wellen	8–13/Sek.	okzipital betont	Physiologischer Grundrhythmus.
Beta-Wellen	14–30/Sek.	frontal betont	Vermehrtes Auftreten bei Anspannung und als Medikamenteneffekt (Benzodiazepine).
Theta-Wellen	4–7/Sek.	keine bevorzugte Lokalisation	Ausdruck einer Allgemeinveränderung bei generalisiertem Auftreten, Bedeutung als Herdbefund (Theta-Fokus) bei lokalisiertem Vorkommen.
Delta-Wellen	0,5–3/Sek.	keine bevorzugte Lokalisation	Ausdruck einer schweren Allgemeinveränderung bei generalisiertem Auftreten und als Herdbefund (Delta-Fokus) bei lokalisiertem Vorkommen.

10.5.2 EEG-Befunde

EEG-Normalbefund

Beobachtung

Typischerweise findet sich beim wachen und entspannten Gesunden ein okzipital betonter, regelmäßiger Alpha-Wellen-Grundrhythmus von 8–13/Sek. um 50 Mikrovolt mit Abflachung der Amplituden nach frontal und temporal. Beim Öffnen der Augen kommt es zu einer Desynchronisation der Alpha-Wellen, d. h. der regelmäßige Grundrhythmus wird unterdrückt (Alpha-Blockade), und es treten unregelmäßige Beta-Wellen über 13/Sek. auf.

Pathologische EEG-Befunde

EEG-Abweichungen

1. Allgemeinveränderungen

Dies sind diffuse Verlangsamungen des Grundrhythmus, welche sowohl während der physiologischen Schlafphasen als auch bei Störungen der Vigilanz (Somnolenz, Sopor, Koma,...) in charakteristischer Weise auftreten. Eine **Verlangsamung der Grundaktivität** beim wachen Patienten ist pathologisch und spricht je nach Ausprägung für eine leichte, mäßige oder schwere **Funktionsstörung des Gehirns.** Unterschiedliche Grade kommen bei erhöhtem Hirndruck, Intoxikation, Enzephalitis, zerebralen Durchblutungsstörungen und Demenz vor.

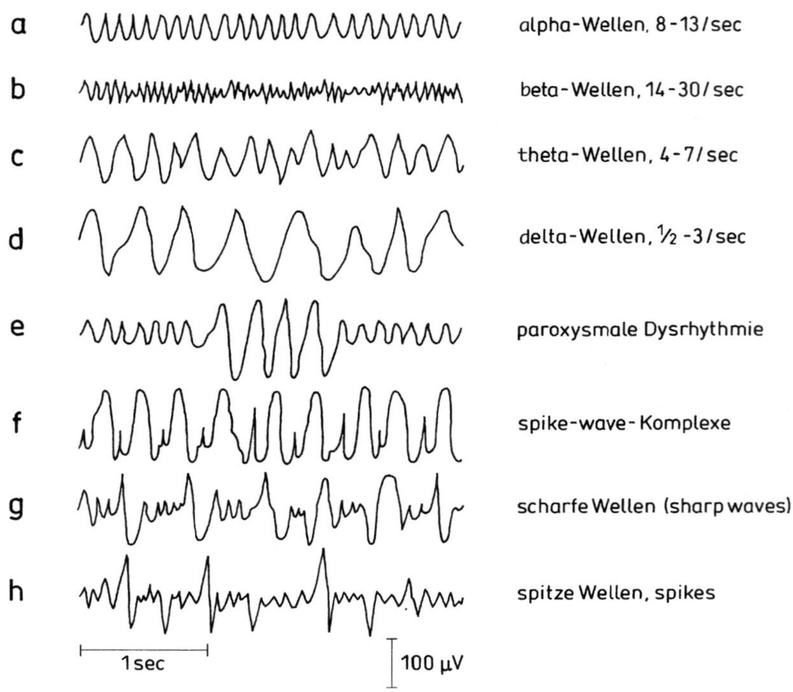

Abb. 90: Pathologische EEG-Befunde [1]

2. Herdbefund

Hierunter versteht man eine konstante oder inkonstante lokalisierte Verlangsamung der Grundaktivität oder eine umschriebene Abflachung des Alpha-Grundrhythmus. Meistens handelt es sich um Wellen aus dem Theta- und Deltafrequenzbereich bei vorherrschendem Alpha-Grundrhythmus.
Herdbefunde zeigen eine umschriebene **Störung der bioelektrischen Tätigkeit des Gehirns.** Zu den häufigsten Ursachen gehören Hirntumore.

3. Epileptische (steile und spitze) Potenziale

Während eines **epileptischen Anfalls** beobachtet man generalisierte oder fokale Spitzen mit langsamer Nachschwankung (**spikes and waves**).

10.6 Lumbalpunktion

Im Rückenmarkkanal und der Schädelkapsel befindet sich insgesamt ca. 160 ml Liquor. Dieser ist in der Regel wasserklar, kleinere Blutbeimengungen können auf die Verletzung eines Blutgefäßes bei der Punktion hindeuten und sind normalerweise harmlos. Hauptsächlich werden folgende Untersuchungen durchgeführt:

Diagnostik

- Bestimmung der Zellzahl (liegt physiologischerweise bei 12/3 Zellen, davon 70 % Lymphozyten und 30 % Monozyten),
- Zelldifferenzierung,
- bei V. a. bakterielle Infektionen auch Erregernachweis,
- Eiweißbestimmung,
- Elektrophorese, evtl. Immunelektrophorese,
- Immunglobuline einschließlich der Blut-Hirn-Schrankenfunktion (Anstieg der Albuminkonzentration),
- Glukosebestimmung.

10.6.1 Vorbereitung

Pflegetätigkeit

- **Information** und **Erklären** der Untersuchung.
- **Patienten** nochmals zur **Toilette** schicken.
- **Beruhigend** auf den Patienten **einwirken.**

10.6.2 Technik und Durchführung

Körperhaltung

Besonders wichtig sind eine optimale Körperhaltung des Patienten sowie für die Untersuchung geeignete Punktionsnadeln, sog. »Sprotte-Kanülen«. Diese sind besonders dünn, sodass eine Reduktion der Kopfschmerzen erreicht wird, und das postpunktionelle Syndrom (PPS) mit charakteristischem Kopfschmerz und Nausea ebenfalls erheblich seltener auftritt.

Die Punktion erfolgt in der Regel im Sitzen oder Liegen, wobei die sitzende Variante vorgezogen werden sollte. Hierzu wird der Patient gebeten, auf der Bettkante oder im Reitersitz auf einem Stuhl Platz zu nehmen. Anschließend sollte er versuchen, den unteren Teil des Rückens durch Vorbeugen so rund als möglich zu machen, damit sich die Dornfortsätze der Wirbelkörper im Lendenbereich möglichst weit auseinander dehnen (Katzenbuckelhaltung). Sitzt der Patient an der Bettkante, wird er von vorne von einer Pflegeperson abgestützt. Der auf der Seite liegende Patient krümmt den Rücken so, dass sich die Knie dem Kinn nähern.
Wichtig ist auch, dem Patienten während der Untersuchung die einzelnen Schritte der Maßnahme zu erklären und mitzuteilen:

- Markierung des Punktionsortes,
- Desinfektion,
- Einstich,
- Liquorentnahme.

Es erfolgt nun die Punktion des Zwischenwirbelraumes LWK 3/4 oder 4/5.

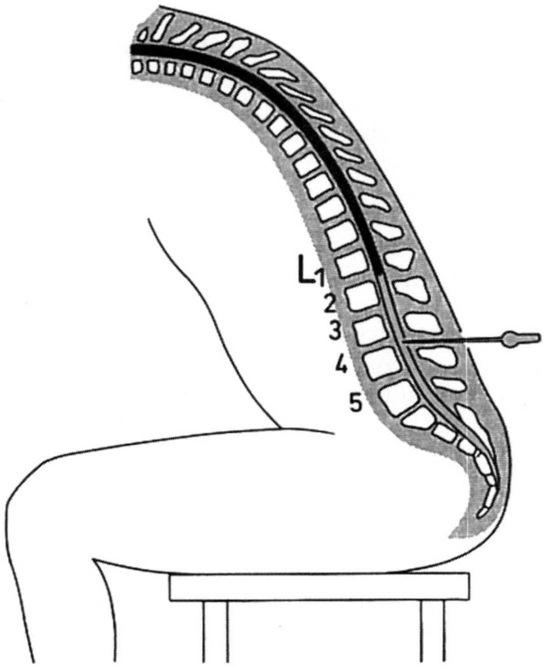

Abb. 91: Lumbalpunktion im Sitzen [1]

Nachdem die Kanüle richtig platziert ist, tropft sofort Liquor aus dem Kanülenansatz, der mit den bereitliegenden Untersuchungsröhrchen steril aufgefangen werden kann.

Nachbereitung

Nach beendeter Untersuchung genügt das Aufkleben eines mittelgroßen Wundpflasters; damit ist die Punktionsstelle ausreichend abgedeckt. Der Patient sollte nun für 1–2 Stunden flach auf dem Rücken oder dem Bauch liegen bleiben. Strenge Bettruhe ist jedoch nicht mehr nötig, sodass bereits nach kurzer Zeit der Gang zur Toilette erlaubt werden kann. Die Erholungszeit nach der Untersuchung sollte vom jeweiligen Befinden des Patienten abhängig gemacht werden; die früher in Lehrbüchern beschriebenen 24 Std. Bettruhe sind heute nicht mehr aktuell, da die Punktionsnadeln so fein geworden sind, dass die bekannten Nachbeschwerden Übelkeit und Kopfschmerzen eher selten geworden sind.

10.7 Wichtige Laborparameter

Nach der Aufnahme des Patienten auf die Station erfolgt in der Regel sofort die Blutentnahme. Bestimmt werden primär die relevanten Laborparameter, auch im Hinblick auf ein evtl. angestrebtes Lyseverfahren.

Hierfür werden auf jeden Fall benötigt:

Standardblutwerte

- Blutbild
- Gerinnung
- Protein S
- Protein C
- Blutgruppe
- Elektrolyte
- BSG (BKS)
- CRP
- Blutzucker
- Nieren- und Leberwerte (Harnstoff, Harnsäure, GOT, GPT, γ-GT, LDH)
- Schilddrüsenwerte wg. evtl. Kontrastmittelverabreichung (TSH)
- BGA ist wünschenswert.

Bei Verdacht auf und bei gesichertem Vorliegen von Hirngefäßerkrankungen ist die Bestimmung spezieller Blutwerte erforderlich. Die Laborparameter und Normwerte sind in Übersicht 5 auf S. 194 dargestellt.

Blutbild

Hämatokrit (HK)	Frauen	35–47%
	Männer	40–52%
Erythrozyten	Frauen	3,8–5,2 x $10^6/\mu l$
	Männer	4,4–5,9 x $10^6/\mu l$
Hämoglobin (Hb)	Frauen	12–16 g/dl7,4– 9,9 mmol/l
	Männer	13–18 g/dl8,1 11,2 mmol/l

Carboxylhämoglobin < 1% (erhöht bei Kohlenmonoxidvergiftung); Cave bei Rauchern erhöht!
MCV (HKt/Ery) 80–100 (Mittleres korpuskuläres Volumen – erhöht bei Azathioprin-Therapie)

Gerinnung

Partielle Thromboplastinzeit (PTT)	30–40 s
Plasmathrombinzeit (PTZ)	18–24 s (2- bis 3-fache Verlangsamung bei Vollheparinisierung)
Thromboplastinzeit (Quick)	70–120% (10–20% therapeutisch bei oraler Antikoagulation)
Fibrinogen	200–450 mg/dl
Antithrombin III	70–100%
Plasminogen	80–120%

Entzündliche Veränderungen (bei Angiitiden)

BKS		Frauen 1–15 mm/Std.	
		Männer 1–10 mm/Std.	
Eosinophile		2–4% (erhöhrt bei allergischer Granulomatose, Kollagenosen, Parasitosen, allergischen Erkrankungen)	
Antinukleäre Antikörper		< 1:4 (erhöht bei LE, anderen Kollagenosen, PCP, Hepatitis, Polymyositis, bestimmten Medikamenten)	
ds-DNS-Antikörper		< 25 U/ml (erhöht bei LE)	
Anti-Histon-Antikörper		– (erhöht bei medikamenteninduziertem LE)	
C1-Inaktivator		1,7–4,4 g/dl (hereditärer Mangel bei angioneurotischem Ödem)	
C3-Komplement		83–177 mg/dl (erniedrigt bei Kollagnosen, erhöht bei Arteriitis temporalis)	
C4-Komplement		15–45 mg/dl (erniedrigt bei Kollagenosen, erhöht bei Arteriitis temporalis)	
Immunglobuline	IgG	8–18 g/l	92–207 IU/ml (erhöht bei LE, PCP, M. Wegener)
	IgA	0,9–4,5 g/l	54–264 IU/ml (erhöht bei Panarteriitis, M. Wegener)
	IgM		
	Frauen	0,4–2,4 g/l	46–276 IU/ml (erhöht bei PCP, Arteriitis temporalis)
	Männer	0,6–2,5 g/l	69–287 IU/ml
	IgE	< 0,24 mg/l	< 100 IU/ml (erhöht bei Churg-Strauss-Syndrom, M. Wegener, Thrombangiitis obliterans)
C-reaktives Protein		< 0,5 mg/dl (Aktivitätsparameter)	
Anti-Elastin-Antikörper		1:8 (erhöht bei Thrombangiitis obliterans)	
Waaler-Rose-Test		0–5 IU/ml (erhöht bei PCP, Kollagenosen)	
Rheumafaktor-Latex-Agglutination		< 11 IU/ml (erhöht bei PCP, Kollagenosen)	
HBs-Antigen (Australia)		negativ (in 50% bei Panarteriitis nodosa nachweisbar)	
Angiotensin converting enzyme		44 –125 U/l (bei M. Boeck und Arteriitis temporalis erhöht)	

OKT 4/8 (Verhältnis Thymus-Helfer zu Suppressor-Zellen) 1–2,5

Gefäßrisikofaktoren

Glukose (nüchtern)		70–100 mg/dl bis 5,5 mmol/l	
HbA_1 (glykolisiertes Hb)		5–8% (Maß für mittleren Glukosespiegel der letzten 2 Monate)	
Glukosebelastung (75 g per os)		nach 1 h < 160 mg/dl < 8,8 mmol/l	
		nach 2 h < 120 mg/dl < 6,6 mmol/l	
		nach 3 h < 100 mg/dl < 5,5 mmol/l	
Insulin basal		5–24 μU/ml	58–172 pmol/l
Cholesterin		< 240 mg/dl	< 6,2 mmol/l
Triglyzeride		< 170 mg/dl	< 1,8 mmol/l
HDL	Frauen	> 55 mg/dl	> 1,42 mmol/l
	Männer	> 45 mg/dl	> 1,16 mmol/l

Zur Kontrolle der Hirndrucktherapie

Osmolarität	285–295 mosm/l

Übersicht 5: Spezielle Labordiagnostik bei Hirngefäßerkrankungen

10.8 Echokardiografie

10.8.1 Definition

Das sog. »Echo« ist eine für den Patienten schmerzfreie und dennoch sehr aussagekräftige Untersuchung zur Erfassung der anatomischen Herzstrukturen. Die Darstellung erfolgt, wie beim regulären Ultraschall auch, mittels eines Schallkopfes, der auf den Thorax aufgesetzt und manuell so bewegt wird, dass sich eine günstige Perspektive und Sicht auf das Herz auf dem Monitor ergibt.

Der Schallkopf fungiert als Sender und Empfänger, d. h. er erzeugt Schallwellen von 2,5–5 MHz, die von den unterschiedlichen Körperstrukturen reflektiert werden. Um die Leitfähigkeit der Ultraschallreflexion zu verbessern, wird ein spezielles Gleitgel, das auf den Schallkopf aufgetragen wird, verwendet.
Es gibt unterschiedliche **Methoden der Echokardiografie,** die **eindimensionale Untersuchungstechnik,** ein **zweidimensionales Schnittverfahren,** die **farbkodierte Doppler-Echokardiografie** und das **transösophageale Echo (TEE).** Zu letzterem Verfahren wird ein Gastroskop verwendet, an dessen Ende sich der Schallkopf befindet. Die Untersuchung erfolgt über die Speiseröhre und erlaubt eine verbesserte Erkennung von Thromben im linken Vorhof, endokarditischen Veränderungen der Herzklappen oder der Dissektion eines Aortenaneurysmas. Hierzu sollte der Patient unbedingt nüchtern sein!

10.8.2 Indikationen

- Nachweis von Herzklappenfehlern, Perikardergüssen, Veränderungen von Vorhöfen, Kammern und Septum.
- Beurteilung der Pumpleistung des Herzens (Ventrikelfunktion).
- **Doppler-Echo:** Herzklappeninsuffizienz, intrakardiale Shunts, Änderungen der Fließrichtung und -geschwindigkeit des Blutes innerhalb des Herzens.

11 Externe Liquordrainage

(P. Manz)

11.1 Liquor

Definition: Der Liquor ist wasserklar, er enthält wenige Zellen (0/3–12/3) und etwas Eiweiß (25–40 mg %). Er wird im III. und IV. Ventrikel sowie im Plexus choroideus der beiden Seitenventrikel gebildet. Die Menge des Liquors beträgt ca. 150 ml. In einem Zeitraum von 24 Stunden werden ca. 400–500 ml Liquor produziert, d. h., dass der gesamte Liquor in dieser Zeit mehrmals ausgetauscht werden kann. Der Liquordruck beträgt im Liegen etwa 7–12 cm H_2O.

Seine Aufgaben sind:

Funktionen

- das Gehirn und Rückenmark mit Nährstoffen aus dem Blut zu versorgen und Stoffwechselprodukte aus dem Nervengewebe an das Blut zurückzugeben,
- das Nervengewebe wie ein Wasserkissen z. B. vor schädigender Stoßeinwirkung oder Druck zu schützen.

11.2 Indikationen zur Anlage einer externen Liquordrainage

Externe Liquordrainagen werden angelegt, wenn der natürliche Reabsorptionsprozess und die Drainage des Liquors gestört ist, und die Gefahr einer Liquorstauung mit nachfolgender Hirndrucksteigerung und Bewusstseinsverlust besteht.

Diagnostische oder therapeutische Liquorableitung

- **Bei Störung der Liquorzirkulation bzw. Liquorresorption** → Hydrozephalus,
- **zur Behandlung postoperativer Wundheilungsstörungen** → Liquorfisteln bei Nahtdehiszenzen (klaffende Nahtränder), Liquorkissen etc.,
- **zu diagnostischen Zwecken** → Eruierung von Störungen der Liquorzirkulation bzw. Liquorresorption,
- **zur Senkung des Liquordrucks** während einer Operation,
- **bei Subarachnoidalblutungen,**

- **bei Vorliegen intrazerebraler Blutungen und bei Hirntumoren**, die zu einer Verlegung der Liquorabflusswege führen.

11.3 Möglichkeiten

Man unterscheidet zwei Möglichkeiten der externen Liquordrainage:

1. die Hirnventrikel-Liquordrainage (normalerweise in einem der Seitenventrikel),
2. die lumbale Liquordrainage im spinalen Subduralraum.

> **Vorsicht:** Da bei der Implantation der Drainage immer die Dura eröffnet wird, müssen sämtliche Manipulationen an der Drainage, dem Ablauf, dem Sammelgefäß und dem evtl. angeschlossenen Druckmesssystem unter Einhaltung steriler Kautelen erfolgen. Nach spätestens 15–20 Tagen ist statistisch gesehen nahezu jedes Drainagesystem verkeimt, und es besteht eine Infektionssituation.

11.4 Die Hirnventrikel-Liquordrainage

Bei einer externen Hirnventrikel-Liquordrainage wird Liquor aus den Hirnkammern künstlich nach außen abgeleitet. Die Drainage setzt sich in der Regel aus vier Hauptkomponenten zusammen:

Zusammensetzung

- Ventrikelkatheter,
- Verbindungsschlauch,
- Tropfkammer mit Rückflussventil,
- Ableitungsschlauch mit Sammelgefäß.

Methoden

Es gibt verschiedene Methoden zur Anlage einer Hirnventrikeldrainage. Normalerweise bohrt der Neurochirurg in Lokalanästhesie oder Vollnarkose eine rechtsfrontale Öffnung in die Schädelkalotte. Durch diese Öffnung schiebt er anschließend einen Silikonschlauch bis in den Seitenventrikel vor. Der Silikonschlauch wird subkutan am Kopf nach außen geführt und sicher fixiert. An diesen Katheter wird das externe Ventrikeldrainagezubehör angeschlossen.

11.4.1 Überwachung nach der Implantation

Direkt nach der Implantation muss neben der üblichen postoperativen Überwachung die Wundumgebung im Bereich der Implantationsstelle beobachtet werden.

Gefahren sind:
Einblutung, Hämatombildung, Liquoraustritt, Bildung von Liquorkissen.

11.4.2 Längerfristige Maßnahmen

Zu den längerfristigen Maßnahmen gehören:

Überwachungsmaßnahmen

a) **Klinische Überwachung:** Vigilanz, Monitoring (HF, RR, SpO_2, Temp.), Motorik, Pupillenreaktion.
b) **Überwachung der korrekten Drainagefunktion:** Höheneinstellung, Dichtigkeit, Durchgängigkeit (pulssynchrones Schwanken des Liquorspiegels), Fördermenge, Füllungszustand.
c) **Makroskopische Beurteilung des Liquors:** Menge, Farbe, Beimengungen.

11.4.3 Komplikationen und Maßnahmen zur Vermeidung von Störungen

11.4.3.1 Überdrainage

Definition: Unter Überdrainage versteht man das Fördern zu großer Liquormengen pro Zeiteinheit.

Ursache

Zur Überdrainage kommt es, wenn die Tropfkammer der geöffneten Drainage unter Kopfniveau hängt. Die zu tief hängende Drainagetropfkammer kann eine Sogwirkung auslösen, die die Ventrikel leer saugt. Mögliche Folgen sind z. B. Krampfanfälle, intrazerebrale Blutungen, Verschiebungen des Hirngewebes mit Einklemmung des Mittelhirns im Tentoriumschlitz (obere Einklemmung).

Vermeiden einer Überdrainage

Pflege

Die Drainage muss bei allen Maßnahmen mit veränderter Position des Kopfes geschlossen werden. Dies gilt insbesondere bei der Mobilisation, bei Lagerungsmaßnahmen und Umlagerung sowie bei Änderungen der Betteinstellung. Bevor die Drainage wieder geöffnet wird, muss die Tropfkammer auf der richtigen Höhe angebracht werden. Die Höhe der Nullpunkte (Foramen Monroi) in Seiten- und Rückenlage, von welchen aus die Drainagenhöhe eingestellt wird, müssen allen Pflegepersonen bekannt sein und stets beachtet werden.

Hinweis: Patienten, die bereits mobilisiert sind und selbstständig aufstehen können, müssen sorgfältig in den Umgang mit einer externen Ventrikeldrainage eingewiesen sein. Wichtig ist vor allem das Schließen der Drainage vor der Mobilisation. Patienten, die nicht in der Lage sind, diese Maßnahme zuverlässig durchzuführen, müssen konstant überwacht werden. Wenn die Gefahr besteht, dass sich der Patient (z. B. im Durchgangssyndrom) die Drainage zieht, müssen Arme oder Hände unter Einhaltung rechtlicher Vorgaben fixiert werden.

11.4.3.2 Infektionsrisiko

In der Literatur wird die Infektionsrate mit 0 bis 27 % angegeben. Statistisch gesehen ist grundsätzlich jedes Drainagesystem nach einer Liegedauer von mehr als 15 bis 20 Tagen verkeimt. Daher sollte täglich Liquor zur mikrobiologischen Untersuchung abgenommen werden. Die Entnahme von Liquor und die Diskonnektion des Systems mit Liquoraustritt stellen jedoch eine zusätzliche Infektionsgefährdung dar.

Vermeidung einer Infektion

Die Infektionsprophylaxe ist durch Einhalten allgemeiner Hygieneregeln und durch aseptisches Vorgehen bei allen Maßnahmen und pflegerischen Verrichtungen im Bereich des Drainagesystems möglich.

11.4.3.3 Verlegung der Drainage

Ursachen für eine Verlegung

Häufig ist der drainierte Liquor blutig. Da die geförderte Liquormenge i. d. R. sehr gering ist, neigt die visköse Flüssigkeit dazu, sich im Drainagesystem abzusetzen (zu sedimentieren). Die **Sedimentation** kann schließlich zum Verschluss des Systems führen, wodurch zu wenig oder gar kein Liquor mehr drainiert wird. Auch **Blutkoagel** oder **Gewebeteile** können das System verlegen. Bei einem Verschluss durch Verlegung der Drainage muss der Arzt die Durchgängigkeit des Systems durch Aspirieren oder Spülen wiederherstellen.

Vermeidung einer Verlegung

Beobachtung

Eine Verlegung des Drainagesystems kann, da keine zusätzliche Spülung angeschlossen werden darf, kaum vermieden werden. Die Verlegung des Systems muss so früh als möglich erkannt werden. Das sicherste Zeichen für die Durchgängigkeit der Drainage ist das **pulssynchrone Schwanken des Liquorspiegels im Drainageschlauch.** Wenn intermittierend eine Liquordruckmessung über **Monitor** durchgeführt wird, muss zusätzlich zur **digitalen Anzeige** die **puls- und atemsynchrone Druckkurve** als Zeichen für ein durchgängiges System angezeigt werden.

11.4.3.4 Diskonnektion

Durch die Vielzahl der einzelnen Komponenten des Drainagesystems ist die Gefahr, dass sich eine Konnektionsstelle lockert und Liquor austritt, sehr groß.

Vermeidung von Diskonnektionen

Schwachstellen des Systems

Um diese Komplikation zu vermeiden, sind die Hersteller dazu übergegangen, sämtliche Konnektionsstellen zu verschweißen. Es muss aber dennoch darauf geachtet werden, dass das System, insbesondere die **Verbindung zum Ventrikelkatheter,** stets fest verschraubt und dicht ist. Eine weitere Schwachstelle im Bereich des Drainagesystems können **Dreiwegehähne** und **Liquorentnahmedepots** sein. Dreiwegehähne sind besonders bruchgefährdet.

11.4.3.5 Dislokation

Ursachen

Die Lageveränderung des Ventrikelkatheters führt meist zum Drainagestopp. Zur Dislokation kommt es meistens bei Lagerungs- und Umlagerungsmaßnahmen, Transporten und bei der Mobilisation. Mitunter werden die Katheter aber auch schon vom Chirurgen nicht ganz sicher fixiert, da manche Drainagesysteme nur eine unzureichende Fixierungsmöglichkeit haben.

Vermeidung einer Dislokation

Pflege

Schon die Tatsache, dass das Drainagesystem evtl. nicht sicher fixiert sein könnte, zeigt die Notwendigkeit, besonders vorsichtig damit umzugehen. Besonders das Ableitungssystem muss, da es bei vollem Drainagebeutel sehr schwer sein kann, sicher fixiert werden, um starken Dauerzug oder eine plötzliche Zugbelastung durch Herabfallen des Beutels zu vermeiden.

> **Merke:** Das Pflegepersonal trägt entscheidend dazu bei, Komplikationen bei der täglichen Versorgung des Drainagesystems zu verhindern. Um Gefahren vom Patienten abzuwenden, ist es wichtig, das Personal grundlegend in den Umgang mit einer Liquordrainage einzuweisen. Die Herstellerangaben zu den jeweiligen Systemen müssen beachtet werden.

11.5 Wechsel des Drainagesystems

Drainagesysteme werden bei Bedarf (z. B. bei Verstopfung etc.), spätestens jedoch nach sieben Tagen gewechselt. Der Drainagewechsel muss unter strengster Einhaltung hygienischer Richtlinien erfolgen.

11.6 Entfernen der externen Hirnventrikeldrainage

Die Entfernung des Drainagekatheters ist in der Regel unproblematisch. Nachdem die Ableitung des Liquors bzw. die Messung des Liquordrucks beendet ist, wird der Drainagekatheter vorsichtig vom Arzt entfernt. Nach der Entfernung wird die Wundumgebung einige Zeit genau beobachtet (Einblutung, Liquoraustritt, Liquorkissen). Der Patient wird anschließend wegen der Gefahr des Einblutens, der Hämatomentwicklung u. a. engmaschig überwacht.

Überwachung

11.7 Lumbale Liquordrainage

Bei einer externen lumbalen Liquordrainage wird der Liquor aus dem Gehirn- und Rückenmarkkanal künstlich nach außen abgeleitet. Die Drainage setzt sich in der Regel ebenfalls aus vier Hauptkomponenten zusammen:

- Lumbaler Katheter
- Verbindungsschlauch
- Tropfkammer
- Ableitungsschlauch mit Sammelgefäß.

Die Implantation der lumbalen Liquordrainage kann ambulant erfolgen. Der lumbale Katheter wird in der Regel im Bereich LWK 3/4 bzw. 4/5 eingebracht. Der Katheter wird ca. 5 bis 10 cm nach kranial vorgeschoben und sicher auf der Haut fixiert. An den Katheter wird das Drainagezubehör angeschlossen.

Indikation

Drohende oder vorliegende Liquorfisteln nach Kraniotomien, transsphenoidalen Hypophysenoperationen und Frontobasisrevisionen.

Liegedauer

3 bis 5 Tage.

Kontraindikation

Drohender oder manifester Hirndruck wegen Einklemmungsgefahr.

Referenzpunkt

Als Referenzpunkt für die Höhenbestimmung der Drainage gilt der äußere Gehörgang. Der Referenzpunkt in Seitenlage muss vom Arzt festgelegt werden.

Höheneinstellung

Besonderheiten bei der Pflege

Auf welcher Höhe die Drainage angelegt wird, muss vom Arzt schriftlich angeordnet werden. Grundsätzlich wird die lumbale Drainage nicht mehr als 15 cm unterhalb des äußeren Gehörganges angelegt. **Kein Teil der Drainage darf unterhalb der Matratzenunterkante hängen.** Zur Mobilisation und für den Transport muss die Drainage abgeklemmt werden.

Entfernung der Drainage

Infektionsprophylaxe

Das Ableitungssystem wird durch den Arzt entfernt. Die Einstichstelle muss luft- und wasserdicht abgedeckt werden, um ein Einströmen von Luft und das Eindringen von Keimen in das Schädelinnere zu verhindern.

> **Hinweis:** Die Überwachungsmaßnahmen und die pflegerische Versorgung der lumbalen Liquordrainage entsprechen ansonsten den Maßnahmen bei der externen Ventrikeldrainage.

12 Wichtige Medikamente kurz und knapp

(P. Manz)

12.1 Wirkstoff: Epinephrin (Präparat z. B. Suprarenin®)

Epinephrin entspricht dem körpereigenen Adrenalin.
Anwendung: Anaphylaktischer Schock, Asthma bronchiale, Reanimation bei Asystolie. (Der septische Schock wird mit Antibiotika, der kardiogene Schock mit Digitalis-Präparaten behandelt.)
Wirkung: Adrenalin ist das Katecholamin der Wahl bei der Reanimation. Es gehört zu den Sympathomimetika und erregt die Alpha- und Betarezeptoren.

Suprarenin®

Wirkung am Herzen

- **erhöht** die **Herzfrequenz** (positiv chronotrope Wirkung),
- **erhöht** die **Kontraktionskraft** der Herzmuskulatur (positiv inotrope Wirkung),
- **erhöht** die **Reizbildungsfähigkeit** (positiv bathmotrope Wirkung),
- **erhöht** die **Erregungsleitung** (positiv dromotrope Wirkung).

Dosierung: Verdünnung zur i. v. -Bolusgabe: 1 Amp. 1:10 verdünnen, d. h. 1 Amp. Suprarenin® aufziehen und mit 9 ml NaCl 0,9% eine 10 ml Lösung herstellen. Im 25 ml Fläschchen Suprarenin® ist 1 ml = 1 Amp. Adrenalin. Die 1:10 Lösung wird fraktioniert verabreicht. Bleibt die Wirkung aus, ist eine Dosiserhöhung bis 0,1 mg/kg KG möglich. Perfusor nach Anordnung (5–10 Amp. mit NaCl). Endobronchiale Gabe von 2–3 mg (verdünnt auf 10 ml) über Tubus. Bei schweren anaphylaktischen Reaktionen eine verdünnte Amp. i. v. vor der Gabe von Kortikoiden.

Lagerungshinweis: 25 ml-Fläschchen Suprarenin® (s. o.) müssen im Kühlschrank gelagert werden.

Wirkungseintritt: i. v. sofort.

Wirkungsdauer: 2–10 Min.

Kontraindikation: bei Reanimation keine.

Sonstiges:
Unerwünschte Nebenwirkung: Weitstellung der Pupillen (Erfolg der Reanimation ist schlecht beurteilbar). Evtl. erwünschte Nebenwirkung: Kammerflimmern (Möglichkeit zur Defibrillation).

12.2 Wirkstoff: Norepinephrin (Präparat z. B. Arterenol®)

Norepinephrin entspricht dem körpereigenen Noradrenalin.
Anwendung: Schock, therapieresistente Hypotonie, **Antidot** bei Überdosierung von Vasodilatanzien (gefäßerweiternde und dadurch blutdrucksenkende Medikamente wie z. B. Nitroglyzerin: Perlinganit®).
Wirkung: Noradrenalin steigert den Blutdruck (Vasokonstriktor) durch Erhöhung des peripheren Widerstands. Arterenol® wird in der Intensivmedizin z. B. beim septischen Schock (Zustand mit niedrigem periphervaskulärem Widerstand) verwendet.
Dosierung: Verdünnung zur i. v. -Bolusgabe 1 : 50 (0,2 ml Arterenol® mit 9,8 ml NaCl 0,9 % in 10 ml-Spritze), 1 : 10 (1 ml = 1 Amp. mit 9 ml NaCl 0,9% in 10 ml-Spritze), später evtl. Dosiserhöhung ohne Verdünnung. Perfusor nach Anordnung (5–10 Amp. mit NaCl 0,9%).
Lagerungshinweis: 25 ml-Fläschchen Arterenol® müssen im Kühlschrank gelagert werden.
Wirkungseintritt: i.v. sofort.
Wirkungsdauer: 1 bis 2 Min.
Kontraindikation: bei Reanimation keine.

12.3 Atropinsulfat (Atropin)

Anwendung: Atropin wird bei unterschiedlichsten Erkrankungen angewendet, bei der Reanimation dient es zur Behandlung bradykarder Rhythmusstörungen. Es ist **Antidot** bei Vergiftung mit Parasympathomimetika und Pflanzenschutzmitteln.
Wirkung: Es gehört zur Gruppe der Parasympatholytika. Diese Substanzklasse ist in der Lage, die Wirkung des Parasympathikus zu blockieren. Da der Parasympathikus die unterschiedlichsten Organfunktionen beeinflusst, besitzt Atropin eine Vielzahl von erwünschten und auch unerwünschten Wirkungen. Hier wird nur die Anwendung bei Reanimation beschrieben. Atropin wirkt durch Hemmung der Vaguswirkung am Herzen Herzfrequenz steigernd. Es verbessert die Reizleitung von den Vorhöfen in die Kammern. Bei Asystolie ist die Wirkung von Atropin nicht erwiesen, deshalb wird es erst nach Gabe von Adrenalin angewendet.
Dosierung: Bei Vergiftung mit Insektiziden der Organphosphatgruppe aufsteigende Dosierung. Zunächst Verabreichung von 5 mg, dann 10 bis 100 mg bis zum Abklingen der Symptome. Bei Asystolie 1,0 mg (2 Amp. à 0,5 mg) i. v., evtl. wiederholte Applikation nach 5 Min.
Wirkungseintritt: Bei i. v.-Gabe nach 1 bis 2 Min.
Wirkungsdauer: bis zu 2 Stunden.

Paradoxe Wirkung

Nebenwirkungen: Pupillenerweiterung, Atropindosen unter 0,5 mg können paradoxerweise eine Bradykardie auslösen.

Kontraindikation: Im Notfall keine. Vorsicht bei KHK, Vorhofflimmern, absoluter Arrhythmie und Schilddrüsenüberfunktion.

12.4 Orciprenalinsulfat (Alupent®)

Anwendung: Die Hauptindikation für Alupent® ist im Notfall eine bradykarde Herzrhythmusstörung, die auf Atropingabe nicht anspricht. Bei AV-Blockierung III. Grades ist Alupent® wirkungsvoller als Atropin.
Wirkung: Alupent® wirkt auf β1- und β2-Rezeptoren. Eine Anregung dieser Bindungsstellen führt am Herzen zu einer Steigerung der Frequenz und der Kontraktilität sowie zu einer Zunahme der Überleitungsgeschwindigkeit. Alupent® bewirkt eine Erschlaffung der Bronchialmuskulatur.
Dosierung ½-1 Ampulle (0,25–0,5 mg) i. v. Als Perfusor eine 5 mg-/10 ml-Ampulle in NaCl 0,9 % oder G 5 %.
Wirkungseintritt: i. v. nach ca. 1–2 Min., Tropfen per os nach ca. 3 Min.
Wirkungsdauer: i. v. ca. 30–60 Min.
Nebenwirkungen: Blutdruckabfall, Tachykardie bis hin zu Kammerflimmern.
Kontraindikation: Im akuten Notfall keine. Vorsicht bei frischem Myokardinfarkt.

12.5 Nifedipin (z. B. Adalat®)

Anwendung: Hypertensive Krise und Angina pectoris.
Wirkung: Nifedipin ist ein Kalziumantagonist, d. h. es bewirkt eine transmembranäre Influxhemmung (Hemmung des Kalziumeinstroms in die Herzmuskelzelle). Bei Nifedipin steht die Weitstellung der Blutgefäße (der Koronararterien und anderer Keislaufgebiete) im Vordergrund. Der periphere Widerstand nimmt ab (Nachlast), was bei gleichbleibender Herzarbeit eine Blutdrucksenkung zur Folge hat.
Dosierung: Kapsel (5–10 mg) zerbeißen und möglichst mit Flüssigkeit schlucken lassen. Ist der Patient hierzu nicht in der Lage, die Kapsel mit einer Kanüle anstechen und sublingual auspressen. I. v. 5 mg auf 50 ml Lösungsmittel über Perfusor (lichtgeschützt infundieren, da chemisch instabil gegen Licht), i. d. R. mit 2–12 ml/h (ärztl. Anordnung).

Pflegerische Maßnahmen

Wirkungseintritt: i. v. sofort bis etwa 1 Min. Sublingual 5–10 Min. und oral 20 Min. (Kapsel zerbeißen und schlucken lassen). **Die max. Plasmakonzentration ist i. v. nach ca. 10–15 Min. sublingual und p. o. nach ca. 0,5–1,5 Stunden erreicht.**
Wirkungsdauer: Bis etwa 6 Stunden, sublingual ca. 1 Stunde.
Nebenwirkung: Durch die gefäßerweiternde Wirkung kommt es zu Kopfschmerzen und evtl. überschießender Blutdrucksenkung.

Kontraindikationen: Schwere Hypotonie, Schock, Schwangerschaft, Eklampsie.

12.6 Cafedrin/Theodrenalin (Akrinor®)

Anwendung: Hypotonie und vegetative Dysregulation.
Wirkung: Akrinor® ist ein Kreislaufanaleptikum und gehört zur Gruppe der β-Sympathomimetika. Es erhöht den Blutdruck (systolisch mehr als diastolisch). Das Herzminutenvolumen wird gesteigert. Das Myokard wird besser durchblutet und der venöse Rückfluss nimmt zu.
Dosierung: i. v. ½–1 Ampulle langsam (ca. 1 ml/Min.), i. m. 1 Ampulle (2 ml). Zur Schockbehandlung 1–2 Ampullen in 500 ml Trägerlösung (z. B. Gelafundin®).
Wirkungseintritt: i. v. sofort, i. m. nach ca. 5–10 Min.
Wirkungsdauer: i. v. (Cafedrin) ca. 1 Stunde, i. m. ca. 60–90 Min.
Nebenwirkung: Hypertonie, Tachykardie, Extrasystolie, pektanginöse Beschwerden, Palpitationen (Herzklopfen). Aufgrund des Natriumdisulfitgehaltes kann es im Einzelfall, insbesondere bei Bronchialasthmatikern, zu Überempfindlichkeitsreaktionen wie keuchender Atmung, Asthmaanfall, Bewusstseinsstörungen oder Schock kommen.
Kontraindikation: Mitralstenose, Engwinkelglaukom, schwere Koronarinsuffizienz.

12.7 Theophyllin (Bronchoparat®, Euphyllin®)

Anwendung: Akute Zustände der Atemnot aufgrund einer Obstruktion der Atemwege infolge Asthma bronchiale, Status asthmaticus oder Lungenemphysem. Akute Rechtsherzinsuffizienz.
Wirkung: Theophyllin wirkt auf verschiedene Organsysteme, in der Atemtherapie wird es hauptsächlich unter dem Aspekt der Bronchodilatation eingesetzt. Auf zentraler Ebene kommt es zu einer Herabsetzung der Krampfschwelle. Auf den Herzmuskel hat es eine positiv chronotrope (Frequenz) und positiv inotrope (Kontraktionskraft) Wirkung. Die peripheren Gefäße werden ohne Blutdrucksenkung erweitert.
Dosierung: Starre Dosisempfehlungen gibt es nicht. Initial ca. 1 Amp. Bronchoparat® 200 mg langsam i. v. (10 ml mind. über 2 Min. injizieren). Über Perfusor 3 Amp., also 600 mg in NaCl 0,9 %. Erhaltungsdosis ca. 0,6 mg/kg KG/h.
Wirkungseintritt: i. v. nach Minuten.
Wirksame Plasmakonzentration: 10 bis 20 µg/ml oder 55–110 µmol/l.
Die Werte sind abhängig von der **Bestimmungsmethode.** Die in der **Klinik gebräuchliche Methode** muss berücksichtigt werden!
Wirkungsdauer: 2–4 Stunden.

Inkompatibilitäten: Glukose- oder Fructose-Lösungen, Opiate, verschiedene Antibiotika, Phenothiazine, z. B. Prometazin (Atosil), Phenytoin (Phenhydan®, Zentropil®). Unverträglichkeit
Nebenwirkungen: Zerebrale Vasokonstriktion, Unruhe, Tremor, Kopfschmerzen, Krampfanfall, Herzklopfen, Tachykardie, Rhythmusstörungen.
Kontraindikationen: Epilepsie, Hyperthyreose, Tachykardie, kardiogener Schock.

12.8 Clonidin (Catapresan®)

Anwendung: Hypertensive Krise, Opiatentwöhnung, Delirium tremens nach Alkoholentzug.
Wirkung: Catapresan® ist ein Alpha-Sympathomimetikum mit zentralem und peripherem Angriffspunkt. Es senkt den Blutdruck durch Herabsetzung des Herzzeitvolumens. Zu einer Abnahme der Herzfrequenz kommt es, da Clonidin die Empfindlichkeit des Barorezeptors erhöht und damit die vagale Aktivität am Herzen verändert. Clonidin hat auch analgetische, anxiolytische (angstlösende), zentral dämpfende und antimanische Wirkung.
Dosierung: Hypertensive Krise: ½–1 Ampulle Clonidin, verdünnt mit NaCl 0,9 %, langsam i. v. injizieren, ½ Amp. s. c. spritzen, alternativ orale Behandlung mit Tabletten (erst 1 Tbl. 0,150 mg, dann eine halbe Tablette stündlich bis zum Therapieerfolg → RR-Kontrolle). Im Perfusor 6 Amp. in NaCl 0,9 % mit 2–4 ml/h. Bei Alkoholentzug nur orale Gabe. Wirksame Plasmakonzentration 0,5–2 ng/ml, bei Therapie des Deliriums bis 8 ng/ml.
Wirkungseintritt: i. v. nach 5–10 Min., oral nach 30 Min., maximale Wirkung (auch i. v.) erst nach 60 Min.
Wirkungsdauer: 3–8 Stunden.
Nebenwirkungen: Initialer Blutdruckanstieg möglich, Bradykardie, AV-Block, Sedierung, Mundtrockenheit. **Antidot:** Bei Überdosierung Alpha-Rezeptorenblocker Trolazolin (Priscol®). Antidot
Kontraindikationen: Relativ: Depressionen, koronare Insuffizienz, zerebrale Durchblutungsstörungen, AV-Block.

12.9 Dobutamin (Dobutrex®)

Anwendung: Herzversagen bei Herzinsuffizienz und Kreislaufversagen, Herzinfarkt, kardiogener Schock.
Wirkung: Synthetisches Katecholamin. Es stimuliert als Sympathomimetikum vorwiegend die am Herzen vorkommenden Beta-1-Rezeptoren. Die Alpha- und Beta-2-Wirkung ist klinisch nicht relevant. Dobutamin führt

zu einer Zunahme von Herzminuten- und Schlagvolumen, einer Steigerung der Koronardurchblutung, zu einer Abnahme des peripheren Widerstandes und Senkung des linksventrikulären Füllungsdruckes. In höherer Dosierung steigert es die Herzfrequenz. Durch Steigerung des Herzminutenvolumens kann es zu einem Blutdruckanstieg kommen.
Dosierung: Bei myokardialer Insuffizienz: 250 mg Trockensubstanz in Wasser für Injektionszwecke lösen und mit NaCl 0,9 % im Perfusor weiterverdünnen. Perfusorgeschwindigkeit bei 250 mg 2–17 ml/h ≙ ca. 2,5 bis 20 µg/kg/KG/Min.
Wirkungseintritt: sofort.
Wirkungsdauer: 5–10 Min.
Nebenwirkungen: Tachykardie, Extrasystolie, pektangionöse Beschwerden, Übelkeit, Kopfschmerzen, Dyspnoe.
Kontraindikationen: Tachykarde Arrhythmien, Volumenmangel, Vorhofflimmern (Überleitungsverbesserung), Hyperthyreose, hypertrophe Kardiomyopathie.

12.10 Dopaminhydrochlorid (Dopamin®)

Anwendung:
In niedriger Dosierung:
- drohendes Nierenversagen,
- forcierte Diurese bei Antiarrhythmika- und Barbituratintoxikation,
- PEEP-Beatmung.

Mittlere bis hohe Dosierung:
- kardiogener und septischer Schock,
- »Vorwärtsversagen« (myokardfunktionelle Schlagvolumenminderung, sog. forward failure) des Herzens mit Blutdruckabfall.

Kombinierte Behandlung mit Dopamin® und Dobutamin®
Beide Katecholamine werden häufig bei kardiogenem und septischem Schock, Low-output-Syndrom und therapieresistenter Herzinsuffizienz eingesetzt. Der systemarterielle Mitteldruck nimmt zu, die Nierenperfusion wird verbessert, und die Herzarbeit wird ökonomischer. Mögliche Dopamin-Nebenwirkungen wie Tachykardie und sehr starke Gefäßverengung können dadurch vermieden werden.
Wirkung: Dopamin® gehört wie Adrenalin und Noradrenalin zur Gruppe der endogenen Katecholamine. Im zentral- und periphervegetativen Nervensystem nimmt es die Stelle eines Neurotransmitters ein.

Dosisabhängige Wirkungen

Niedrige Dosierung:
- Niere: Durch Vasodilatation der Nieren- und Mesenterialgefäße wird die glomeruläre Filtrationsrate und die Urinausscheidung gefördert.
- Herz-/Kreislaufsystem: geringe Erhöhung des Herzzeitvolumens, geringgradige Steigerung der Kontraktilität → geringe Senkung des arteriellen Druckes und des peripheren Widerstandes.

Mittlere Dosierung:

- Niere: Die Nierendurchblutung wird nicht beeinflusst.
- Herz-/Kreislauffunktion: starke Steigerung des Herzzeitvolumens, starke Erhöhung der Kontraktilität → geringer Anstieg des arteriellen Druckes.

Hohe Dosierung:

- Niere: Die Nierendurchblutung wird gesenkt.
- Herz-/Kreislaufsystem: starke Erhöhung des Herzzeitvolumens, extreme Steigerung der Kontraktilität, Zunahme der Herzfrequenz → ausgeprägte Steigerung des peripheren Widerstandes, starker Anstieg des arteriellen Druckes.

Dosierung: Dopamin® hat eine Wirkdauer von etwa einer Minute. Da es einem sehr raschen Abbau unterliegt, ist eine kontinuierliche Gabe mittels Perfusor nötig. Die Dosisangaben beziehen sich auf eine Perfusorspritze mit 250 mg Dopamin® in NaCl 0,9 % als Trägerlösung, Gesamtmenge 50 ml.

Dosierung bei Perfusorapplikation

Niedere Dosierung (nephrologische Indikation) bei 70 kg KG: 1,6–2,5 ml/h = 2–3 µg/kg/KG/Min.
Mittlere Dosierung (kardiologische Indikation) bei 70 kg KG: 3,0–8,0 ml/h = 3,5–10 µg/kg/KG/Min.
Hohe Dosierung (septischer Schock) bei 70 kg KG: 8,0–20,0 ml/h = 10–25 µg/kg/KG/Min.
Wirkungseintritt: sofort.
Wirkungsdauer: 1–5 Minuten.
Nebenwirkungen: Bei längerer peripherer Infusion kann es zu Nekrosen- und Gangränbildung kommen. Tachykardie, Arrhythmien (durch verbesserte AV-Überleitung bei Vorhofflimmern), Mydriasis, Hemmung der Prolaktinfreisetzung, pektanginöse Beschwerden, Übelkeit, Kopfschmerz.
Kontraindikationen: Tachyarrhythmien, Phäochromozytom. Durch den Stabilisatorzusatz »Sulfit« muss von einer Anwendung bei Asthmatikern mit entsprechender Überempfindlichkeit abgeraten werden.

12.11 Diazepam (z. B. Valium®)

Anwendung: Angst- und Erregungszustände, akut lebensbedrohliche Stresssituationen (Herzinfarkt, Trauma), Tetanus- und Epilepsiebehandlung, Prämedikation, pädiatrische Notfälle wie Epiglottitis oder Pseudokrupp.
Wirkung: Tranquilizer, der chemisch betrachtet ein Benzodiazepin ist. Seine Wirkung ist muskelrelaxierend, sedierend, in höherer Dosierung hypnotisch, antikonvulsiv durch zentrale Heraufsetzung der Krampfschwelle, Ausbildung einer anterograden Amnesie bei sehr hohen Dosen.
Dosierung: Abhängig von der erwünschten Wirkung. Bei Status epilepticus ca. 0,1–0,2 mg/kg KG, evtl. wiederholt. Akute Angst- und Erregungszustände ca. 0,1–1,0 mg/kg KG. Langsame Injektion. Um Luftblasen in

der Spritze zu vermeiden, sollte das Medikament langsam aufgezogen werden. Valium® ist gegen starke Verdünnung sehr empfindlich, es fällt bei Verdünnungen über 1:100 aus. Geeignete Verdünnungslösungen siehe Packungsbeilage. Diazepam ist mit konzentrierten Lösungen inkompatibel. Maximale Tagesdosis etwa 100 mg.

Verdünnung

Wirkungseintritt: i. v. nach 2 Min., oral nach ca. 20–60 Min.
Wirkungsdauer: Nach i. v. Gabe etwa 30–60 Min., nach oraler Gabe ca. 2–5 Stunden.

Abhängigkeitsgefahr

Nebenwirkungen: Zentral atemdepressiv, Abnahme des Herzzeitvolumens, unerwünscht starke Sedierung, **Entzugssyndrom nach Langzeittherapie,** paradoxe Reaktionen wie akute Erregungszustände und Angst (vor allem bei alten oder zerebralsklerotischen Patienten), Muskelspasmen.
Kontraindikationen: Ateminsuffizienz, Myasthenia gravis, Abhängigkeit.

> Cave: bei **Dauertherapie** im **ersten Trimenon** der Gravidität **Entzugserscheinungen beim Neugeborenen.**

12.12 Midazolam (Dormicum®)

Anwendung: Prämedikation und Einleitung einer Narkose, Therapie des Status epilepticus.
Wirkung: Tranquilizer, der chemisch betrachtet ein Benzodiazepin ist. Es ist eng mit Diazepam verwandt. Angriffspunkte sind die GABA-Rezeptoren im limbischen System, wo Antrieb, Stimmung und Affektivität reguliert werden. Es wirkt in Abhängigkeit von der Dosis sedierend, in höherer Dosierung hypnotisch, antikonvulsiv durch zentrale Heraufsetzung der Krampfschwelle, muskelrelaxierend, anxiolytisch (dämpft Angst- und Spannungszustände), bei Verabreichung hoher Dosen Ausbildung einer anterograden Amnesie.
Dosierung: Wegen des verzögerten Wirkungseintrittes sehr langsame i. v.-Gabe in Teildosen in Abhängigkeit von der Wirkung. Bei Status epilepticus ca. 0,2 mg/kg/KG i. v. (Beatmungsmöglichkeit notwendig). Zur Prämedikation beim Erwachsenen ca. 0,7–1,5 ml i. v. (= 0,05–0,1 mg/kg KG). Eine orale, nasale und rektale Applikation ist ebenfalls möglich.

Anwendung als Narkosemittel

Wirkungseintritt: i. v. nach ca. 2–3 Min., i. m., rektal und oral nach ca. 15–30 Min.
Wirkungsdauer: i. v. etwa 45 Min., i. m., rektal und oral ca. 2–5 Stunden.
Nebenwirkungen: Zentrale Atemdepression, Blutdruckabfall um ca. 15 %, paradoxe Reaktion vor allem bei alten oder zerebralsklerotischen Patienten, Übelkeit, Stimmritzen- und Luftröhrenkrampf.
Kontraindikationen: Myasthenia gravis, Ateminsuffizienz ohne Überwachungs- und Beatmungsmöglichkeit, unbehandeltes Engwinkelglaukom.

12.13 Flumazenil (Anexate®)

Narkoseausleitung

Anwendung: Überdosierung von Benzodiazepinen (auch bei Anwendung im Rahmen der Diagnostik). **Beendigung der mit Benzodiazepinen eingeleiteten und durchgeführten Narkose.**
Wirkung: Flumazenil ist ein Benzodiazepin–Antagonist. Das Präparat verdrängt die Benzodiazepine (in einer Art Wettbewerb) vom GABA-Rezeptor. In der Notfallmedizin wird Anexate® als diagnostisches Instrument bei unklarer Bewusstlosigkeit eingesetzt, um eine Vergiftung mit Benzodiazepinen von anderen Ursachen abgrenzen zu können. Nach einer Narkose hebt Anexate® die zentral dämpfende Wirkung von Benzodiazepinen auf, der Patient wird dadurch schneller wach. Die Pharmakokinetik von Benzodiazepinen wird von Anexate® nicht beeinflusst. Abhängig von der Dosierung des Antagonisten kann die Benzodiazepinwirkung nach 1–2 Stunden erneut auftreten.
Dosierung: Die Verabreichung erfordert eine vorsichtige Titration, um Rebound-Effekte zu vermeiden. Initial gibt man 0,2 mg verdünnt in NaCl 0,9 % oder G 5 % innerhalb von 15 Sekunden. Tritt der erwünschte Effekt (Wachheit) nach einer Minute nicht ein, können weitere 0,1 mg injiziert werden. Weitere Gaben sind in einminütigen Abständen bis zu einer Gesamtdosis von 1,0 mg möglich.
Wirkungseintritt: i. v. nach 3–5 Min.
Wirkungsdauer: 1–2 Stunden.
Nebenwirkungen: Übelkeit, Angst, Herzklopfen, Hypertension, Auslösen eines Entzugssyndroms bei Benzodiazepinabhängigkeit: Träume, Angst, Erregung, Schwitzen, Krampfanfall, Psychose.
Kontraindikationen: antikonvulsive Benzodiazepindauermedikation (z. B. Rivotril®), Relaxanzienüberhang, Opioidüberhang, ungenügende Überwachungsmöglichkeit des Patienten.

12.14 Urapidil (Ebrantil®)

Anwendung: Hypertensive Krise sowie kontrollierte Blutdrucksenkung, (ab systolischen Blutdruckwerten über 220 mmHg können irreversible Schäden auftreten).
Wirkung: Alpha-Sympatholytikum. Es ist in der Lage, Synapsen des Sympathikus zu blockieren und dessen Wirkung aufzuheben. Es vermindert die Noradrenalinfreisetzung an peripheren sympathischen Nerven. Dies führt zur Senkung des peripheren Gefäßwiderstandes. Zentral stimuliert es die Aktivität des Kreislaufzentrums, wodurch eine reflektorische Zunahme des Sympathikustonus, welcher einen Blutdruckanstieg bewirken würde, vermieden wird. Ebrantil® beeinflusst die Autoregulation der zerebralen Durchblutung nicht und führt somit auch nicht zu einer Erhöhung des intrakraniellen Druckes. Aus diesem Grund ist Ebrantil® auch bei ze-

rebraler, hypertoner Massenblutung geeignet. Es ist das Mittel der Wahl bei hypertensiver Enzephalopathie.

Therapie unter RR-Überwachung

Dosierung: Bei **laufender Blutdruckkontrolle** werden 10–50 mg Ebrantil® langsam intravenös appliziert. Bleibt die Wirkung aus, ist eine erneute Gabe möglich. Dauerapplikation: Perfusor mit 250 mg Ebrantil® = 50 ml mit 1,2–12 ml/h bei 70 kg KG. **Antidot ist Norfenefrin (Novadral®).**

Antidot

Wirkungseintritt: Nach ca. 5 Min. Blutdrucksenkung.
Wirkungsdauer: Über 3 Stunden.
Nebenwirkungen: Hypotension → Maßnahme: Schocklage, Volumensubstitution, evtl. Akrinor®-Injektion. Tachykardie, Angina pectoris, Arrhythmie, Kopfschmerz, Unruhe, selten allergische Erscheinungen.
Kontraindikationen: Aortenisthmusstenose, arteriovenöser Shunt.

12.15 Dexamethason (z. B. Fortecortin®)

Anwendung: Hirnödemprophylaxe (Tumorbegleitödem), Status asthmaticus, bei allergischer Reaktion nach Adrenalingabe (initial Adrenalin, danach Dexamethason).
Wirkung: Glukokortikoid. Es wirkt antiphlogistisch (entzündungshemmend) durch Unterdrückung der Fibroblastenreaktion antiproliferativ (hemmt die Gewebevermehrung). Es besitzt zellmembranstabilisierende und bronchodilatatorische Eigenschaften.
Dosierung: Perifokales Ödem bei Hirnmetastasen oder nicht traumatische Hirntumoren: ca. 0,15 mg/kg KG initial, danach ca. 0,1 mg/kg KG in 6-stündigem Abstand. Anaphylaktischer Schock und Status asthmaticus: ca. 1,0 mg/kg KG. Glottisödem und Transfusionszwischenfall: ca. 0,1 mg/kg KG.
Wirkungseintritt: i. v. nach 20–60 Minuten.
Wirkungsdauer: 36–54 Stunden.
Nebenwirkungen: Bei einmaliger Gabe keine, evtl. Venenreizung bei zu schneller Applikation, Erhöhung der Blutzuckerwerte.
Kontraindikationen: Im Notfall keine. Systemmykosen, Lymphadenitis nach Impfung. Ulkusleiden, akute Ischämie, (Steroide besitzen eine prothrombotische Potenz und führen zur Erhöhung der Blutzuckerwerte).

12.16 Haloperidol (Haldol®)

Anwendung: Unruhezustände, Psychosen, Hyperkinesien (übermäßige Bewegungsaktivität).
Wirkung: Haldol® blockiert die zentralen Dopaminrezeptoren. Es ist ein Butyrophenonderivat (Neuroleptikum) mit stark neuroleptischer Wirkung: antipsychotisch, antiemetisch (gegen Erbrechen). **Verminderung der Wirkung** bei **gleichzeitiger Gabe** von **Clondin (Catapresan®).**

Wirkungsverlust

Dosierung: Akute Psychose, Halluzinationen, Entzugssyndrome, Delirium, zerebralsklerotisch bedingte Erregungszustände: 0,1–0,2 mg/kg KG i. v. Wiederholung stündlich bis maximal 1 mg/kg KG möglich.
Wirkungseintritt: I. v. nach ca. 10–15 Min.
Wirkungsdauer: Bis 24 Stunden, bei Leberinsuffizienz bis 40 Stunden.
Nebenwirkungen: Akute Nebenwirkungen: Extrapyramidale Störungen (EPS), v. a. Schluck-, Nacken- und Zungenkrämpfe → **Behandlung mit Akineton®**. Farbsehstörungen, Dyskinesien. **Langzeitfolgen:** Parkinson-Syndrom (**Antidot ist Akineton®**), Durchgangssyndrom, Depressionen, zerebraler Krampfanfall, Blutdruckabfall mit Reflextachykardie, malignes neuroleptisches Syndrom (erhöhte Temperatur, Muskelsteife → selten Lebensgefahr), Akathisie (Unfähigkeit, ruhig sitzen zu bleiben, wobei Bewegungen nur kurze Erleichterungen bringen).

Therapie der Nebenwirkungen

Kontraindikationen: Morbus Parkinson, Intoxikationen mit zentral wirksamen Pharmaka und Alkohol, cave: Leberinsuffizienz.

12.17 Digitalis (Digoxin, z. B. Lanicor®, Digitoxin, z. B. Digimerck®)

Anwendung: Verminderte Leistungsfähigkeit des Herzens, paroxysmale (anfallsartige, plötzlich auftretende) Tachykardien (durch die negativ dromotrope Wirkung vor allem bei Vorhofflimmern und Vorhofflattern), Lungenödem.
Wirkung: Digoxin wurde ursprünglich aus dem Fingerhut gewonnen, Digitoxin wird teilsynthetisch hergestellt. Digitalis-Glykoside erhöhen das Angebot an freiem Kalzium in der Herzmuskelzelle → Kalzium verstärkt die Kontraktionsfähigkeit der Herzmuskelzellen. Dadurch kommt es zur Erhöhung der Kontraktilität und Leistungsfähigkeit des Herzens. Beim herzinsuffizienten Patienten führt diese **positiv-inotrope Wirkung** zur Erhöhung des Herzminutenvolumens bei gleichzeitiger Herabsetzung der Herzschlagfolge, zur verbesserten Entleerung der Kammern und zur Steigerung der Organdurchblutung. Durch die verbesserte Organdurchblutung kommt es zu einer Steigerung der Diurese. Die gesteigerte Diurese führt zur **Rückbildung von Stauungen** im Körperkreislauf, die durch Rechtsherzinsuffizienz verursacht wurden. Aber auch Stauungen im Lungenkreislauf bei Linksherzinsuffizienz werden zurückgebildet.

Positiv-inotrope Wirkung

Dosierung: In der Akuttherapie bei Herzinsuffizienz zur Aufsättigung ca. 1–2 Amp. langsam i. v. (ca. 0,25–0,5 mg). Als Erhaltungsdosis genügen geringere Mengen. Digitoxin wird aufgrund der längeren Halbwertszeit (24 bis 48 Std.) niedriger dosiert als Digoxin (kurze HWZ von 8 bis 12 Std.). Plasmaspiegel im **therapeutischen Bereich: Digoxin** 70–200 ng/dl oder 10–20 ng/ml, **Digitoxin** 1,2–2,5 µg/dl oder 0,5–2 ng/ml. Die Werte sind abhängig von der Bestimmungsmethode. Die klinikübliche Methode muss berücksichtigt werden! **Intoxikationserscheinungen** wie

Therapeutischer Bereich

Intoxikationszeichen

z. B. **Farbsehstörungen** (im Rot-Grün-Bereich) können schon bei der Behandlung im **oberen therapeutischen Bereich** auftreten!
Wirkungseintritt: Digoxin i. v. nach ca. 5–20 Min., Digitoxin i. v. nach etwa 30–90 Min.
Wirkungsdauer: Digoxin ca. 3–6 Tage, Digitoxin ca. 12–19 Tage.
Nebenwirkungen: Übelkeit, Erbrechen, Rhythmusstörungen, z. B. AV-Blockierung oder Extrasystolie, neurologische Störungen wie z. B. Grün-Gelb-Sehen, Halluzinationen, Krämpfe, Agitiertheit, Müdigkeit.
Kontraindikationen: Geplante Kardioversion, schwere Bradykardie. Cave: Hyperkalzämie (Toxizität der Glykoside ↑), Hypokaliämie, Myokarditis.

> **Hinweis:** Digitalispräparate dürfen nicht zeitgleich oder in Kombination mit Kalzium verabreicht werden.

12.18 Verapamil (Isoptin®)

Anwendung: Paroxysmale (in Anfällen auftretende) supraventrikuläre Tachykardien, Tachyarrhythmien, Vorhofflimmern/-flattern mit Tachykardie.
Wirkung: Kalziumantagonist. Isoptin® hemmt den Kalziumeinstrom, der unter anderem auch die Erregungsausbreitung am Sinus- und AV-Knoten reguliert. Besonders bei erhöhter Schlagfolge komm es durch Isoptin® zu einer Verringerung der Sinusfrequenz und zu einer Hemmung der AV-Überleitung. Die antiarrhythmische Wirkung kommt durch die Verlangsamung der Erregungsleitung und Verlängerung der Refraktärzeit zustande. Verapamil

Wirkung am Herzen

- senkt die Kontraktionskraft (negativ inotrope Wirkung),
- senkt die Frequenz (negativ chronotrop),
- senkt die Erregungsleitung (negativ dromotrop).

Dosierung: Bei supraventrikulärer Arrhythmie, Tachykardie bei Vorhofflimmern/-flattern: 1 Amp. zu 2 ml ≙ 5 mg Isoptin® unter EKG-Monitorüberwachung sehr langsam i. v. (ca. 1 mg/Min.) Nach 10–15 Min. ggf. erneute Gabe. Evtl. Fortführung der Therapie durch orale Gabe von z. B. 40 mg Tbl. oder mit Perfusor: 50 mg/50 ml mit 2–20 ml beim 70 kg schweren Patienten pro Stunde.

> **Hinweis:** Verapamil ist inkompatibel mit Amphotericin B, Dobutamin, Natriumbikarbonat, alkalischen Lösungen.

Wirkungseintritt: i. v. sofort, maximale Wirkung nach ca. 15 Min.
Wirkungsdauer: 30–60 Min.

Nebenwirkungen: Hypotonie, Bradykardie, Asystolie, **Herzstillstand**, allergische Reaktionen. Es kann zu einem **Anstieg des intrakraniellen Drucks** kommen.

Besondere Gefahren

Kontraindikation: AV-Block II. und III. Grades, Bradykardie, ausgeprägte Hypotonie, kardiogener Schock.

12.19 Lidocain (Xylocain®)

Anwendung: Ventrikuläre Extrasystolen, Kammertachykardie, Vergiftung mit Digitalispräparaten, protektive Gabe vor Defibrillation, sog. »Herzschutz«.
Wirkung: Wirkt durch Herabsetzung der Kommunikationsfähigkeit der Zellen lokalanästhetisch und antiarrhythmisch. Bei der Lokalanästhesie wird die Schmerzweiterleitung gehemmt, bei Arrhythmie wird die übermäßige Innervierung/Stimulierung der Herzmuskelzellen verhindert. Die antiarrhythmische Wirkung beruht auf einem direkten Angriff an der Herzmuskelmembran. Es kommt zu einer Hemmung der Schrittmacheraktivität. Diese Wirkung ist am Ventrikel stärker ausgeprägt als am Vorhof. Ein weiterer Wirkmechanismus ist die Hemmung der Noradrenalinfreisetzung aus den Speichern, womit das Risiko von Arrhythmien reduziert wird. Nach erfolgreicher Defibrillation gibt man Lidocain, um ein erneutes Auftreten von Kammerflimmern zu verhindern.
Dosierung: Ventrikuläre Arrhythmie: 1 Ampulle zu 5 ml ≙ 100 mg langsam über 2–3 Min. i. v., nach 5–10 Min. evtl. wiederholte Gabe. Bei Kammerflimmern ca. 100–150 mg i. v. Ist die intravenöse Applikation nicht möglich, können auch 2–3 Ampullen ≙ 200–300 mg endobronchial gegeben werden. Perfusor: 1000 mg/50 ml mit 2–14 ml/h beim 70 kg schweren Patienten.

Hinweis: Lidocain ist **inkompatibel** mit alkalischen Lösungen.

Wirkungseintritt: i. v. sofort.
Wirkungsdauer: ca. 20 Min.
Nebenwirkungen: Bei relativer Überdosierung oder zu schneller intravenöser Gabe Tremor, Übelkeit, Metallgeschmack, periorale Parästhesien. Bei Intoxikation Bewusstseinstrübung, Krämpfe, Atemstillstand, AV-Blockade, Sinusbradykardie. **Antidot:** Alupent® bei Intoxikation.

Antidot

Kontraindikationen: Bradykarde Rhythmusstörungen, Überempfindlichkeit gegen Lokalanästhetika vom Amidtyp.

12.20 Heparin-Natrium (Heparin-Natrium Braun®, Liquemin N®)

Anwendung: Therapie und Prophylaxe von Thrombose und Embolie, Einsatz der Herz-Lungen-Maschine.

Wirkung: Die Blutgerinnung wird durch ein System ineinander greifender Faktoren gewährleistet. Neben gerinnungsfördernden gibt es auch gerinnungshemmende Faktoren. Ein hemmender Faktor ist das sogenannte Antithrombin III, auch AT III genannt. Heparin beschleunigt die Anlagerung von AT III an gerinnungsfördernde Faktoren um das Tausendfache. Durch diese Anlagerung wird die Gerinnung gehemmt.

Therapieformen

Dosierung: Low-dose-Heparinisierung (niedrig dosiert) im Rahmen der postoperativen Thromboseprophylaxe und bei Immobilisation, über Perfusor 200 IE/kg KG/Tag i. v. oder s. c. in 2 oder 3 Tagesdosen (alternativ als Einmalspritze). Zur Vollheparinisierung ist eine individuelle Dosierung nach PTT erforderlich. Kontrolle nach ca. 3 Stunden; evtl. Bolusgabe von 3000 oder 5000 IE i. v. Bei Thrombose oder Embolie High-dose-Heparinisierung (hoch dosiert) durch Injektion von ca. 100 IE/kg KG langsam i. v., danach Perfusor. Wirkungsabschwächung bei Antithrombin III-Mangel (bei unerwartet geringer Heparinwirkung AT-III kontrollieren).

> **Hinweis:** Wirkungsverstärkung durch Dextran, Acetylsalicylsäure, Antihistaminika, Fibrinolytika, Dicumarol. Heparin ist **inkompatibel** mit Glukoselösungen, zahlreichen Antibiotika, Morphin, Hydrokortison, Pethidin, Promethazin.

Wirkungseintritt: i. v. in Minuten, s. c. nach 2–3 Stunden.
Wirkungsdauer: ca. 2–4 Stunden.
Nebenwirkungen: Blutungen, Allergie, Thrombozytopenie nach ca. 2–10 Tagen, Haarausfall (reversibel), geringe Erhöhung der Blutzuckerwerte.
Kontraindikationen: Magen-Darm-Ulzera, schwere Gerinnungsstörungen, Augenoperation, Heparinallergie, schwere Leber- und Nierenfunktionsstörungen, Verdacht auf Hirnblutung.

Antidot

Antidot: Protaminsulfat oder -chlorid (etwa 1 mg für 100 IE Heparin).

12.21 Natriumbikarbonat

Anwendung: Metabolische Azidose.

Behandlung der metabolischen Azidose

Wirkung: Natriumbikarbonat ist chemisch gesehen eine schwache Lauge und somit in der Lage, Säuren zu binden. Bei einem Kreislaufstillstand kommt es durch die fehlende Gewebedurchströmung zur Anhäufung saurer Stoffwechselprodukte wie beispielsweise Milchsäure und somit zur metabolischen Azidose. Natriumbikarbonat **neutralisiert** die **sauren Stoff-**

wechselprodukte durch **Abgabe von Wasser** und **Kohlendioxid.** Das gebildete CO_2 muss über die Lunge abgeatmet werden. Um dies zu gewährleisten, ist eine **suffiziente Beatmung** des Patienten nötig.
Dosierung: Bei Reanimation: Blindpufferung, wenn die Reanimation schon 10 Minuten andauert, die Dosierung beträgt 1 ml (= 1 mmol) pro kg Körpergewicht einer 8,4 %-igen Lösung über ZVK. Periphervenös wird 4,2 %-ige Lösung verabreicht. Die Gabe sollte langsam erfolgen → 1–2 mval/kg pro Min. Nach wenigen Minuten erneute Gabe.

Hinweis auf die Unverträglichkeit mit anderen Arzneimitteln: Durch die alkalischen Eigenschaften wird die Wirkung der Kathecholamine herabgesetzt. Aus diesem Grund sollte der Gabe bei Kreislaufstillstand immer die Applikation von Adrenalin vorausgehen. Wegen des stark alkalischen pH-Wertes ist Natriumhydrogenkarbonat mit den meisten Arzneimitteln inkompatibel. **Alternative:** Behandlung mit **THAM** (Trihydroxyäthylaminomethan) = **TRIS-Puffer.**

Nebenwirkungen: Lebensbedrohliche Rhythmusstörungen bei Überdosierung, Tetanie, bei paravenöser Injektion Gewebenekrosen, Wirkungsverlust von Kathecholaminen, Verstärkung einer Hypokaliämie nach erfolgreicher Reanimation. Hypernatriämie (schwierig zu therapieren, da keine Stimulation des Atemzentrums vorhanden ist).
Kontraindikationen: Alkalosen, Hypokaliämie, natriumarme Diät.

12.22 RtPA: Alteplas (Actilyse®)

Anwendung: Fibrinolytische Therapie bei: Gefäßverschluss mit nachfolgender Lungenembolie, Thrombose, Herzinfarkt. Günstigster Einsatzzeitpunkt sofort nach Diagnosestellung bis 6 Stunden nach Auftreten der Symptome, bei Schlaganfall innerhalb der ersten 3 Stunden nach Auftreten der Symptome.
Wirkung: Fibrin ist eine Art »Klebstoff«, der die verschiedenen Anteile eines Blutgerinnsels zusammenhält. Dieser Klebstoff wird bei der Lyse mittels Actilyse® aufgelöst, was zum Zerfall des Blutgerinnsels führt. Der Gewebe-Plasminogen-Aktivator t-PA (tissue plasminogen activator) stellt den bedeutendsten körpereigenen Fibrinolysefaktor dar. Bei der Fibrinolyse wird Plasminogen (inaktive Vorstufe des Plasmins) in das aktive Plasmin (Fibrinolysin) umgewandelt. Die therapeutische Konzentration ist um den Faktor 1000 höher als der physiologische Wert.
Dosierung: Die Trockensubstanz wird (vorsichtig wegen Luftblasenbildung) in dem beiliegenden Wasser für Injektionszwecke gelöst.

Systemische Lyse bei akutem Schlaganfall

1. Bolusgabe von 10% der Gesamtdosis Actilyse® langsam über 2 Min.
2. Infusion der restlichen 90% Actilyse® (0,9 mg/kg Körpergewicht) über Perfusor innerhalb 1 Stunde.

Dosierungshinweise zur Durchführung der Lysetherapie siehe Tab. 7 Seite 63.

Sonstiges: Um einen Wirkungsverlust durch Ausfällung zu vermeiden, ist rtPA stets über einen separaten Zugang zu infundieren. Die zubereitete Lösung ist bei 4 °C 24 Stunden und bei Raumtemperatur ca. 8 Stunden haltbar. Maximale Verdünnung 1 mg/1 ml. Bei anhaltender bedrohlicher

Antidot

Blutung ist die Therapie zu beenden und die Gabe von Aprotinin (500 000 IE) oder Epsilon-Aminocapronsäure zu erwägen.
Wirkungseintritt: Reperfusion in der Regel nach 30 Minuten.
Wirkungsdauer: Mehrere Stunden, HWZ 14–38 Minuten.
Nebenwirkungen: Massive Blutung, Tachykardie, Blutdruckabfall. Verglichen mit anderen Vertretern der Stoffklasse ist die Zahl der Wiederverschlüsse recht hoch, was mit einer hoch dosierten Heparintherapie ausgleichbar ist.
Kontraindikationen: Manifeste Blutung, Gerinnungsdefekte, floride Magen-Darm-Ulzera, erstes Trimenon der Schwangerschaft, Aortenaneurysma, bakterielle Endokarditis, Operationen an Auge/Ohr, bei denen Fibrinkleber angewendet wurde, i. m. Injektion (Wartezeit ca. 10 Tage).

Merke: Die Kontraindikationen zur Lysetherapie sind zahlreich!

12.23 Acetylsalicylsäure (Aspisol®, Aspirin®)

Anwendung:
Aspisol®: Leichte bis mittlere Schmerzzustände, Entzündungszustände, Thromboseprophylaxe.
Aspirin®: Zusätzlich zur Infarktprophylaxe, z. B. bei Vorhofflimmern.
Wirkung: Die Wirkung der injizierbaren Form (Aspisol®) ist wesentlich stärker, wobei das Wirkspektrum der oralen Form entspricht. Der Wirkstoff hemmt die Prostaglandinbiosynthese. Wirkungen:

Arzneimittelwirkung

- analgetisch (durch Synthesehemmung schmerzvermittelnder Entzündungssubstanzen der Prostaglandine),
- antiphlogistisch (entzündungshemmende Wirkung durch Hemmung der Prostoglandin-E-Synthese),
- antipyretisch (fiebersenkend, ebenfalls durch Hemmung der Prostaglandin-E-Synthese).
- Hemmung der Thrombozytenaggregation durch unterdrückte Prostaglandinsynthese. Das Prostaglandin Thromboxan A2 führt zu einer Verklumpung der Blutplättchen und damit zur Blutgerinnung.

Darüber hinaus beeinflusst ASS das Zentralnervensystem, in dem u. a. die Wärmeregulation und die Fiebersenkung gesteuert werden.
Dosierung:
Aspisol®: Erwachsene: 0,5 g langsam i. v., bei starken Schmerzen die doppelte Dosis. Die maximale Tagesdosis beträgt 5 g. Die Lösung kann einer Kurzinfusion beigemischt werden.
Aspirin®: zur Schmerzstillung und Fiebersenkung sind ca. 500 mg ausreichend. Zur Gerinnungshemmung benötigt man Dosen von 100 bis 300 mg.
Wirkungseintritt: i. v.: Thrombozytenaggregationshemmung nach ca. 2 Minuten, die analgetische Wirkung setzt nach 4 bis 10 Minuten ein und erreicht nach 20 Minuten ihr Maximum.
Wirkungsdauer: Die analgetische Wirkung hält ca. 3 bis 4 Stunden an.
Nebenwirkungen: Magenbeschwerden, Blutungen, bei Kindern: Reye-Syndrom, sehr selten, jedoch lebensgefährlich.
Kontraindikationen: Wegen erhöhter Blutungsgefahr Magen- und Zwölffingerdarmgeschwür, Blutungsneigung. Darüber hinaus: Asthmatiker, letztes Drittel der Schwangerschaft, gleichzeitige Marcumar®-Behandlung.

12.24 Phenytoin (Epanutin®, Phenhydan®, Zentropil®)

Anwendung: Antikonvulsivum für alle Epilepsieformen mit Ausnahme von Absencen. Digitalisbedingte Arrhythmien, Tachykardie, ventrikuläre Extrasystolen, atrioventrikuläre Leitungsstörungen, Grand-mal-Symptome des Status epilepticus, Jackson-Anfälle, Anfallsprophylaxe.
Wirkung: Dosisabhängig: Die Wirkung am Herzen ähnelt der des Lidocains. Es kommt zu einer Hemmung der Reizleitung, die Refraktärzeit und die Dauer des Aktionspotenzials werden verkürzt. Die AV-Überleitung wird deutlich verbessert. Zerebral erhöht es die GABA-Konzentration (γ-Aminobuttersäure, wichtiger hemmender Neurotransmitter). Es wirkt antikonvulsiv (krampflösend bzw. -verhindernd). Es blockiert spannungsabhängige Natriumkanäle, was zu einer Membranstabilisierung führt → der »Grundumsatz« des Gehirns wird reduziert.
Dosierung: Bei Digitalisintoxikation → SVES und VES: 1,5 mg/kg KG sehr langsam i. v. (Gefahr eines Blutdruckabfalls). Erneute Gabe etwa alle 20–30 Minuten bis zum Erfolg oder dem Auftreten von Nebenwirkungen → maximal 15 mg/kg. Bei Grand-mal- und Jackson-Anfall: 3–5 mg/kg KG sehr langsam i. v. (RR ↓), Fortführung der Therapie nach Plasmaspiegel mit 5–10 mg/kg KG/Tag, wirksamer Plasmaspiegel 5 bis 20 mg/l.

Pflegehinweis: Wegen Phlebitisgefahr möglichst über zentralen Zugang injizieren. Schlecht wasserlöslich, der pH-Wert der Lösung liegt bei 12 → inkompatibel mit nahezu allen Arzneimittel- und Infusionslösungen, daher separater Zugang bei Dauertropfinfusion.

Wirkungseintritt: ca. 5 Minuten nach i. v.-Gabe → hohe Sättigungsdosis.
Wirkungsdauer: bis zu 15 Stunden nach i. v.-Gabe.
Nebenwirkungen: Blutdruckabfall, allergische Reaktionen, Phlebitis, Übelkeit, Hyperglykämie, Arrhythmien.
Kontraindikationen: Phenytoin-Allergie, AV-Block III. Grades, Leukopenie.

12.25 Clonazepam (Rivotril®)

Anwendung: Anfallsprophylaxe: myoklonische und atonische Anfälle einschließlich infantiler Spasmen, myoklonisch-astatische Anfälle, Impulsiv-Petit mal und Absencen, Status epilepticus.
Wirkung: Es verstärkt die GABA-(γ-Aminobuttersäure)-induzierten Hemmeffekte auf das Membranpotenzial. Durch Clonazepam wird die Ausbreitung von Krampfpotenzialen epileptogener Herde im Cortex, Thalamus und dem limbischen System gehemmt.
Dosierung: Status epilepticus beim Erwachsenen: 1 mg (2 ml) langsam i. v. → ca. 0,25 mg in der Minute, später evtl. wiederholen. Eine Weiterführung der Erhaltungsdosis ist nach Verdünnung mit NaCl 0,9 % oder Dextroselösung zur Infusion möglich.
Wirkungseintritt: Bei i. v.-Anwendung ist die Krampfprophylaxe in der Zeit zwischen **30–120 Min.** nach der Verabreichung maximal ausgeprägt.
Wirkungsdauer: 120 Min. nach intravenöser Gabe lässt die Wirkung nach und beträgt nach 5 Stunden noch etwa 50 %.
Nebenwirkungen: Dosisabhängige Sedierung, Ataxie, Muskelerschlaffung, anterograde Amnesie, »paradoxe« Erregungszustände, Entzugskrämpfe (nach längerer Gabe und zu rascher Dosisreduktion).
Kontraindikationen: Myasthenia gravis, akutes Engwinkelglaukom, Überempfindlichkeit gegen Benzodiazepine. Keine Behandlung von **Neugeborenen.** Engmaschige Überwachung von **depressiven** und **suizidgefährdeten Patienten.**

Abhängigkeitsgefahr

12.26 Clopidogrel (Plavix®)

Anwendung: Sekundärprävention des ischämischen Insultes nach einer flüchtigen (TIA) oder einer bleibenden zerebralen Durchblutungsstörung.
Wirkung: Thrombozytenfunktionshemmer: Clopidogrel wirkt über eine spezifische Hemmung der durch Adenosindiphosphat (ADP) herbeigeführten Plättchenaggregation. Bei Arteriosklerose ist Clopidogrel etwas wirksamer als ASS, beim Schlaganfall jedoch nicht.
Dosierung: Clopidogrel (Plavix®) 1 x 75 mg Tbl. eignet sich zur Sekundärprävention des ischämischen Insultes, besonders für Patienten, die neben zerebralen Durchblutungsstörungen auch an einer pAVK leiden.

Nebenwirkungen: Gelegentlich Blutungen (eine rasche Normalisierung der Blutungszeit ist durch Plättchentransfusion möglich), Bauchschmerzen, Diarrhoe, Übelkeit, gelegentlich Hautausschlag.
Kontraindikationen: Schwere Leberfunktionsstörungen, akute Blutung, z. B. bei Magen-Darm-Geschwüren oder intrakraniellen Blutungen.

12.27 Mannit (Osmosteril®, Mannitol®)

Anwendung: Hirndrucksenkung, beginnendes akutes Nierenversagen, Glaukomanfall, Ausschwemmung von Ödemen.
Wirkung: Hirndrucksenkung: Mannit ist ein hyperosmolares zerebrales Wasserentzugsmittel. Es übt seine Wirkung auf polarisierende Membranen aus, d. h., es beseitigt nicht die Hirnschwellung im geschädigten Bereich, sondern es entzieht dem gesunden Hirngewebe Wasser und verringert somit den Hirndruck. Beim raumfordernden Infarkt oder bei intrakranieller Blutung kann dies nachteilig sein, wenn die Osmotherapie zur Abnahme des Hirnvolumens auf der gesunden Seite führt. Der steigende Druck auf der geschädigten Seite kann dann zur Massenverschiebung auf die gesunde Seite mit Einklemmungserscheinungen führen.
Dosierung: Akutphase: Mannit 20 %, 4–6 x 125 ml über 15 Min. (ZVK!) Die Dosis kann im Notfall noch erhöht werden. Effektive Dosis 0,25–1 g/kg KG. 10 %ige Lösung kann periphervenös, 20 %ige Lösung muss **zentralvenös** verabreicht werden.

> **Pflegehinweis:** Mannit darf **nicht** mit anderen Arzneimitteln gemischt werden. Es muss über ein Infusionssystem mit **Filter** verabreicht werden. Bei kühler Lagerung kann es zur Bildung von Kristallen kommen, die sich durch leichtes Erwärmen wieder lösen. Bei mehrtägiger Osmotherapie muss täglich die Serumosmolalität bestimmt werden, da eine Erhöhung auf über 320 mosmol/l zu einem akuten Nierenversagen führen kann (normale Serumosmolalität 275–300 mosmol/l).

Wirkungseintritt: nach 10 Min.
Wirkungsdauer: Ca. 2–4 Stunden, maximale Wirkung nach 30–90 Min.
Nebenwirkungen: Bei akutem Hirnödem ist durch die Gabe von Mannit eine schnelle Druckentlastung möglich, nach wenigen Stunden kann jedoch durch das so genannte »Rebound-Phänomen« wieder eine akute Verschlechterung eintreten. Dies ist der Fall, wenn Mannit nicht rasch genug ausgeschieden wird, sich im Interstitium verteilt, dort Wasser bindet und so das Ödem wiederherstellt (restituiert).

Rebound-Effekt

Kontraindikationen: Kardiale Dekompensation, Lungenödem, Dehydratationszustände, intrakranielle Blutungen.

12.28 Nimodipin (Nimotop®)

Anwendung: Vorbeugung und Behandlung ischämischer neurologischer Defizite infolge zerebraler Vasospasmen nach Subarachnoidalblutung.
Wirkung: Kalziumkanalblocker. Nach Gehirnblutungen können sich Blutgefäße verkrampfen. Die Folge kann eine Mangeldurchblutung des betroffenen Gehirnbereiches sein, die zu einer Schädigung des Nervensystems führt. Nimodipin bewirkt an der glatten Gefäßmuskulatur eine Hemmung des Kalziumeinstroms. Die tonische Aktivierung des Gefäßsystems wird dadurch gehemmt.
Dosierung: 200 mg auf 1 ml Lösung (Alkoholgehalt 23,7 %).

Pflegehinweis: Nimodipin wird von PVC absorbiert, daher dürfen nur Infusionspumpen mit Spritzen und Infusionsleitungen aus Polyethylen (PE) verwendet werden.

Wirkungseintritt: i. v. nach **3 Min.**, oral nach **30–60 Min.**
Nebenwirkungen: Starke Blutdrucksenkung, Bradykardie, Schwitzen, Gesichtsrötung (Flush), Kopfschmerzen.
Kontraindikationen: Generalisiertes Hirnödem, stark erhöhter Hirndruck, ausgeprägt niedriger Blutdruck.

12.29 Amiodaron (Cordarex®)

Anwendung: Symptomatische und behandlungsbedürftige tachykarde supraventrikuläre Herzrhythmusstörungen, Vorhofflimmern und Vorhofflattern, AV-Knoten-, Reentry-Tachykardien und Tachykardien bei Wolff-Parkinson-White-Syndrom, schwerwiegend symptomatische, tachykarde ventrikuläre Herzrhythmusstörungen. **Reanimation:** Bei **Kammerflimmern nach mehrmaliger Defibrillation**.

Anwendung bei Reanimation

Wirkung: Cordarex® ist ein Klasse-III-Antiarrhythmikum. Wirksamer Plasmaspiegel 0,5–2,5 mg/l. Es verlängert die Dauer des Aktionspotenzials und der effektiven Refraktärzeit und verzögert den selektiven Kaliumausstrom. Die Kontraktionskraft des Herzens wird etwas gesenkt (gering negativ inotrop).
Dosierung: Bei Reanimation: nach mehrmaliger wirkungsloser Defibrillation 2 Amp. = 300 mg i. v. Bei therapieresistenter supraventrikulärer und ventrikulärer Arrhythmie 5 mg/kg KG sehr langsam in minimal 3 Min. i. v. injizieren. Wiederholung frühestens nach 15 Min. Dauerapplikation: 0,4–0,8 mg/kg/KG/h (Perfusor: 6 Amp. = 900 mg mit 32 ml G 5 % aufziehen, ergibt 50 ml. Applikationsrate bei 70 kg KG: 1,5–3,1 ml/h). Sonnenlicht ist zu vermeiden. Ein zentraler Zugang ist empfehlenswert.
Wirkungseintritt: Therapeutische Wirkung i. v. **innerhalb weniger Minuten.**

Wirkungsdauer: i. v. **5–10 Min.**; nach Sättigung: **10 Tage und länger** (Halbwertszeit zwischen 20 und 100 Tage).
Nebenwirkungen: Atropinresistente Sinusbradykardie, AV-Block, Hyper- oder Hypothyreose (sorgfältige Untersuchung der Schilddrüsenwerte T_3, T_4 und TSH). Ventrikuläre Extrasystolie bis zum Kammerflimmern, Leberfunktionsstörungen (ca. 50 %), Erhöhung der Transaminasen (Ikterus), Lungenfunktionsstörungen (z. B. Pneumonien, Fibrose): bei Dyspnoe Rö-Thorax, Korneaablagerungen (gelb-bräunlich), Herabsetzung der Kontraktilität des Herzmuskels (gering negativ inotrope Wirkung), Erhöhung der Reizschwelle bei Schrittmachertherapie. Bei Langzeittherapie regelmäßig augenärztliches Konsil.
Kontraindikation: Hyperthyreose, Jodallergie, Sinusbradykardie, AV-Block II. und III. Grades, kardiogener Schock.

13 Beurteilung der Atmung

(P. Manz)

13.1 Atmungstypen

Um sich ein Bild über die Atemfrequenz und den Atemrhythmus zu verschaffen, wird der Patient in Ruhe beobachtet. Zusätzlich kann bei guter Ableitung die Respirationsüberwachung über den Monitor herangezogen werden. Der Patient sollte nicht wissen, dass die Atmung überwacht wird, da er sonst schneller atmet als gewöhnlich.

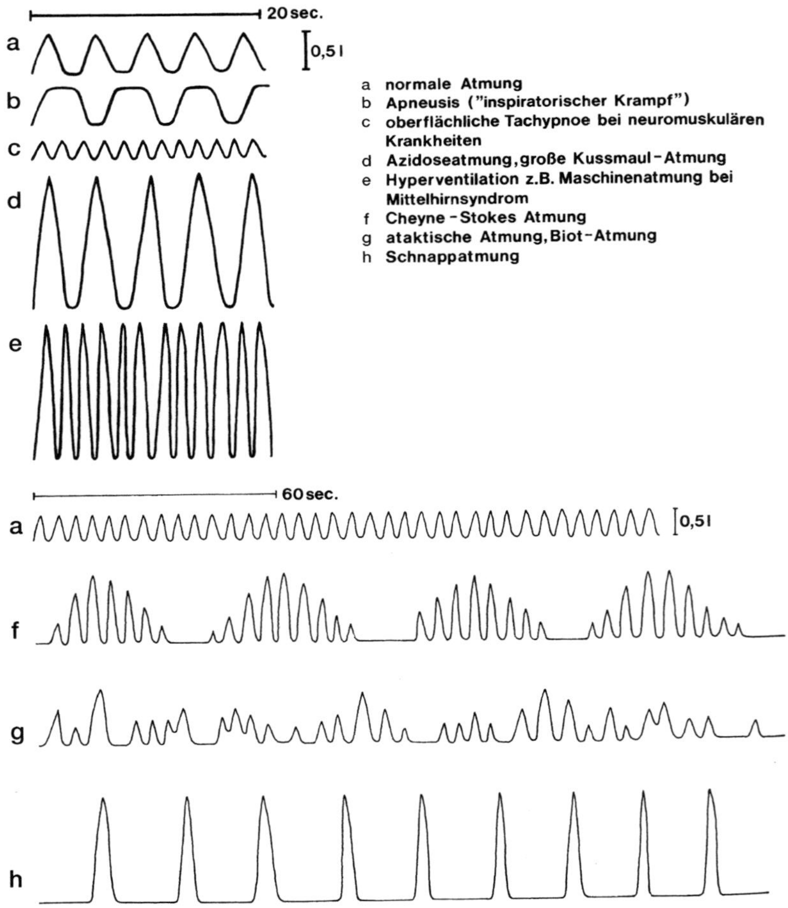

Abb. 92: Atmungstypen [4]

Eupnoe

Normale Atemfrequenz und normaler Atemrhythmus. 12–15 Atemzüge in der Minute beim Erwachsenen.

Apneusis (inspiratorischer Krampf)

Verlängerte krampfhafte Einatmung, gefolgt von einer extrem kurzen, uneffizienten Ausatmung. Tritt bei Affektionen im Bereich des Atemzentrums auf.

Tachypnoe

Erhöhte Atemfrequenz, z. B. bei psychischer Erregung, Acetylsalicylsäurevergiftung, Pneumonie, Defekten im Bereich des Atemzentrums, kompensierter respiratorischer Alkalose, Fieber: mit jedem Grad Temperaturerhöhung über 37 °C nimmt die Atemfrequenz um ca. 4 Züge/Min. zu.

Kussmaul'sche Atmung

Tiefere Atemzüge als gewöhnlich bei regelmäßigem Atemrhythmus. Bei Erwachsenen liegt die Atemfrequenz über 20/Min. Die Atemarbeit ist gesteigert, die tiefen Atemzüge ähneln Seufzern. Beobachtbar bei Niereninsuffizienz, metabolischer Azidose und manchmal bei diabetischer Ketoazidose.

Neurogene Hyperventilation (Maschinenatmung)

Das Atemzugvolumen kann um das drei- bis sechsfache erhöht sein. Die Atemfrequenz steigt bis auf 40/Min. Es fehlt jegliche Atemmodulation (Übergang in eine andere Tonart), woher auch der Begriff »Maschinenatmung« rührt. Bei der neurogenen Hyperventilation liegt die Schädigung in der Haube des Mittelhirns oder im oberen Bereich des Pons (Brücke).

Cheyne-Stokes-Atmung

Periodisches An- und Abschwellen der Atemtiefe und Veränderung der Abstände zwischen den Atemzügen über eine Zeitspanne von 30–170 Sekunden. Es können Atemstillstände von 20–60 Sekunden Dauer auftreten. Die Cheyne-Stokes-Atmung ist Symptom bei erhöhtem intrakraniellen Druck, schwerer Herzinsuffizienz, Niereninsuffizienz, Meningitis, Medikamentenintoxikationen.

Biot'sche Atmung

Regelmäßige, normal tiefe Atemzüge mit wiederkehrenden, kurz dauernden Atemstillständen. Zu beobachten bei spinaler Meningitis und anderen Störungen im Bereich des ZNS.

Schnappatmung

Charakteristisch sind drei abrupte Atemzüge in der Minute unter Einsatz der gesamten Atemhilfsmuskulatur in der inspiratorischen Phase. Die Schnappatmung ist Symptom bei nahezu vollständigem Funktionsverlust des medullären Atemzentrums.

Apnoe

Es sind keine Atemzüge sichtbar, Atemstillstand, Notfallsituation! Der Atemstillstand kann periodisch auftreten.
Bei unzureichender Atmung ist die Beurteilung der Hautfarbe und die Bestimmung der Blutgase inkl. des Säure-Basen-Status wichtig.

13.2 Hautfarbe

Krankenbeobachtung

1. **Blaurot-zyanotische Haut:** Sie weist auf eine **Ateminsuffizienz** wie Asthma bronchiale, eine chronische Bronchitis oder auf eine Fremdkörperaspiration hin.
2. **Rötung:** Sie kann ein Hinweis auf eine **Hyperkapnie** sein. Ursache ist z. B. eine respiratorische Insuffizienz mit Hypoventilation; tritt evtl. auch kompensatorisch bei metabolischer Alkalose auf.
3. **Zyanose der Mundschleimhaut und der Lippen:** Sie kann ein Zeichen für eine **Hypoxie** sein.
4. **Bläulicher oder schwärzlicher Ring um den Mund:** Symptom bei **Hypoxie.**

13.3 Bewertung der arteriellen Blutgasanalyse

Blutgasanalyse

Werte	Normalbereich/Bemerkungen
• pO_2	75–100 mmHg: pO_2 gibt den Sauerstoffpartialdruck an.
• pCO_2	34–46 mmHg: pCO_2 gibt Auskunft über den Kohlenstoffdioxidpartialdruck. Das pCO_2 wird in erster Linie durch krankhafte Veränderungen der Lunge und der Ventilation beeinflusst.
• pH	7,34–7,45: Der pH-Wert gibt die Wasserstoffionenkonzentration des Blutes an.

- **HCO_3** 22–26 mval: HCO_3 gibt die Kationen der Kohlensäure an. Das HCO_3 wird in erster Linie durch Störungen im Stoffwechsel beeinflusst.
- **O_2-Sättigung** 95 %–98 %: Oxyhämoglobinabgabe. Die Prozentzahl gibt die Menge des an Hämoglobin gebundenen Sauerstoffes an. Der größte Teil des Sauerstoffes liegt in dieser Bindung vor.
- **Standardbikarbonat** 21–25 mmol/l: Standardbikarbonat ist weitgehend unbeeinflusst von pCO_2. Es wird bei respiratorischer Azidose etwas zu niedrig (falsch negativ) und bei respiratorischer Alkalose etwas zu hoch (falsch positiv) bestimmt. Standardbikarbonat wird primär metabolisch beeinflusst und steht daher bei metabolischen Störungen im Mittelpunkt.
- **BE = Base Excess** +/–2 mmol/l: Basenüberschuss/Basenabweichung: Die Basenabweichung wird nicht vom pCO_2 beeinflusst und erlaubt damit zuverlässige Aussagen über die Art einer Säuren-Basen-Störung. Bei einer metabolischen Azidose besteht ein Mangel an Bikarbonat und eine negative Basenabweichung (– BE) im Blut. Bei einer metabolischen Alkalose herrscht ein Überschuss an Bikarbonat und eine positive Basenabweichung (+ BE) vor.

Übersicht 6: Blutgasanalyse

13.3.1 Beurteilung der Oxygenierung

Zur Bewertung der Oxygenierung ist die Bestimmung des pO_2-Wertes und der O_2-Sättigung erforderlich.
Bei einer Hypoxie verändert sich der pO_2-Wert wesentlich früher als die O_2-Sättigung. Bei einem Abfall des pO_2 bis auf 50 mmHg kann man nicht unbedingt eine wesentliche Änderung der O_2-Sättigung feststellen. Wenn der pO_2 aber unter 50 mmHg fällt, ändert sich die O_2-Sättigung rasch und fällt stark ab.

Beachte: Ältere Patienten sind häufiger geringer oxygeniert, ohne dass dies pathologisch wäre. Ein pO_2-Wert unter 50 mmHg ist aber in jedem Fall als pathologisch anzusehen.

13.3.2 Beurteilung der Ventilation

Der erforderliche Wert ist das pCO_2.
Anhand des pCO_2 kann die Ventilation beurteilt werden. Infolge einer Hypoventilation kommt es zu einem starken Anstieg des pCO_2 (Hyperkapnie). Bei einem verringerten pCO_2-Wert liegt eine Hyperventilation mit einem starken Verlust an CO_2 (Hypokapnie) vor.

13.4 Respiratorische Insuffizienz

Die respiratorische Insuffizienz drückt sich durch eine arterielle Hypoxämie mit oder ohne Hyperkapnie aus. Wenn die Lungen nicht mehr in der Lage sind, das durchströmende Blut vollständig mit Sauerstoff zu sättigen, entsteht ein Sauerstoffmangel im arteriellen System. Diesen Sauerstoffmangel bezeichnet man als **Hypoxämie.** Eine Hypoxämie ist durch **Abfall des arteriellen pO_2 unter 75 mmHg** gekennzeichnet.
Die respiratorische Insuffizienz kann mit oder ohne Anstieg des arteriellen pCO_2 einhergehen. Steigt der **arterielle pCO_2 über 45 mmHg,** so bezeichnet man dies als **Hyperkapnie.** Die respiratorische Insuffizienz kann akut oder chronisch verlaufen.

Hyperkapnie

Merke: Akute respiratorische Insuffizienz tritt rasch auf und geht mit Störungen der Organfunktion einher.

Ursachen: Vielfältig, z. B. akute Lungenerkrankungen, Verlegung der Atemwege, Atemversagen aus nicht pulmonalen Gründen.

Merke: Chronische respiratorische Insuffizienz beruht auf einer Erkrankung des Respirationstraktes.

Eine chronische respiratorische Insuffizienz führt zu chronischer Hypoxämie und Hyperkapnie.

13.4.1 Hypoxämie und Hypoxie

Definition: Niedriger Sauerstoffgehalt im arteriellen Blut (in der Blutgasanalyse arterieller pO_2 unter 70 mmHg). Sauerstoffmangel im Blut führt zu Sauerstoffmangel im Gewebe. Durch Sauerstoffmangel werden die Organe zunächst in ihrer Funktion und später evtl. auch in ihrer Struktur (irreversibel) geschädigt.

Kompensationsreaktion: Wenn der Sauerstoffgehalt im arteriellen Blut sinkt, versucht der Körper über eine Stimulation des sympathischen Nervensystems zu kompensieren. Die sympathische Stimulation aktiviert das Herz-Kreislauf-System, es kommt zu Tachykardie, Blutdruckanstieg und Zunahme des Herzzeitvolumens. Die Durchblutung von Gehirn, Herz und Lungen nimmt zu und die von Haut und Eingeweiden ab. Respiratorisch kommt es zur Hyperventilation, besondes ausgeprägt bei pO_2-Werten zwischen 50 und 25 mmHg. Im Spätstadium der Hypoxämie fallen Herzfrequenz, Blutdruck und Herzzeitvolumen ab.

Symptome

Klinische Zeichen: Im Vordergrund stehen die **Kompensationszeichen Tachykardie, Blutdruckanstieg** und **Hyperventilation.** Später treten Zeichen der **gestörten Organfunktion** hinzu: zunächst Tachykardie, mäßiger Blutdruckanstieg, Schwitzen, Zyanose, Unruhe, Erregung, Verwirrtheit, Schläfrigkeit; später Blutdruckabfall, Bradykardie, Herzrhythmusstörungen. Zur Diagnosesicherung ist eine arterielle Blutgasanalyse erforderlich.

Therapie: Die Therapie besteht in erster Linie in der Gabe von Sauerstoff.

13.4.2 Hyperkapnie

Definition: Erhöhter arterieller pCO_2 (über 45 mmHg). Bei einer Hyperkapnie wird das zentrale Nervensystem stimuliert, es kommt zu einer starken Steigerung der Atmung. Mit zunehmenden pCO_2-Werten wird das zentrale Nervensystem weiter gedämpft, bis schließlich eine CO_2-Narkose eintritt. Die Hirndurchblutung wird bei pCO_2-Anstieg immer gesteigert, die Folge ist ein ICP-Anstieg.

Symptome

Klinische Zeichen: Gerötete Haut, Schwitzen, Tachykardie, Herzrhythmusstörungen, Blutdruckanstieg, Somnolenz bis hin zum Koma (art. pCO_2 80–100 mmHg), flache und/oder langsame Atmung (hoher art. pCO_2), Muskelzucken, Krämpfe (sehr hoher art. pCO_2). Zur Diagnosesicherung ist eine Blutgasanalyse erforderlich.

Therapie: Behandlung der Grunderkrankung, z. B. Erhöhung des Atemzugvolumens zur Verbesserung der CO_2-Abatmung.

13.4.3 Beurteilung des Säure-Basen-Status

Laborparameter

Bestimmt werden pH-Wert, HCO_3 (Bikarbonat) und pCO_2.

PH-Wert: Zunächst wird überprüft, ob der pH-Wert im Normbereich liegt. Wenn eine Azidose (pH unter 7,35) oder eine Alkaose (pH über 7,45) vorliegt, kontrolliert man das pCO_2 und das HCO_3.

HCO_3: Metabolische Störungen können zu einer Verschiebung des Säure-Basen-Gleichgewichtes führen. Aus einem Überschuss an Natriumbikarbonat kann eine metabolische Alkalose resultieren. Metabolische Störungen können auch einen Verlust von Natriumbikarbonat verursachen und nachfolgend zu einer metabolischen Azidose führen.

pCO_2: Eine Hyperventilation bedingt einen Abfall des CO_2. CO_2 löst sich in Wasser zu einer Säure (H_2CO_3). Bei einer ausgeprägten Hypoventilation kommt es zu einer Erhöhung der Säuremenge → respiratorische Azidose. Eine Hyperventilation löst einen CO_2-Verlust aus. Durch diesen Verlust kann weniger Säure (H_2CO_3) gebildet werden, wodurch eine respiratorische Alkalose entsteht.

13.5 Störungen des Säure-Basen-Haushalts

13.5.1 Respiratorisch bedingte Säure-Basen-Störungen

Störungen des Säure-Basen-Haushaltes, die durch Veränderungen der Atmung bedingt sind, werden durch Messung des pCO_2 im arteriellen Blut erfasst (Normalwert: 35–45 mmHg). Man unterscheidet zwei Arten von respiratorischen Störungen des Säure-Basen-Haushaltes: **respiratorische Azidose und Alkalose.**

13.5.1.1 Respiratorische Azidose

Bei einer respiratorischen Azidose ist der pCO_2 aufgrund einer verminderten CO_2-Abatmung über die Lungen (Hypoventilation) erhöht.

Laborwerte

Blutgasanalyse: pH unter 7,36, pCO_2 über 45 mmHg, HCO_3 normal bis erhöht.

Häufige Ursachen: Verlegung der Atemwege, zentrale Atemdepression (z. B. nach Schlaganfall), Lungenerkrankungen, Erkrankungen der Thoraxwand, neurologische oder neuromuskuläre Erkrankungen (z. B. Myasthenia gravis).

Therapie: Respiratorische Azidosen müssen durch Steigerung der Ventilation, assistierte oder kontrollierte Beamtung behandelt werden.

13.5.1.2 Respiratorische Alkalose

Bei einer respiratorischen Alkalose ist der pCO_2 aufgrund einer gesteigerten CO_2-Abatmung über die Lungen (Hyperventilation) erniedrigt.

Laborwerte

Blutgasanalyse: pH über 7,44, pCO_2 unter 35 mmHg, Standardbikarbonat über 21 mval/l.

Häufige Ursachen: Kompensatorische Hyperventilation bei Lungenerkrankungen, kontrollierte Hyperventilation zur ICP-Senkung, Schädel-Hirn-Trauma, Angst, Aufregung, Hyperventilationstetanie u. a.

Therapie: Die Behandlung richtet sich nach der Ursache. Falls erforderlich Patienten sedieren oder CO_2 einatmen lassen (Rückatemmaske).

13.5.2 Metabolisch bedingte Säure-Basen-Störungen

Alle Abweichungen der Wasserstoffionenkonzentration vom Normalbereich, die nicht respiratorisch bedingt sind, werden als metabolische (stoffwechselbedingte) Störungen bezeichnet. Durch die alleinige Messung des pH-Wertes im Blut kann nicht festgestellt werden, ob eine respiratorische oder metabolische Störung vorliegt. Die Bestimmung einer vollständigen arteriellen Blutgasanalyse (BGA) ist hierzu erforderlich. Zwei metabolische Parameter, das Standardbikarbonat und die Basenabweichung (BE = Base Excess), die primär durch Stoffwechselvorgänge beeinflusst werden, sind zur Diagnosestellung metabolischer Störungen wichtig.

13.5.2.1 Metabolische Azidose

Bei einer metabolischen Azidose besteht ein Mangel an Bikarbonat und ein Überschuss an H^+-Ionen. Metabolische Azidosen können durch zwei Grundmechanismen entstehen: a) durch eine Anhäufung nicht flüchtiger Substanzen im Blut, b) durch Verlust von Bikarbonat aus dem Körper.

Laborwerte

Blutgasanalyse: pH unter 7,36, BE (Base Excess) unter –2 mmol/l, Standardbikarbonat unter 21 mmol/l.

Häufige Ursachen: Zunahme von Säuren: Nierenversagen, Laktatanstieg, Alkoholvergiftung, diabetische Stoffwechselentlgeisung → Hyperglykämie, Salizylsäurevergiftung, Hungerketoazidose.

Therapie: Metabolische Azidosen werden immer durch **Puffersubstanzen** korrigiert. Die wichtigsten Puffersubstanzen sind Natriumbikarbonat (4,2 % und 8,4 %) und TRIS-Puffer. Die Pufferung muss behutsam erfolgen, um eine Alkalose zu vermeiden. **Cave:** Es können bedrohliche Herz-Kreislauf-Störungen, insbesondere Herzrhythmusstörungen auftreten, da eine schwere Azidose mit Hyperkaliämie einhergeht (Kalium strömt im Austausch gegen H^+-Ionen aus den Zellen).

13.5.2.2 Metabolische Alkalose

Bei einer metabolischen Alkalose besteht ein Überschuss an Bikarbonat und eine positive Basenabweichung (+BE). Metabolische Alkalosen entstehen in erster Linie durch Verlust von Wasserstoffionen aus dem Körper.

Laborwerte

Blutgasanalyse: pH über 7,44, BE (Base Excess) über + 2 mmol/l, Standardbikarbonat über 25 mmol/l.

Häufige Ursachen: Verlust von Bikarbonat: Durchfälle, Überdosierung bei Diamox®-Therapie, Ionenaustauschertherapie, Dünndarmdrainage, Pankreassaftdrainage, Verdünnungsazidose.

Therapie: Nur sehr schwere metabolische Alkalosen müssen korrigiert werden. Sie werden durch **Zufuhr von Salzsäure** (0,1–0,2 molar) über einen zentralen Venenkatheter behandelt.

13.5.3 Auswirkungen einer Azidose

Diagnosestellung

Die Diagnose wird durch eine Blutgasanalyse gesichert.

Symptome

Eine Azidose dämpft vor allem das zentrale Nervensystem. Bei einem pH-Wert unter 7,0 treten folgende **Krankheitzeichen** auf: **Verwirrtheit, Muskelschwäche, Koma.** Das Herz-Kreislauf-System reagiert mit **Blutdruckabfall und Herzrhythmusstörungen.** Die Atmung ändert sich bei einer respiratorischen Azidose nicht (Atemdepression ist gewöhnlich die Ursache der respiratorischen Azidose), bei **metabolischer Azidose nimmt die Atemfrequenz und die Atemtiefe zu.**

13.5.4 Auswirkungen einer Alkalose

Diagnosestellung

Die Diagnose wird durch eine Blutgasanalyse gesichert.

Symptome

Bei einer Alkalose kommt es zu einer Übererregung des peripheren Nervensystems. Typisch sind tonische Spasmen der Muskulatur → **Tetanie.** Die Spasmen beginnen in den Unterarmen und breiten sich über das Gesicht und den ganzen Körper aus. **Verwirrtheit** ist ebenfalls möglich. Das Herz-Kreislauf-System reagiert mit **Blutdruckabfall** und **Herzrhythmusstörungen.**

13.6 Respiratorische Insuffizienz

Bei der respiratorischen Insuffizienz lassen sich zwei Formen unterscheiden (Einteilung nach Rossier).

13.6.1 Globalinsuffizienz

Definition: Die Globalinsuffizienz ist immer die Folge einer alveolären Hypoventilation. Sie geht mit einer Hypoxämie und einer arteriellen Hyperkapnie einher.

Sie entsteht durch Einschränkung des Atemminutenvolumens (Hypoventilation), wobei alle Teile der Lunge unzureichend belüftet sind. Dadurch kommt es zu einer mangelnden Sauerstoffbindung an das Blut (Hypoxie) und zu einer CO_2-Überladung (Hyperkapnie). Die Störung liegt im Belüftungs-Durchblutungs-Verhältnis, bedingt durch alveoläre Hypoventilation.

Häufige Ursachen: Zentrale Atemlähmung, Insuffizienz der Atemmuskulatur (Myastenia gravis), Rippenserienfraktur.

Therapie: Steigerung des Atemminutenvolumens → Beatmung.

13.6.2 Partialinsuffizienz

Definition: Bei einer Partialinsuffizienz besteht eine bronchiale oder pulmonale Störung. Diese Störung kann zu einem Shunt, einer Beeinträchtigung der Sauerstoffdiffusion oder zu einer im Verhältnis zur Durchblutung ungleichartigen Verteilung der Ventilation führen.

Sie entsteht durch ungleichmäßige Belüftung der Alveolen. Ein Teil der Alveolen wird hypoventiliert, während die übrigen z. T. kompensatorisch hyperventiliert werden. Die Folge ist ein Sauerstoffmangel im Blut.

Häufige Ursachen: Spastische Bronchitis, Asthma, Emphysem.

Therapie: Oftmals Besserung bei körperlicher Belastung, da durch die Hyperventilation der Anteil der schlecht belüfteten Lungenbezirke geringer wird.

14 Kardiopulmonale Wiederbelebung

(P. Manz)

> **Definition:** Der Begriff »Reanimation« stammt vom Lateinischen »re«: wieder und »animare«: beseelen, beleben. Reanimation bedeutet das Aufrechterhalten bzw. die Wiederherstellung der gestörten oder fehlenden Atmung und/oder Herz-Kreislauffunktion durch medizinische Maßnahmen.

14.1 Herz-Kreislauf-Atemstillstand

Stillstand der Atmung und des Herzens sind mittelbar miteinander verbunden. Dem Atemstillstand folgt der Herzstillstand durch Sauerstoffminderversorgung nach spätestens 2–4 Minuten. Tritt der Herzstillstand zuerst ein, folgt der Atemstillstand innerhalb einer Minute. Herz-Kreislauf- und Atemstillstand können unterschiedliche Ursachen haben.

14.1.1 Respiratorische Ursachen

- **Verlegung der Atemwege (Obstruktion):** durch Erbrochenes, Fremdkörper, zurückgesunkene Zunge etc.
- **Zentrale Atemdepression:** verursacht durch Medikamente wie Anästhetika, Opiate, Sedativa, Hypnotika oder durch Verletzungen wie z. B. Schädel-Hirn-Trauma etc.
- **Periphere Ateminsuffizienz:** durch Muskelrelaxanzien, bei Thoraxtrauma, neurologischen Erkrankungen etc.

14.1.2 Kardiale Ursachen

- Plötzlicher Herztod als Folge einer koronaren Herzkrankheit (KHK).
- Bradykarde Arrhythmien bei Vorliegen eines totalen AV-Blocks.
- Rhythmusstörungen.
- Myokardinfarkt.
- Perikardtamponade.

14.1.3 Kreislaufversagen

- Neurogener Schock,
- anaphylaktischer Schock,
- hypovolämischer Schock.

14.1.4 Pulmonale Ursachen

- Akute Lungenembolie,
- Lungeninfarkt.

14.1.5 Sonstige Ursachen

- Septischer Schock,
- Polytrauma,
- Hirnblutung,
- Stoffwechselentgleisung, z. B. bei Diabetes mellitus,
- Stromunfall,
- Hypothermie und Hyperthermie,
- Ertrinken,
- Vergiftungen u. a.

14.2 Feststellen eines akuten Herz-Kreislauf-Stillstands

Das Patientenmonitoring auf Intensivüberwachungsstationen ermöglicht ein frühes Erkennen eines Herz-Kreislauf-Stillstands. Das Monitoring alleine ist aber zur **sicheren Diagnose** des plötzlichen Herz-Kreislauf-Stillstands nicht geeignet, da Messfehler vorliegen könnten. Die Sofortdiagnose muss aufgrund folgender **Leitsymptome** gestellt werden:

Leitsymptome des Herz-Kreislauf-Stillstands

- **Pulslosigkeit:** Tasten der A. carotis oder der A. femoralis,
- **Bewusstlosigkeit nach 6–12 Sekunden,**
- **Atemstillstand nach ca. 20 Sek. (Schlafapnoe!)** oder
- **Schnappatmung nach 60 Sekunden,**
- **Erweiterung der Pupillen nach 45 Sek.,**
- **weite, lichtstarre Pupillen nach 60–90 Sek.,**
- **totenähnliches Aussehen:** graublaue Hautfarbe.

Die Sofortdiagnose muss sehr sorgfältig gestellt werden, da die Symptome auch einzeln und unabhängig voneinander auftreten können.

Merke: Niemand darf den Gefahren der Reanimation ausgesetzt werden, ohne dass ein funktioneller Herzstillstand vorliegt (R. Larsen).

14.3 Erläuterungen zu den Leitsymptomen

1. **Pulslosigkeit:** Die Pulslosigkeit der großen Arterien (A. carotis, A. femoralis) zeigt an, dass die Pumpleistung des Herzens unterbrochen ist. Peripher, z. B. an der A. radialis ermittelte Pulswerte sind nicht aussagekräftig, da diese Pulse fehlen können, obwohl der Karotispuls noch tastbar ist. Da es bei der Pulskontrolle zu diagnostischen Unsicherheiten kommen kann, sollte sie nicht länger als 10 Sek. dauern. Bei Unsicherheiten muss nach allgemeinen Hinweisen auf das Vorhandensein der Kreislauffunktion wie z. B. Schlucken, Husten oder Bewegungen gesucht werden.
2. **Bewusstlosigkeit:** Ungefähr 6 Sek. nach Einsetzen des Kreislaufstillstands tritt der Bewusstseinsverlust ein, da die für O_2-Mangel besonders empfindliche Großhirnrinde ihre Funktion reduziert. Die Bewusstlosigkeit ist bei Narkose, Vergiftung, schwerem Schädel-Hirn-Trauma und Koma anderer Ursachen als Hinweis auf einen Herz-Kreislauf-Stillstand nicht aussagekräftig.
3. **Atemstillstand und Schnappatmung:** Bei primär zirkulatorischer Störung setzt nach ungefähr 15 Sek. die Spontanatmung aus. Die Ursache hierfür ist ein O_2-Mangel des Atemzentrums. Selten geht die normale Atmung direkt in eine Schnappatmung über. Bei Patienten, die schon beatmet werden, ist ein Atemstillstand nicht erkennbar.
4. **Graublaue Hautfarbe:** Mit dem Aussetzen der Spontanatmung verfärben sich Haut und Schleimhäute durch Minderdurchblutung und O_2-Mangel graublau (Ausschöpfungszyanose). Veränderungen der Hautfarbe sind ein unsicheres Zeichen für einen Herzstillstand, vor allem bei Anämie, Ikterus, schweren Verbrennungen, dunkler Hautfarbe und bestimmten Vergiftungen.

   Ausschöpfungszyanose
5. **Pupillenerweiterung:** Die Pupillenerweiterung ist ein Symptom, auf das nicht gewartet werden darf. In der Regel erweitern sich die Pupillen ca. 45 Sek. nach dem Eintreten des Kreislaufstillstands. Bei der Pupillenreaktion müssen beide Augen überprüft werden, um z. B. eine einseitige Pupillenerweiterung bei Hirndruckanstieg auszuschließen. Zudem tritt bei manchen Patienten (z. B. nach einer E 605-Vergiftung) keine Pupillenerweiterung auf, bei anderen sind die Pupillen schon weit und lichtstarr (z. B. Schädel-Hirn-Trauma, Vergiftung). Wichtig ist die Beobachtung der Pupillenreaktion während der Reanimation. Verengen sich die Pupillen bei Lichteinfall, ist dies ein Zeichen, dass Blut und damit Sauerstoff in das Gehirn gelangt. **Aber:** nach Verabreichen von Adrenalin (Suprarenin®) können die Pupillen auch bei erfolgreicher Reanimation maximal weit sein und sich unter Umständen nicht verengen (siehe auch Kapitel 7.2).
6. **Sonstiges:**

   Periphere Blutdruckmessung: Unsichere Methode. Ein nicht messbarer Blutdruck ist kein sicheres Zeichen für einen Herz-Kreislaufstillstand. Bei einer Zentralisation kann der Blutdruck evtl. nicht messbar sein, obwohl eine normale Herzaktion vorhanden ist. Blutdruckmes-

sen darf nicht als alleinige Maßnahme zur Sofortdiagnostik des Herzstillstandes eingesetzt werden.
EKG: Zuverlässig, aber zeitraubend, verzögert die Basismaßnahmen.
Herztöne: Nicht hörbare Herztöne sind **nie** als sicherer Hinweis auf einen Herz-Kreislauf-Stillstand anzusehen, besonders bei schwerem Lungenemphysem. Das Abhören der Herztöne setzt außerdem viel Übung voraus.

14.4 Praxis der kardiopulmonalen Wiederbelebung

14.4.1 Klinische Zeichen

Klinische Zeichen der respiratorischen Insuffizienz sind anfangs
- motorische Unruhe,
- Dyspnoe.

Ein zunehmender Sauerstoffmangel (Hypoxämie) führt im weiteren Verlauf zu
- Schwitzen und zu
- Zyanose.

Das Gehirn schränkt als erstes Organ seine Funktion ein, es reagiert sehr rasch auf den Sauerstoffmangel mit
- Bewusstlosigkeit,
- Atemstillstand,
- Erweiterung der Pupillen und deren Reaktionslosigkeit auf Licht.

Der Kreislauf zeigt mit zunehmender Hypoxämie weitere Veränderungen, zunächst sind
- Pulsfrequenz- und Blutdruckanstieg zu beobachten.

Bei weiterer Zunahme des Sauerstoffmangels sinkt die Leistung des Herzmuskels und es kommt zu
- Blutdruckabfall und Bradykardie.

Die Hautfarbe ist
- fahl und aschgrau.

Die Bradykardie führt zu
- Arrhythmie, im weiteren Verlauf zu
- Kammerflattern/-flimmern und schließlich zum
- Herzstillstand.

14.5 ABC der Wiederbelebung

Sofortmaßnahmen

Die Sofortmaßnahmen der Reanimation sind in erster Linie darauf ausgerichtet, das Gehirn mit Sauerstoff zu versorgen. Zunächst werden die Basismaßnahmen der Reanimation eingeleitet: **A** = **A**temwege freimachen und freihalten, **B** = Beatmung und **C** = **K**ompression (Compression). Sind die Erstmaßnahmen erfolgreich abgeschlossen, werden weiterführende Maßnahmen wie Intubation, Verabreichen von Arzneimitteln, Defibrillation u. a. eingeleitet.

14.5.1 Sofortmaßnahmen und weiterführende Maßnahmen

Bei Bewusstlosigkeit

A Atemwege freimachen und freihalten, Kopf überstrecken.

Bei Atemstillstand

B Beatmung
Patienten 2 x langsam bei überstrecktem Kopf beatmen.
Möglichkeiten:
Mund-zu-Mund-Beatmung, Mund-zu-Nase-Beatmung, Beatmung mit Ruben-Beutel und Maske oder Beutelbeatmung über einen Tubus. Ist der Karotispuls vorhanden, wird weiter beatmet, Frequenz: 15 x/Minute.
Wenn kein Puls an den großen Gefäßen (A. femoralis oder A. carotis) tastbar ist,

Herzdruckmassage/ Beatmung

C Compression (Kompression)
Herzmassage (15 Kompressionen) abwechselnd mit 2 Beatmungen ohne Unterbrechung weiterführen und möglichst rasch intubieren. Unabhängig von der Zahl der Helfer soll das Verhältnis Beatmung zu Herz-Druck-Massage beim Erwachsenen (als erwachsen zählt in diesem Fall ein Kind über 8 Jahre) **2 : 15** betragen, also **2 langsame Beatmungen** im Wechsel mit **15 Kompressionen** (Kompressionsfrequenz ca. 100/Min.). Erst nach **sicherer Intubation** wird die Herzdruckmassage kontinuierlich und nach ca. jeder fünften Herzdruckmassage eine Ventilation durchgeführt.

D Drugs (Arzneimittel und Infusionen)
½–1 Amp. Adrenalin (Suprarenin®), verdünnt im Verhältnis 1 : 10 intravenös applizieren, nach Bedarf wiederholen. Nach 10 Minuten Natriumbikarbonat verabreichen, Kontrolluntersuchungen (Blutgasanalyse, pH-Wert) durchführen.

E EKG
Zur Diagnosestellung: Herzinfarkt (Asystolie), Kammerflimmern-/-flattern oder elektromechanische Entkoppelung (Kammertachykardie ohne ausreichende Herzauswurfleistung).

Bei Asystolie wird Schritt D wiederholt.

Bei Kammerflimmern:

F Fibrillation (Defibrillation)
Die Defibrillation wird beim Erwachsenen mit 200 Joule durchgeführt. Wiederholung bei Bedarf mit erhöhter Joulezahl. Verabreichen von Lidocain (etwa 100 mg Xylocain® i. v.) oder Amiodaron (2 Amp. Cordarex® = 300 mg auf 10 ml verdünnt i. v.).

G Gespräch
mit dem Arzt über den Effekt, den Sinn und das Ziel der Reanimation. Entscheidung über die Weiterführung oder den Abbruch der Reanimationsmaßnahmen.

Hinweis: Die Reanimation wird solange fortgesetzt, bis ein kräftiger Puls gewährleistet ist oder der Arzt den Tod feststellt.

14.6 Atemstillstand

14.6.1 Leitsymptom fehlender Atmung

Fehlende Atembewegung im Bereich von Thorax und Abdomen, feststellbar durch Beobachten und Ertasten der Atemexkursion (Heben und Senken des Brustkorbes).

14.6.2 Behandlung der Hypoxämie

Wichtigstes Behandlungsziel bei erhaltener Kreislauffunktion ist die Erhöhung der Sauerstoffkonzentration im Blut durch

1. **Freimachen der Atemwege,**
2. **Freihalten der Atemwege,**
3. **O_2-Gabe,**
4. **Beatmung.**

14.6.3 Verlegung der Atemwege

Der Unterkiefer und die Zungenmuskulatur befinden sich beim schlafenden, narkotisierten oder bewusstlosen Patienten in einem Erschlaffungszustand. Der Unterkiefer sinkt in Rückenlage nach unten und drückt den Zungengrund gegen die hintere Rachenwand. Der Zugang zum Kehlkopf wird dadurch verschlossen.

14.6.4 Freimachen der Atemwege

- Kopf des Patienten zur Seite drehen,
- Handschuhe anziehen,
- evtl. Beißschutz einbringen (Mundkeil etc.)
- Fremdkörper (Erbrochenes, Blut etc.) mit dem Finger aus der Mundhöhle entfernen.

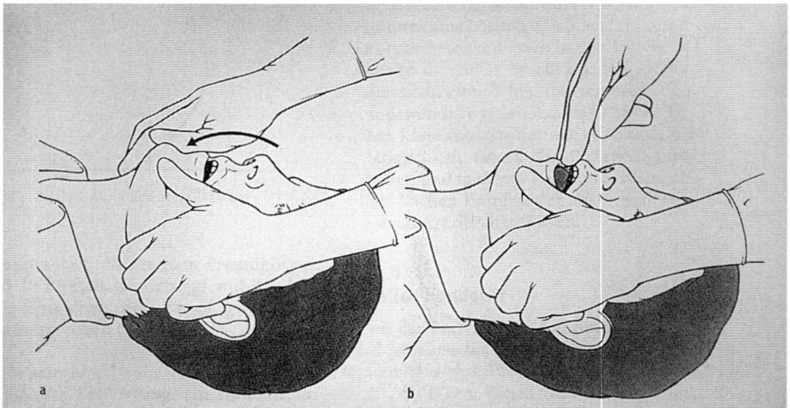

Esmarch-Handgriff (a) und Ausräumung manuell (b)

Abb. 93: Freimachen der Atemwege [18]

- Steht ein Absauggerät zur Verfügung, werden Fremdkörper, Erbrochenes etc. mit einem großlumigen Katheter abgesaugt.
- Größere Fremdkörper evtl. mit einer Klemme oder einer Magill-Zange entfernen.
- Zahnprothesen werden entfernt, Ausnahme: sehr fest sitzende Prothesen. Bei älteren Patienten sollte man eine gut sitzende Zahnprothese ebenfalls belassen, da die Maskenbeatmung dann meist einfacher durchzuführen ist.

14.6.5 Freihalten der Atemwege

Bei Spontanatmung

Stabile Seitenlage

Bei dieser Lagerung kann Erbrochenes, Blut und Sekret aus den oberen Luftwegen und dem Rachenraum über den tiefer liegenden Mundwinkel abfließen.

Esmarch-Heiberg-Handgriff

Der Kopf wird im Nacken nach hinten überstreckt. Der Unterkiefer wird an seinen aufsteigenden Ästen nach oben gezogen, sodass die untere Zahnreihe vor die obere kommt. Der Mund wird mit beiden Daumen am Kinn geöffnet.

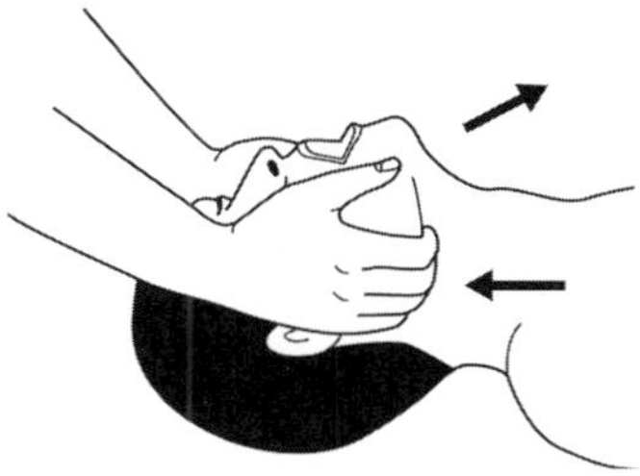

Abb. 94: Esmarch-Heiberg-Handgriff

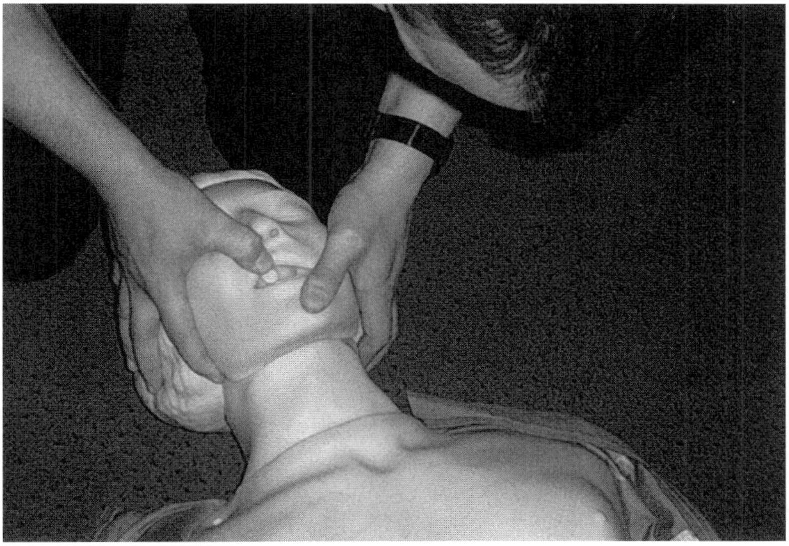

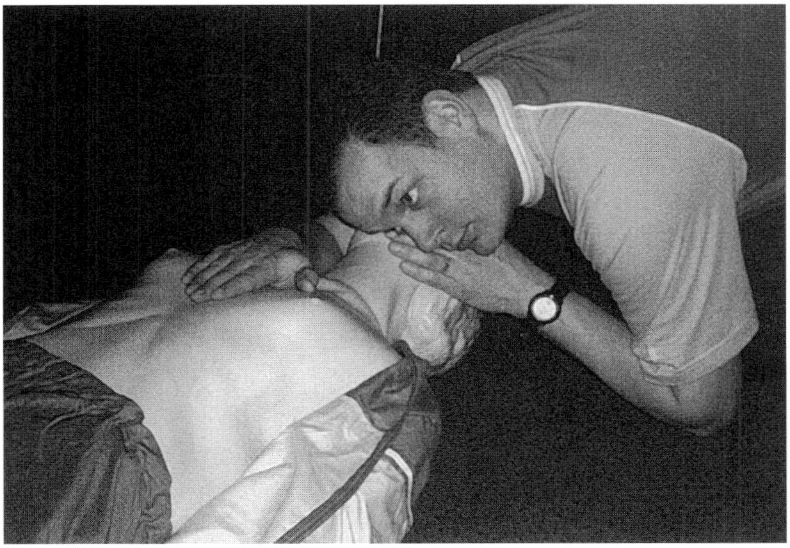

Abb. 95 und 96: Untersuchung des Mundes nach Erbrochenem und Fremdkörpern und Überprüfung der Atmung

14.6.6 Beatmung im Rahmen der Wiederbelebung

Die Inhalte dieses Kapitels beziehen sich in erster Linie auf das Beatmen mit einem Beatmungsbeutel, da die anderen Techniken wie Mund-zu-Mund- und Mund-zu-Nase-Beatmung im Krankenhaus auch im Notfall selten angewendet werden.

14.6.6.1 Beatmung mit dem Beatmungsbeutel

Beatmungstechnik

- Patienten in flache Rückenlage bringen.
- Die Beatmung mit dem Beutel gelingt am besten, wenn der Helfer kniet. Der Kopf des Patienten befindet sich vor seinen Knien.

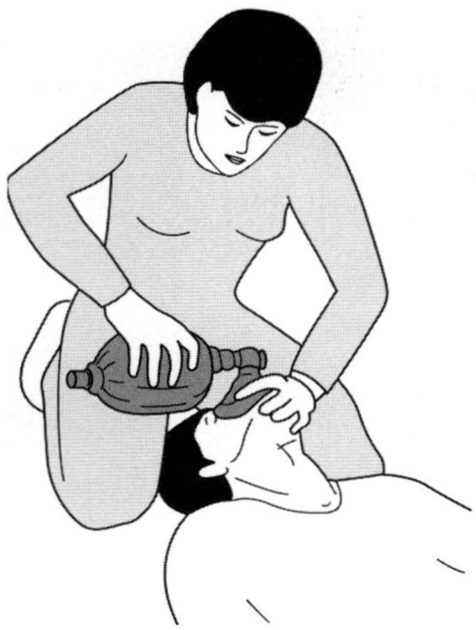

Abb. 97: Position des Helfers bei der Beatmung

- Beatmungsmaske so auf das Gesicht setzen, dass Mund und Nase bedeckt sind.
  - Die Spitze der dreieckigen Maske befindet sich im Bereich der Nasenwurzel.
  - Der untere Querwulst der Maske wird auf das Kinn aufgesetzt (Maskengrößen für Erwachsene: 3, 4 oder 5).
- Maske mit Daumen und Zeigefinger (C-Griff) fest auf das Gesicht pressen.

Abb. 98: C-Griff

- Maske abdichten und Kopf nach hinten überstrecken, damit die Atemwege frei bleiben.
- Mit der anderen Hand wird der Beatmungsbeutel komprimiert. Kniet der Helfer während der Beatmung so, dass sich ein Bein neben dem Kopf des Patienten befindet, kann der Beutel auf dem Oberschenkel des Helfers zusammengepresst werden (ermöglicht eine effektivere Kompression). Während der Beatmung müssen die Thoraxbewegungen (Heben und Senken) beobachtet werden. Die Beatmungsfrequenz sollte beim Erwachsenen ca. 12–15/Min., das Atemvolumen etwa 400 bis 600 ml betragen.

  Beatmungsfrequenz

  Bei Widerstand:
  - bei Atemwegsverlegung Fremdkörper entfernen/Atemwege freimachen, ggf. absaugen,
  - Kopf reklinieren.
- Nach jeder Kompression (Beatmung) wird der Beutel losgelassen, dass er sich wieder mit Luft füllen kann. Die Füllungszeit gibt den Beatmungsrhythmus vor.

> **Wichtig:** Auf das Ausströmen der Exspirationsluft am Exspirationsventil und die Thoraxbewegungen achten.

> **Vorsicht:** Erbricht der Patient, was bei durchsichtiger Maske sofort zu erkennen ist, müssen die Atemwege umgehend freigemacht werden. Den Beatmungsbeutel mehrmals ohne aufgesetzte Maske komprimieren. Ein sofortiges Zerlegen des Ansatzstückes ist meist nicht erforderlich. Ein eingebauter Filter wird bei Bedarf erneuert.

14.6.6.2 Unterstützende Maßnahmen bei der Beutelbeatmung

Sauerstoffzufuhr

Die Beatmung mit dem Ruben-Beutel hat den Vorteil, dass die Atemluft mit Sauerstoff angereichert werden kann.

Sauerstoff kann über den **O_2-Stutzen am Einlassventil** zugeführt werden. Bei einer Zufuhr von 15 l O_2, einem Ventilationsvolumen von 750 ml und einer Beatmungsfrequenz von 12/Min. beträgt die Sauerstoffkonzentration ca. 50 %.

Sauerstoffanreicherung

Eine **höhere Sauerstoffzufuhr** wird durch **Anschluss eines Reservoirs** erreicht.

Bei Zuspeisung von 15 l O_2, einem Ventilationsvolumen von 750 ml und einer Beatmungsfrequenz von 12/Min. beträgt die Sauerstoffkonzentration ca. 100 %.

> **Merke:** Die Sauerstoffkonzentration im Blut ist abhängig von Ventilationsvolumen, Beatmungsfrequenz und der Beimengung von Sauerstoff zur Beatmungsluft.

14.6.6.3 Beatmung mit Hilfsmitteln

Verwendung von Tuben

Es ist sinnvoll, vor der Beatmung einen oropharyngealen oder nasopharyngealen Tubus einzuführen, der die Atemwege freihält.

1. Güdel-Tubus (oropharyngeal)
Der Güdel-Tubus verhindert das Zurücksinken des Zungengrundes. Der Tubus hat die richtige Größe, wenn seine Länge dem Abstand zwischen Mundwinkel und Ohrläppchen entspricht. Bei der Verwendung zu großer Güdel-Tuben wird der Kehldeckel auf den Kehlkopfeingang gedrückt und dadurch der Luftstrom behindert. Bei der Verwendung zu kleiner Güdel-Tuben kann der Zungengrund gegen die Rachenhinterwand gedrückt werden und dadurch den Rachen verlegen. Da der Güdel-Tubus leicht Würgereize und Erbrechen auslösen kann, sollte er nur eingesetzt werden, wenn diese Abwehrreflexe erloschen sind.
Der Güdel-Tubus wird mit der Biegung nach oben über die Zunge in den Mund eingeführt. Nach Passieren des harten Gaumens wird er um 180 ° gedreht.

Abb. 99 a: Güdel-Tubus

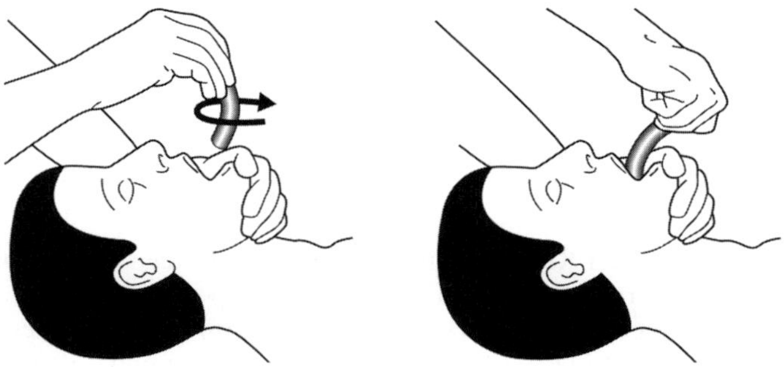

Abb. 99 b: Einführen des Güdel-Tubus

2. Wendl-Tubus (nasopharyngeal)
Er wird über ein Nasenloch eingeführt und soweit vorgeschoben, dass er die Zunge von der Rachenwand abhebt. Die richtige Länge wird durch Abmessen ermittelt. Sie entspricht dem Abstand zwischen Nasenspitze und Ohrläppchen des Patienten. Die Tubusdicke sollte die Klein- bis Ringfingerdicke des Patienten nicht überschreiten. Vor dem Einlegen sollte man den Tubus mit Silikon-Spray oder Gel gleitfähig machen. Der Wendl-Tubus wird von wachen Patienten besser toleriert und löst nur selten Würgereiz oder Erbrechen aus.

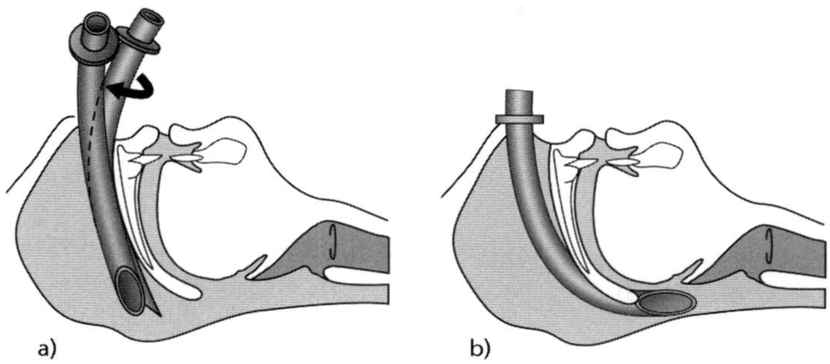

Abb. 100: Wendl-Tubus

Einlegen eines Wendl-Tubus:
Technik: Nasenspitze etwas anheben. Mit Gleitmittel versehenen Wendl-Tubus in den unteren Nasengang einführen. Tubus vorsichtig parallel zum harten Gaumen Richtung Rachen schieben. Unterkiefer des Patienten anheben, um ein Abdrängen des Zungengrundes zum Kehlkopf durch den Tubus zu vermeiden. Tubus unter kontinuierlicher Kontrolle der Atemgeräusche vorsichtig weiter vorschieben (das Atemgeräusch ist kurz vor dem Kehlkopf am lautesten). Wenn sich die Tubusspitze kurz vor dem Kehlkopf befindet, liegt der Wendl-Tubus richtig.

> **Beachte:** Die Beatmung über Endotrachealtuben oder Tracheoflex® erfolgt ohne Maske.

14.7 Kreislaufstillstand

14.7.1 Formen des Kreislaufstillstandes

> **Definition:**
> - **Asystolie** ≙ Herzstillstand.
> - **Kammerflimmern:** Herzaktionen ohne Auswurfleistung.
> - **Pulslose elektrische Aktivität (PEA) bzw. elektromechanische Dissoziation (EMD):** Herzaktionen ohne hämodynamisch relevante Auswurfleistung.

Asystolie

Bei einer Asystolie sendet das Reizleitungssystem des Herzens keine Impulse mehr aus und das Myokard ist bewegungslos. Monitor → Nulllinie (isoelektrische Linie).

Kammerflimmern

Beim Kammerflimmern führen die Herzmuskelzellen asynchrone Aktionen mit einer Frequenz zwischen 200 und 300/Min. ohne effektive Auswurfleistung aus (funktioneller Herz-Kreislauf-Stillstand). Monitor → unkoordinierte Aktivität mit hochfrequenten verschiedenartigen Wellen.

Pulslose elektrische Aktivität (PEA)/elektromechanische Dissoziation (EMD)

Hier sendet das Reizleitungssystem weiterhin Impulse aus, die elektrischen Vorgänge an den Herzmuskelfasern laufen annähernd normal ab. Die Muskelfasern kontrahieren sich aber nur noch schwach oder gar nicht. Auf dem Monitor kann man evtl. grob geformte Kammerkomplexe oder EKG-Kurven-ähnliche Bilder sehen. Ursache ist, dass die Zeit der elektrischen Funktionen des Herzens länger sein kann als die der hämodynamischen. Es handelt sich also nur um elektrische Aktionen des Herzens ohne mechanische Pumpleistung. Dieser Zustand wird als elektromechanische Entkopplung bezeichnet. Diese Form des Kreislaufstillstandes ist selten und kommt bei Patienten mit chronisch vorgeschädigtem Herz-Kreislauf-System (Herzinsuffizienz) vor.

14.7.2 Zeitfaktor

Kritische Zeit

Reanimationsmaßnahmen müssen innerhalb der sog. **Wiederbelebungszeit** (auch »**kritische Zeit**«) durchgeführt werden, um irreversible Gewebe- und Organschäden durch Sauerstoffmangel, v. a. im Bereich des Gehirns, zu verhindern. Die kritische Zeit variiert **i. Abh. v. Organgewebe,** vom **Alter des Patienten** (Säugling oder Erwachsener) und der **Körpertemperatur** zwischen **wenigen Minuten** und **mehreren Stunden.** Sie beträgt beim Erwachsenen bei normaler Körper- und Umgebungstemperatur für:

- das **Gehirn** etwa **4–6 Minuten,**
- das **Herz** ca. **15–30 Minuten,**
- die **Leber** etwa **30 Minuten,**
- die **Nieren mehrere Stunden.**

Im Säuglingsalter und bei unterkühlten Personen kann sich die Wiederbelebungszeit verlängern.
Alle anderen Organe können durch Zentralisation vorübergehend vom Blutkreislauf abgekoppelt sein oder den Sauerstoffmangel mit geringem Erhaltungsstoffwechsel ohne bleibende Schäden überleben.

> **Merke:** Eine erfolgreiche Wiederbelebung ist bereits 5 Minuten nach Eintritt des Kreislaufstillstandes fraglich oder unmöglich, i. Abh. v. Alter des Patienten, der Ursache des Kreislaufstillstandes und verschiedenen äußeren Gegebenheiten.

14.8 Externe Herzdruckmassage beim Erwachsenen

Technik der Herzdruckmassage

Lagerung:
Der Patient wird in flacher Rückenlage auf eine harte Unterlage gelegt, am günstigsten ist die Lagerung auf dem Fußboden. Bei Weichlagerung, z. B. in Betten mit Antidekubitus-Matratze schiebt man ein Bettbrett unter den Thorax. Betten mit Stahlgitterrost und normaler Matratze eignen sich ohne zusätzliche Maßnahmen.

Druckpunkt suchen, Handballen auflegen:
Der Druckpunkt befindet sich 3 Querfinger oberhalb des Schwertfortsatzes. Der Handballen einer (der ersten) Hand wird auf den Druckpunkt aufgesetzt. Die andere Hand wird auf die erste aufgesetzt, greift in die Finger der unten liegenden Hand und zieht diese nach oben (siehe Abbildung 101 b). Der Druck auf den Thorax wird mit dem Handballen ausgeübt.

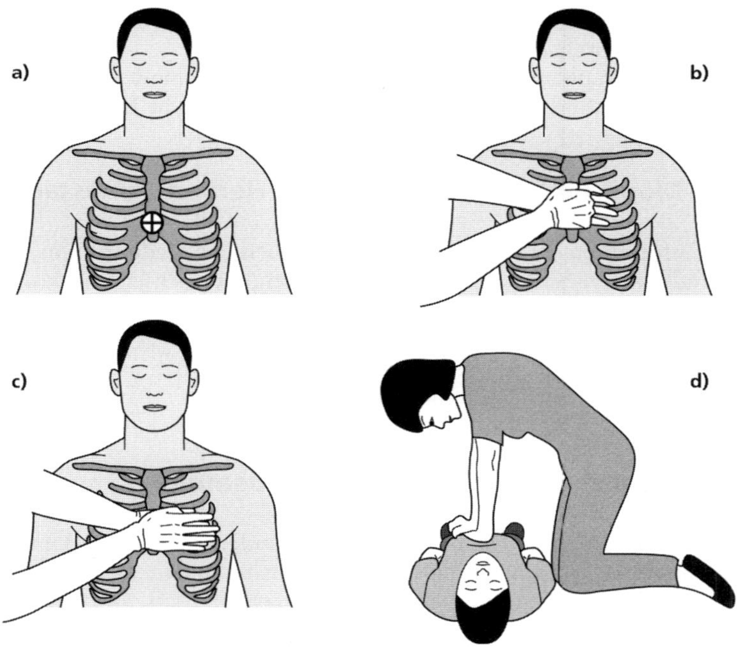

Abb. 101: Lokalisation des Druckpunktes bei der externen Herzdruckmassage und Durchführung der Herzkompression

Vereinfachte Suche des Druckpunktes:
Ertasten des Rippenbogens und Aufsuchen des Winkels zwischen Xyphoid und Rippenbogen.
Markierung des unteren Sternumrandes.
Auflegen der Hand auf die untere Sternumhälfte.
Die Messung mit den beiden Querfingern entfällt hierbei.

Beginn der externen Herzdruckmassage:
Wichtig: Der Druck wird **senkrecht** zur Wirbelsäule ausgeübt. Mit einer schnellen Bewegung wird das Sternum 3–5 cm tief gegen die Wirbelsäule gedrückt. 25–30 kg Druck sind notwendig, um das Sternum 5 cm tief einzudrücken. Die Wirbelsäule dient als Widerlager für das Herz, um das Blut auspressen zu können. Die Hände bleiben während und nach der Herzdruckmassage auf dem Sternum liegen. Während das Sternum in seine Ausgangslage zurückschwingt, bewirkt die Druckminderung in den Herzkammern das Zurückströmen des Blutes und damit die Füllung der Vorhöfe.

Frequenz

Massagefrequenz: Sie sollte bei ca. 100/Min. liegen. Das Verhältnis von Kompression zur Dekompression soll 1 : 1 betragen.

Effekt der Herzdruckmassage kontrollieren:

Beobachtung und Überwachung

- **Beobachtung der Pupillengröße:** Sowie die Sauerstoffversorgung des Gehirns wieder ein Minimum überschreitet, sollten sich die Pupillen auf weniger als 5 mm verengen und auf Licht reagieren. **Cave:** Adrenalingabe verursacht Mydriasis!
- **Puls:** Der Puls sollte laufend an einem der großen Gefäße A. carotis oder A. femoralis überwacht werden.
- **Haut:** Die graublaue Verfärbung der Haut sollte zumindest einer Zyanose weichen. Bei Einsetzen der Herztätigkeit wird die Haut rötlich.

14.8.1 Mögliche Komplikationen der Herzdruckmassage

Brustbeinfrakturen, Pneumothorax, Kontusionen des Mediastinums, Leber- und Milzverletzungen, Rippenfrakturen, Rippenserienfrakturen (i. Abh. v. Alter und Knochenzustand des Patienten) und als Folge Lungenrisse, Hämatothorax und Leberrisse. Nach erfolgreicher Reanimation mit Herzdruckmassage müssen daher eine Röntgenaufnahme des Thorax und eine Oberbauchsonographie durchgeführt werden.

14.8.2 Mögliche Komplikationen der Beatmung

Werden nicht intubierte Personen mit zu hohem Druck beatmet, kann es zur Blähung des Magens kommen. Folge ist zum einen ein Zwerchfellhochstand, der die Beatmungsbedingungen verschlechtert, zum anderen die Gefahr der Regurgitation von Mageninhalt mit nachfolgender Aspiration.

14.8.3 Vorgehensweise bei der Reanimation

Reanimationstechnik

Die Reanimation beginnt nach dem Freimachen und Freihalten der Atemwege mit 2 Beatmungen: Die Verabreichung der Beatmungshübe sollte etwa 2 Sekunden dauern. Vor der zweiten Beatmung ist es wichtig, das Ende der passiven Ausatmung des vorherigen Atemzuges abzuwarten.

Wird die zweite Beatmung vor Ende der passiven Ausatmung durchgeführt, könnte es statt zur beabsichtigten Lungenbelüftung zu einer Blähung des Magens kommen.
Dann folgen 15 rasche Kompressionen des Thorax: Die Frequenz sollte bei 100/Min. liegen, d. h., in 10 Sek. sind etwa 11–12 Herzdruckmassagen und 2 Beatmungen durchführbar.
Jetzt folgen immer 2 Beatmungen und 15 Kompressionen im Wechsel: Der Karotispuls und die Pupillenreaktion müssen mind. alle 60 Sek. kontrolliert werden.

> **Merke:** Wenn genügend Helfer anwesend sind (u. U. auch Angehörige), sollten diese Hilfe herbeiholen (zentrale Anästhesiebereitschaft, Notruf).

14.8.4 Medikamentöse Therapie bei Kreislaufstillstand

Applikationsformen und Dosierungen

Bei einer Reanimation sollte umgehend ein venöser Zugang gelegt werden. Ist dies nicht möglich, kann man Adrenalin auch endotracheal über einen Tubus verabreichen. Die Dosis muss dabei um das Zwei- bis Dreifache erhöht werden; bei intravenöser Gabe ist die Dosierung 1 : 10 000 (1 Amp. Suprarenin® + 9 ml NaCl 0,9% = 10 ml), bei endotrachealer Gabe 1 : 3000 (3 Amp. Suprarenin® + 7 ml NaCl 0,9% = 10 ml).

14.8.5 Zusammenfassende Übersicht über die bei der Reanimation verwendeten Medikamente

In Kap. 12 sind alle Arzneimittel detailliert dargestellt.

Sauerstoff:
Verbessert das Sauerstoffangebot für Gehirn und Herz. Die Applikation erfolgt durch O_2-Anreicherung der Beatmungsluft.

Adrenalin:
Adrenalin ist das Katecholamin der Wahl bei der Reanimation. Adrenalin bewirkt die Gefäßengstellung, erhöht die Frequenz, steigert die Kontraktionskraft und erhöht die Reizbildungsfähigkeit im Herzen. Nachteil: Es kann zur Weitstellung der Pupillen kommen. Die Wirksamkeitskontrolle der Reanimation wird hierdurch erschwert.

Lidocain:
Lidocain verzögert die Bildung und Fortleitung von Reizen am Herzen. Es kommt zu einer Hemmung der Schrittmacheraktivität. Nach mehreren erfolglosen Defibrillationen kann durch die Gabe von Lidocain evtl. ein positiver Effekt auf die Reizleitung des Myokards erzielt werden. Nach erfolgreicher Defibrillation wird Lidocain gegeben, um ein erneutes Auftreten von Kammerflimmern zu verhindern.

Amiodaron (Cordarex®):
Amiodaron ist ein Antiarrythmikum, das auf die Natrium-, Kalium- und Kalziumkanäle wirkt und alpha- und betablockierende Eigenschaften besitzt. Es soll das Lidocain ablösen.

Atropin:
Bei Sinusbradykardie und AV-Block ist Atropin das Medikament der Wahl.

Vasopressin ADH (Pitresin®):
Es kann nach mehrfacher Adrenalingabe unterstützend verabreicht werden. Dosierung: 2 Amp. mit NaCl 0,9% auf 10 ml verdünnt.

Natriumbikarbonat:
Einsatz ca. 10 Min. nach Beginn der Reanimation, da es nach langem Kreislaufstillstand und Reanimation oft zu einer metabolischen Azidose kommt, wodurch die Ansprechbarkeit auf Defibrillation und Katecholamine erniedrigt wird.

Infusionstherapie:
Da bei einem Herz- und Kreislaufstillstand alle pathophysiologischen Veränderungen des Schocks vorliegen, muss bei der Wiederbelebung eine Flüssigkeitstherapie durchgeführt werden. Es wird eine Volumenersatztherapie mit Plasmaexpandern oder u. U. Vollblut vorgenommen, wenn eine Hypovolämie die Ursache des Herzstillstandes war. Die Flüssigkeitssubstitution erfolgt mit Kochsalz- oder Vollelektrolytlösungen. Bei Vorliegen einer Herzinsuffizienz sollte die Flüssigkeitszufuhr unterbleiben, um das Herz zu entlasten.

14.8.6 EKG und Elektrotherapie

Funktion

Ein EKG sollte sofort abgeleitet werden, um festzustellen, ob Kammerflimmern/-flattern oder eine Asystolie vorliegt. Bei Monitorüberwachung ist die EKG-Ableitung nicht notwendig. Die Herzmassage muss hierbei zur Vermeidung von Artefakten unterbrochen werden. Die EKG-Ableitung ist auch mit einem modernen Defibrillator möglich, er verfügt über einen Monitor, der für die Notfalldiagnostik ausreicht. Die EKG-Ableitung erfolgt über die Paddles.

Maßnahmen i. Abh. v. der Diagnose

Bei ioselektrischer Linie (EKG – Nulllinie = Asystolie): Reanimation weiterführen → externer Schrittmacher.
Bei Kammerflimmern/-flattern: Defibrillation.

14.8.7 Externe Defibrillation

Therapieziel

Bei der Defibrillation erreicht man, dass sich bei entsprechend hohem Stromstoß alle Herzmuskelfasern gleichzeitig kontrahieren. Das flimmernde Myokard wird in seiner Gesamtheit zum gleichen Zeitpunkt depolarisiert, sodass anschließend ein intakter Sinusknoten die Rhythmusführung der Kontraktionen übernehmen kann. Voraussetzung für eine er-

folgreiche Defibrillation ist ein ausreichender Energiezustand des Myokards und eine ausreichende Oxygenisierung. Dies ist nur dann der Fall, wenn die Defibrillation möglichst frühzeitig durchgeführt wird. Wenn das Kammerflimmern erst kurze Zeit besteht, liegt die Effektivität bei etwa 90%. Bei erhöhter Energiezufuhr steigt die Wahrscheinlichkeit des Erfolgs. Beim Erwachsenen werden die ersten 3 Defibrillationen mit 200 J–200 J–360 J durchgeführt. Liegt der Herz-Kreislauf-Stillstand längere Zeit zurück, sinkt (wie bei allen Reanimationsmaßnahmen) die Wahrscheinlichkeit einer erfolgreichen Defibrillation. Wird durch das Defibrilieren des Kammerflimmerns eine Asystolie ausgelöst, muss dann entsprechend weiterbehandelt werden.
Da der Defibrillator auf einer Stroke Unit relativ selten eingesetzt werden muss, empfiehlt es sich, eine Kurzgebrauchsanweisung zur Notfalldefibrillation zu erstellen. (Bsp. siehe Abb. Nr. 104 bis 108) Der Umgang mit dem Defibrillator sollte regelmäßig geübt werden.

Hinweis für das Pflegepersonal

14.8.8 Vorgehensweise bei Notfalldefibrillation

»DEFIB EIN«-Schalter betätigen.
Damit wird das Gerät mit der zuvor auf 200 Joule eingestellten Defibrillationsenergie eingeschaltet.

Abb. 102: Defibrillator einschalten

Defibrillationselektroden (Paddles) gerade aus ihren Haltern **ziehen** und großzügig mit **Elektrodengel** bestreichen.

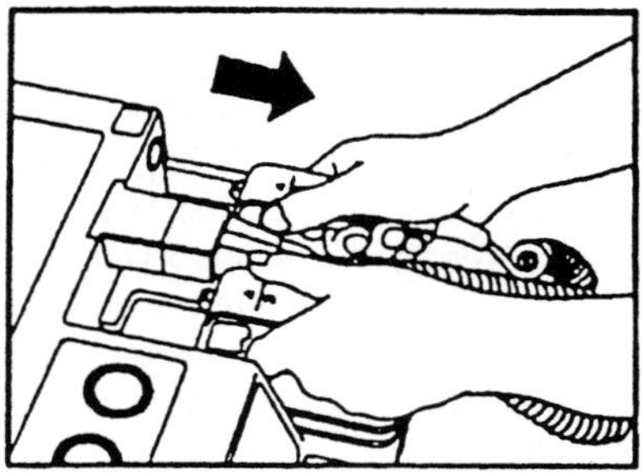

Abb. 103: Herausziehen der Paddles [12]

Paddles am Thorax anlegen und **andrücken.** Die **Sternum-Elektrode** sollte **rechts** vom **Brustbein** des Patienten unmittelbar unter dem Schlüsselbein angelegt werden.
Die **Apex-Elektrode** sollte **links unterhalb** der **linken Brustwarze** angelegt werden.

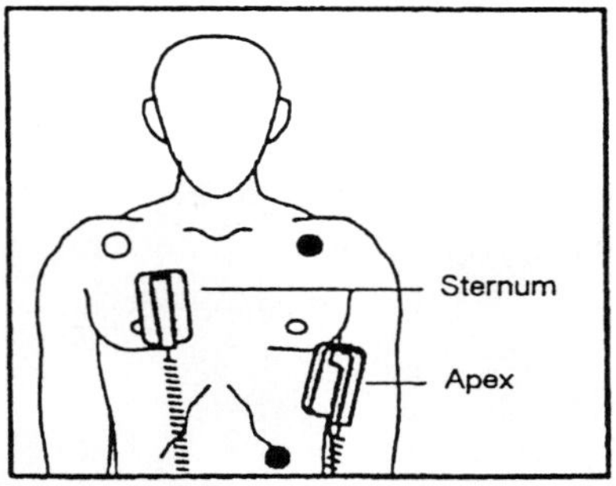

Abb. 104: Positionierung der Defibrillationselektroden [12]

Laden des Defibrillators.
Ladetaste auf dem **Bedienfeld** oder am **Handgriff** der **Apex-Elektrode** betätigen.

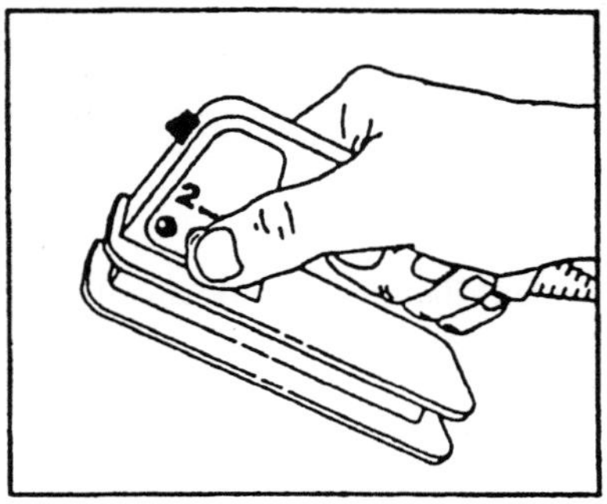

Abb. 105: Laden des Defibrillators [12]

Warnung:
Alle Personen müssen zurücktreten.
Nochmals davon überzeugen, dass niemand den Patienten, die an den Patienten angeschlossenen Kabel, Metallteile des Bettes oder andere potenzielle Stromwege berührt.

Auslösen
Die mit »DEFIB« bezeichneten **Tasten** (zum Auslösen) werden an beiden Paddles **gleichzeitig gedrückt** und kurze Zeit in dieser Position **gehalten,** um dem Patienten die Defibrillationsenergie zuzuführen.

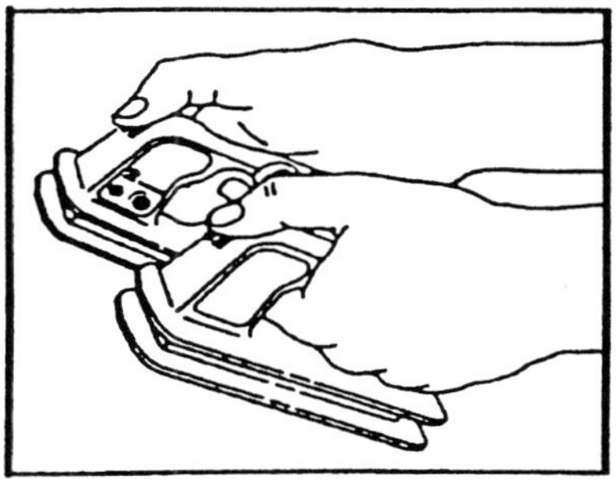

Abb. 106: Defibrillator auslösen [12]

14.9 Intubation

Die Intubation ist die sicherste Methode, die Atemwege freizuhalten und bietet die effektivste Möglichkeit der Beatmung bei einer Reanimation. Der Intubationsvorgang sollte nicht länger als 15–20 Sekunden dauern. Da eine Intubation unter Reanimationsbedingungen oftmals schwierig ist, bleibt sie erfahrenem Pflegepersonal und Ärzten vorbehalten. Die ungünstigste Situation für eine Intubation in der Klinik ist gegeben, wenn der Patient auf dem Boden liegt und gleichzeitig eine Herzmassage durchgeführt wird. Schlechte Sichtverhältnisse erschweren in diesem Fall die Intubation.

14.9.1 Notfallintubation

Im Notfall wird fast immer eine endotracheale Intubation durchgeführt. Das benötigte **Material** muss sich im Notfallkoffer/Notfallwagen befinden:

Material zur Notfallintubation

Tubus:
Tubus der richtigen Größe mit **Gleitmittel** versehen und **Dichtigkeit des Cuffs** durch Aufblasen **überprüfen.** Der Cuff muss nach der Dichtigkeitsprüfung vollständig entleert werden. Die **Tubusgröße** entspricht ungefähr der Daumendicke des Patienten (für Erwachsene Größe 7–8,5 je 2 Stück, für Frauen 7–8 und für Männer 7,5–8,5).

Blockerspritze:
Eine **10 ml-Spritze** wird mit **Luft gefüllt** und an das **Cuffventil angeschlossen.** Um eine Verwechslung zu vermeiden, sollte die Spritze mit Luftinhalt mit einem Aufkleber o. Ä. gekennzeichnet sein.

Laryngoskop:
Der gewünschte **Spatel** wird auf den **Batteriegriff** gesteckt und die **Lichtquelle kontrolliert** (ein Griff mit Batterie und Macintosh-Spatel mit Lichtquelle, Größe 3–4 für Frauen, Größe 4–5 für Männer).

Gleitmittel:
Das Gleitmittel sollte während der gesamten Intubation **immer in greifbarer Nähe** sein. Es wird bei Notfallintubationen meist **mehrfach gebraucht** (z. B. Silikonspray, Gel oder in der Klinik übliches Gleitmittel).

Führungsstab/biegbarer Mandrin:
Der Führungsstab muss **gleitfähig** gemacht werden. Er wird **bei Bedarf** in den Tubus **eingeführt.** Führungsstäbe geben dem Tubus **zusätzliche Stabilität** und ermöglichen ein **intubationsgerechtes Biegen. Metallführungsstäbe** dürfen auf keinen Fall aus der Tubusspitze herausragen (**Verletzungsgefahr**).

Güdel-Tubus:
Der Güdel-Tubus wird nach erfolgreicher oraler Intubation als **Beißschutz neben dem Endotrachealtubus** in den Mund eingeführt (Größe 3, 4 und 5 für Erwachsene).

Magill-Zange:
Sie wird zum **Einführen des Tubus bei nasaler Intubation** und zum **Entfernen von Fremdkörpern aus dem Kehlkopf-Rachen-Raum** verwendet.

Stethoskop:
Dient zur Lagekontrolle → Oesophagus-Intubation, einseitige Lungenbelüftung?

Befestigungspflaster/Binde:
Gut fixierendes Pflaster von der Rolle, Größe 1,25 cm und 2,5 cm. Bei verschwitzter Haut, Austritt von Erbrochenem, Blut oder Schleim kann eine **Bindenfixierung** sinnvoller sein.

Absaugung:
Transportabel oder **fest** am Bett **installiert, funktionsfähig mit Absaugkathetern** verschiedener Größe. Die Absaugung muss während der ganzen Intubation bereitgehalten werden, da ihr Einsatz jederzeit notwendig sein kann.

14.9.2 Durchführung der Notfallintubation

Ablauf der Intubation

Die Intubation sollte im Notfall möglichst früh durchgeführt werden. Mit der Durchführung kann aber erst begonnen werden, wenn das benötigte **Material vorbereitet** ist. Ist eine ausreichende Anzahl an Pflegekräften vorhanden, sollte sich **eine Pflegeperson** um die **Beatmung** des Patienten kümmern, während die **andere** die **Intubation vorbereitet** und **im Anschluss** daran **assistiert.**

Technik

Intubationstechnik

Der Arzt steht oder kniet am Kopfende des Patienten, der Assistent befindet sich, das Material in greifbarer Nähe, vor dem Arzt links oder rechts neben dem Patienten.

Flache Rückenlagerung, Nacken beugen, Kopf überstrecken: Für eine atraumatische Intubation ist die richtige Lagerung des Kopfes wichtig. Es empfiehlt sich die **modifizierte Jackson-Lagerung,** bei welcher der **Kopf 5° weniger als maximal möglich überstreckt** wird. Nachdem der Kopf nach hinten überstreckt ist, behindert der Zungengrund und die Epiglottis die freie Einsicht zum Kehlkopfeingang.

Modifizierte Jackson-Lagerung

Der Arzt spreizt die beiden Zahnreihen mit dem Daumen und den anderen Fingern der rechten Hand.

Pflegerische Assistenz

Man reicht dem Arzt das Laryngoskop mit aktivierter Lichtquelle in die linke Hand. Der Arzt führt den Spatel des Laryngoskops seitlich über den rechten Mundwinkel zwischen die Zahnreihen ein. Dabei ist eine Berührung des Ober- und Unterkiefers zu vermeiden (Beschädigen der Zähne). Der Arzt legt den Spatel auf die Zunge auf und schiebt ihn vor. Die Zunge wird durch leichten Zug (ohne Hebelbewegung) nach oben weggedrückt. Der Arzt kann nun den Kehldeckel sehen. Er inspiziert den Rachenraum. Durch leichtes Anheben des Spatels ohne Kippbewegung und vorsichtiges Vorschieben verschwindet die Kehldeckelspitze nach oben. Bei leichtem Anheben des Spatels ist die Stimmritze gut sichtbar.

Bei Bedarf wird ein Absaugkatheter gereicht. Der Arzt befreit den Rachenraum von Fremdkörpern.

Der Assistent kontrolliert die Tiefe des Führungsstabes und reicht dem Arzt den Tubus mit aufgesetzter, luftgefüllter Blockerspitze in seine rechte Hand.

Der Arzt führt den Tubus zwischen den beiden Stimmbändern ein. Liegt ein Kreislaufstillstand vor, ist das Vorschieben des Tubus einfach, da eine vollkommene Erschlaffung der Muskulatur vorliegt (erloschene Schutzreflexe).

Aspirationsprophylaxe

Der Tubuscuff muss, nachdem er durch die Stimmritzen geschoben wurde, **sofort geblockt werden.** Dies ist wichtig, um eine **Aspiration** zu **vermeiden.**

Der Arzt hält den Tubus so lange in Position, bis er nach der Lagekontrolle fixiert werden kann.

Die **Beatmung** wird nun sofort über den Tubus **fortgesetzt.** Nur **bei Bedarf** wird vorher **endotracheal abgesaugt.**

Lagekontrolle

Der Arzt **kontrolliert** die **Tubuslage** mit dem Stethoskop. Die **Auskultation beider Lungen** ist obligatorisch, um zu verhindern, dass der Tubus sich zu tief im rechten Hauptbronchus befindet und die linke Lunge nicht beatmet wird.

Einführen des Güdeltubus und **Tubusfixation** mit Pflasterstreifen oder einer Binde.

Beatmung

Weiterführung der Beatmung über den Tubus. Eine **Beatmungsmaske** in der richtigen Größe muss aber dennoch **bereitgehalten** werden, falls der Cuff undicht wird oder der Tubus herausrutscht.

15 Infusionen

(P. Manz)

15.1 Ziele der Infusionstherapie

Die Infusionstherapie ermöglicht

- die Zufuhr von Flüssigkeit und Elektrolyten (Ersatz von Defiziten, Erhaltung und Korrektur),
- parenterale Ernährung (Deckung des Energie- und Eiweißbedarfs),
- Wiederherstellen des Säure-Basen-Gleichgewichts,
- Verabreichung von Medikamenten (Bolusgabe oder kontinuierliche Verabreichung von Arzneimitteln, die nur intravenös verabreicht werden dürfen),
- Offenhalten eines venösen Zugangs (Blutentnahmemöglichkeit, Injektionszugang bei plötzlich eintretender Kreislaufinstabilität),
- Volumenzufuhr (durch Applikation kolloidaler Lösungen, Blutplasmaexpandern etc.).

15.2 Vorbereiten des Materials

Arbeitsfläche reinigen.
Vorbereiten/Bereitlegen folgender Materialien:

- Händedesinfektionsmittel,
- Einmalhandschuhe,
- Infusionsständer oder sonstige Aufhängevorrichtung,
- Infusionslösung,
- Infusionsbehälter mit Infusionssystem (Glas-, Kunststoffflasche oder Kunststoffbeutel):
  - Glasflaschen: Für Glasflaschen werden Systeme mit Luftfilter zur Belüftung verwendet. Ist keines zur Hand, muss ein zusätzliches Belüftungssystem verwendet werden. Ohne Belüftung entsteht nach kurzer Infusionsdauer ein Unterdruck in der Glasflasche. Die Infusion läuft nicht mehr.
  - Kunststoffflaschen: Wird mit einer Kunststoffflasche eine Druckinfusion (Schulterdruck) durchgeführt, wird wegen der Gefahr der Luftembolie ein Infusionssystem ohne Belüftungsmöglichkeit verwendet. Bei Systemen mit Belüftungsvorrichtung wird diese geschlossen. Bei der Verabreichung über Infusomat® wird ein System mit offener Belüftung verwendet.

  - Kunststoffbeutel: Bei der Verwendung von Kunststoffbeuteln, z. B. Combiflag®, werden Systeme ohne Belüftung verwendet. Bei der Verabreichung über Infusomat bleibt die Belüftungsvorrichtung geschlossen.
- Evtl. Zubehör für das Infusionssystem (Verlängerung, Dreiwegehahn, Y-Stück etc.),
- ggf. Arzneimittel, die zugespritzt werden,
- wasserfester Filzstift zum Beschriften des Infusionsbehälters,
- evtl. Einmalspritzen oder Überleitungssystem zum Zumischen von Arzneimitteln,
- Abtropfsammler (Nierenschale, Becher, Waschbecken) zur vollständigen Entlüftung des Systems,
- Abwurf (Mülltrennung).

15.3 Maßnahmen vor der Durchführung

- Prüfen der schriftlichen Anordnung: Name des Patienten, Zeitpunkt der Infusion, Art der Lösung, Infusionsmenge, Infusionsgeschwindigkeit, Zumischung von Medikamenten, Applikationsart (zentralvenös, periphervenös?)
- Vermeiden von Anordnungsfehlern: Besteht die Indikation zur Verabreichung noch, gibt es Kontraindikationen? Kontrolle der Laborbefunde (Gerinnung, E'lyte etc.), Infusionsgeschwindigkeit, Dosierung der Arzneimittel usw.

15.4 Vorbereiten der Infusion

Hygienemaßnahmen

Die **Vorbereitung** muss aus hygienischen Gründen an einem **bettfernen Arbeitsplatz** erfolgen:

- **Hygienische Händedesinfektion.**
- Die **Vorbereitung** des benötigten Materials sollte erst **kurz vor dem geplanten Infusionszeitpunkt** erfolgen (Gefahr von Kontamination, Bakterienwachstum, Zerfall von Medikamenten).
- **Einmalhandschuhe** anziehen.

Sicherheit

- **Kontrolle der Infusionslösung:** Art der Lösung, Menge, Konzentration, Verfallsdatum, Farbe und Aussehen der Lösung (Trübung, Beimengungen, Ausfällung/-flockung u. Ä.) Kontrolle des Infusionsbehälters und des Infusionsystems auf Unversehrheit (Haarrisse, Undichtigkeit, Scherben,...)
- **Beachtung der Herstellerangaben** in den Packungsbeilagen. **Achtung:** Manche Medikamente dürfen nur über spezielle Systeme verabreicht werden. Mannitol®-Lösung muss beispielsweise über einen Infusionsfilter infundiert werden. Informationen über Haltbarkeit und Lagerung fertiger Lösungen u. a. beachten.

- **Kontrolle des Infusionsgerätes** und des **Zubehörs** (Verlängerung, Dreiwegehahn etc.) auf Verfallsdatum und Unversehrtheit der Verpackung.
  Verschluss der Infusionsflasche erst unmittelbar vor Gebrauch öffnen. Die Verschlusskappe wird unter **sterilen Bedingungen** vom Gummistopfen der Infusionsflasche abgezogen (Stopfen nicht berühren). Bei Metallverschlüssen an Kunststoffbeuteln ist dies meist nicht möglich.

Aseptische Vorgehensweise

- Ein **kontaminierter Gummistopfen** muss vor der Zugabe von Arzneimitteln bzw. vor Anschließen des Infusionssystems **desinfiziert** werden (Einwirkzeit des Desinfektionsmittels beachten).

Zumischen von Arzneimitteln

Bei vorliegender Anordnung **Arzneimittel zumischen.** Dabei muss Folgendes beachtet werden:

- Kontrolle des Anordnungsbogens: Name des Patienten, Präparat, ...
- Überprüfen der ärztlichen Anordnung: angeordnetes Präparat (Anwendungsbereich, Kontraindikationen, Konzentration, Dosierung, ...),
- Kontrolle der Laborbefunde, z. B. bei Verordnung gerinnungshemmender Präparate,
- Prüfung der Kompatibilität von Trägerlösung und Arzneimittel.

Weitere Vorgehensweise:

- Rollerklemme schließen.
- Belüftungsventil schließen (bei Kunststoffbeuteln bleibt das Belüftungsventil geschlossen).
- Schutzkappe am Dorn des Infusionsgerätes aseptisch entfernen.
- Einstichdorn im Bereich der Markierung (ringförmige Markierung oder Einkerbung) in den Gummistopfen der stehenden Infusionsflasche bzw. den schräg gehaltenen Beutel einstechen.
- Infusionsbehälter an den Infusionsständer hängen.
- Belüftungsventil öffnen.

Entlüften des Systems

- Durch Komprimieren und Loslassen wird die Tropfkammer zu $2/3$ gefüllt.
  Ca. 2 Sekunden warten, um die beim **Befüllen der Tropfkammer** in der Flüssigkeit aufgewirbelte Luft entweichen zu lassen.
- Rollerklemme öffnen und Infusionsgerät langsam füllen. Die Schutzkappe am Ende des Infusionssystems wird erst unmittelbar vor dem Anschließen der Infusion entfernt.
- Das **komplette System** (mit Dreiwegehähnen, Verlängerung etc.) muss vollständig entlüftet werden, d. h. es muss **völlig luftfrei** sein.
- Rollerklemme schließen.

Beschriftung des Infusionsbehälters

- Infusionsbehälter mit **Namen, Datum** und **Uhrzeit** versehen. Infusionslösungen müssen nach Ablauf von 24 Std. erneuert werden. Infusionsgeräte werden nach spätestens 48 Std. ausgewechselt.
  Läuft die Infusion ohne Durchflussregler, erleichtert eine entsprechende **Markierung** auf dem Behälter die **Kontrolle der Infusionsgeschwindigkeit.**
- Bei **Medikamentenzusatz** muss die Flasche entsprechend beschriftet werden.

- Erneute Kontrolle: Namen des Patienten und Infusionslösung mit der Anordnung vergleichen.
- Die Infusion sollte umgehend angehängt werden.
- Entsorgung des Abfalls und evtl. Reinigung der Arbeitsfläche.
- Dokumentation.

15.5 Zumischen von Arzneimitteln

Sicherheit

- Ärztliche Anordnung zur Vermeidung eines Verordnungsfehlers prüfen: Name des Patienten, Art des Präparates, Dosierung, Kompatibilität mit der Infusionslösung, Indikation, Kontraindikationen. Ggf. Laborbefunde, Harnausscheidung und Bilanz kontrollieren (bes. bei Verordnung gerinnungshemmender und diuretisch wirkender Arzneimittel).
- Händedesinfektion.
- Vorbereiten des Materials:
  - Medikament (Verfallsdatum, Konzentration des Präparats etc. beachten).
  - Infusionslösung (Kompatibilität mit dem Arzneimittel prüfen).
  - Einmalspritze mit Kanüle oder Überleitungssystem.
  - Desinfektionsmittel.
  - Einmalhandschuhe.
  - Wasserfester Filzstift zum Beschriften des Infusionsbehälters.
- Einmalhandschuhe anziehen.
- Medikament mit Einmalspritze aufziehen (Spritze nur einmal verwenden, bei mehrmaliger Verwendung könnte die aufgezogene Lösung durch den Spritzenstempel kontaminiert werden). Bei Durchstechampullen ist vor der Zweitentnahme eine Desinfektion unter Beachtung der Einwirkzeit durchzuführen. Bei Mehrfachentnahmen ist die Verwendung einer entsprechenden Filterkanüle sinnvoll.

Merke: Es sollten nur Ampullengrößen verwendet werden, deren Inhalt sofort verbraucht wird. Geöffnete Brechampullen dürfen nicht zur weiteren sterilen Verwendung aufbewahrt werden. Stechampullen mit Gummikappe können nach Erstentnahme bei entsprechender Lagerung maximal 30 Stunden aufbewahrt werden. Bei Mehrfachentnahme sollten die verwendeten Kanülen nicht größer als 20 G (Gr. 1) sein. Bei häufiger Entnahme aus Stechampullen sollte eine Filterkanüle (Minispike®) verwendet werden, die in der Stechampulle bleibt. Die Ampullen müssen mit Datum und Uhrzeit der Erstentnahme versehen werden. Konservierte Lösungen wie z. B. Insulin sollten zur Mehrfachentnahme im Kühlschrank (bei +4° bis +7 °C) gelagert werden. Insulin ist bei kühler Lagerung 28 Tage und länger haltbar (siehe Packungsbeilage und Lagerungsempfehlung).

- Das Arzneimittel wird der Infusionslösung durch Einspritzen in die Infusionsflasche zugegeben. Bei laufender Infusion sollten Arzneimittel nur nach ausdrücklicher ärztlicher Anordnung zugemischt werden (Restinfusionsmenge berücksichtigen und Arzneimittelkonzentration beachten, Hinweis an den anordnenden Arzt). Der Gummistopfen der Infusionsflasche muss sorgfältig desinfiziert werden (Einwirkzeit des Desinfektionsmittels beachten), die Lösung muss gut durchmischt werden.
- Werden größere Arzneimittelmengen zugemischt, muss Luft aus dem Infusionsbehälter abgezogen werden, um einen Überdruck in der Flasche/im Beutel zu vermeiden.
- Kanüle entfernen.
- Medikament durch Kippen der Flasche verteilen (nicht schütteln). Infusionszusätze, die ein höheres spezifisches Gewicht aufweisen als die Infusionslösung, können sich im unteren Bereich der Infusionslösung absetzen. Es besteht die Gefahr einer Über- oder Unterdosierung.
- Infusionslösung auf Ausfällungen, Kristallisierung, Trübung und evtl. bei der Zumischung eingespülte kleine Partikel des Gummistopfens prüfen. Sind die genannten Veränderungen zu beobachten, darf die Lösung nicht infundiert werden (Infusionslösung umgehend verwerfen).
- Infusionsflasche deutlich beschriften: Name des Patienten, Name des Präparates und Dosierung (Arzneimittelmenge und -konzentration), Uhrzeit (v. a., wenn das Medikament bei laufender Infusion zugegeben wurde).
- Dokumentation.

15.6 Anlegen der Infusion

Erneutes Prüfen der ärztlichen Anordnung: Patientenname, Infusionslösung, Infusionsmenge, Infusionszusätze, Uhrzeit, Infusionsdauer (Infusionsgeschwindigkeit).

Infusionsbehälter in der richtigen Höhe aufhängen. Ggf. Durchflussregler oder Infusionspumpe (Infusomaten®) anschließen.

Infundieren der Lösung über **peripher- oder zentralvenösen Zugang.**

Peripherer und zentraler Zugang

- Hypoosmolare Infusionslösungen (deren Osmolarität 160 mosmol/l unterschreitet) sowie hyperosmolare Lösungen (mit einer Osmolarität über 1200 mosmol/l, z. B. G 40, Kombinationslösungen wie Aminomix® oder Lösungen zur parenteralen Ernährung) müssen über zentrale Venenkatheter laufen (Herstellerangaben beachten). Verschiedene Lösungen zur Osmo- und Onkotherapie wie z. B. Glycerosteril 10 %, Tutofusin® S 40, Mannitol-Lösung u. a. dürfen ebenfalls nur zentralvenös appliziert werden.
- Nach Zumischung bestimmter Medikamente (z. B. größere Mengen Kaliumchlorid) dürfen Infusionslösungen nur über zentrale Venenkatheter verabreicht werden (Herstellerangaben beachten).

- Wird die Infusion an ein Katheterlumen angeschlossen, über das bereits eine Infusion läuft, muss zuvor die Kompatibilität der Lösungen überprüft werden (Herstellerangaben beachten).
- **Bolusgaben vermeiden:** Bei zentralen Venenkathetern dürfen Infusionslösungen nicht an Lumen mit laufender Medikation (z. B. Perfusor® mit Arzneimittelzusatz) angeschlossen werden.

Position des venösen Zugangs

Prüfen der **korrekten Lage** des Venenzugangs.

- Bei peripherem Zugang Beobachten von Hautveränderungen wie Hautrötung, Schwellung, Schmerzen etc. Prüfen der Fixierung (der Kanüle, des Dreiwegehahnes, etc.). War der Zugang abgestöpselt, wird die Vene vor dem Anschließen der Infusion gestaut und Blut aus dem Zugang aspiriert (Kontrolle, ob die Kanüle noch in der Vene liegt, Aspiration von Blutgerinnseln).
- Bei zentralvenösem Zugang **Kontrolle der Katheterposition** (Einführtiefe nach Neuanlage dokumentieren, ablesbare Zentimetermarkierungen am ZVK). Ein intraklavikulärer ZVK liegt beim Erwachsenen rechts ca. 10–15 cm und links ca. 15–20 cm tief.

Anschließen der Infusion

Anschließen der Infusion unter **Einhaltung der Hygienerichtlinien.**

- Händedesinfektion, Tragen von Einmalhandschuhen.
- Tupfer unter die Konnektionsstelle legen.
- Bei Bedarf Ansatz nach Entfernen des Mandrins bzw. des gebrauchten Infusionssystems desinfizieren.
- Infusionsgerät aufstecken und zudrehen.
- Bei zentralen Venenkathetern muss das Zurücklaufen von Blut und das Eindringen von Luft unbedingt vermieden werden.

Nach Anschluss der Infusion

- Dreiwegehahn öffnen.
- Rollerklemme langsam öffnen und Tropfgeschwindigkeit regeln bzw. Infusionspumpe einstellen.

Beobachtungsaufgaben nach dem Anlegen der Infusion

- **Kontrolle des Systems** (Funktion, Konnektionsstellen, Undichtigkeit, . . .)
- Infusionsleitung falls erforderlich an der Haut fixieren (Pflasterstreifen). Bei unruhigen Patienten evtl. Armschiene anlegen.
- Beobachten evtl. auftretender **Nebenwirkungen** der Infusion.
- Kontrolle der **Vitalzeichen** (Veränderungen?)

> **Achtung: Bei Unverträglichkeit** Infusion sofort abstellen und notwendige Gegenmaßnahmen ergreifen. Arzt verständigen, weitere Überwachung.

- Regelmäßige **Kontrolle der Einstichstelle** und des **umgebenden Hautareals** auf Hautveränderungen, Schmerzen etc.
- Wiederholte **Kontrolle der Infusionsgeschwindigkeit.**
- Dokumentation der Durchführung, der Art der Infusion (Infusionslösung, Infusionsmenge, Zusätze), der Infusionsgeschwindigkeit und der Uhrzeit.

15.7 Vermeidung von Bolusgaben über venöse Zugänge

Jeder im Gefäßsystem liegende Katheter ist mit Flüssigkeit gefüllt. Die Menge hängt vom Fassungsvermögen des Katheterlumens ab. Das Lumen eines zentralen Venenkatheters nimmt mehr Flüssigkeit auf als das Lumen eines peripheren Katheters. Die Flüssigkeitsmenge kann, vor allem bei zusätzlich verwendeten Dreiwegehähnen, groß sein.

Warnung:
- Injizieren Sie niemals in ein flüssigkeitsgefülltes Katheterlumen, wenn die Lösung nicht bekannt ist.
- Lassen Sie niemals Infusionen über ein Katheterlumen laufen, dessen Infusionslösung Sie nicht kennen.

Es gibt zahlreiche Möglichkeiten, eine unerwünschte Bolusgabe von Arzneimitteln herbeizuführen. Eine Bolusgabe von Katecholaminen, Kalium, herzwirksamen Medikamenten u. Ä. gefährdet den Patienten. Beispiele für mögliche Gefahrenquellen:

Beispiel 1:
Sie übernehmen einen Patienten mit einem 3-lumigen ZVK von einer anderen Station. Über den zentralen Venenkatheter liefen bisher eine NaCl 0,9 %-Infusion und ein Dopamin-Perfusor in Niedrigdosierung (Nierendosis). Eine kontinuierliche ZVD-Messung war ebenfalls angeschlossen. Der ZVK wurde für diesen kurzen Transport abgestöpselt. Auf Ihrer Station schließen Sie das verordnete Infusionsprogramm wieder an. Plötzlich fühlt sich der Patient unwohl, der Blutdruck steigt in kurzer Zeit von 140/80 mmHg auf 190/90 mmHg, die Herzfrequenz beträgt 120. Die rasche Veränderung der Vitalwerte kann nicht durch die NaCl-Lösung bedingt sein.

Ursache für die Veränderung:
Die 0,9%ige NaCl-Infusion wurde an den Dopamin-Schenkel des zentralen Venenkatheters angeschlossen. Das im Kathetersystem befindliche Dopamin wurde dadurch in den Körper eingeschwemmt. Durch den Dopamin-Bolus steigen Herzfrequenz und Blutdruck sehr rasch an.

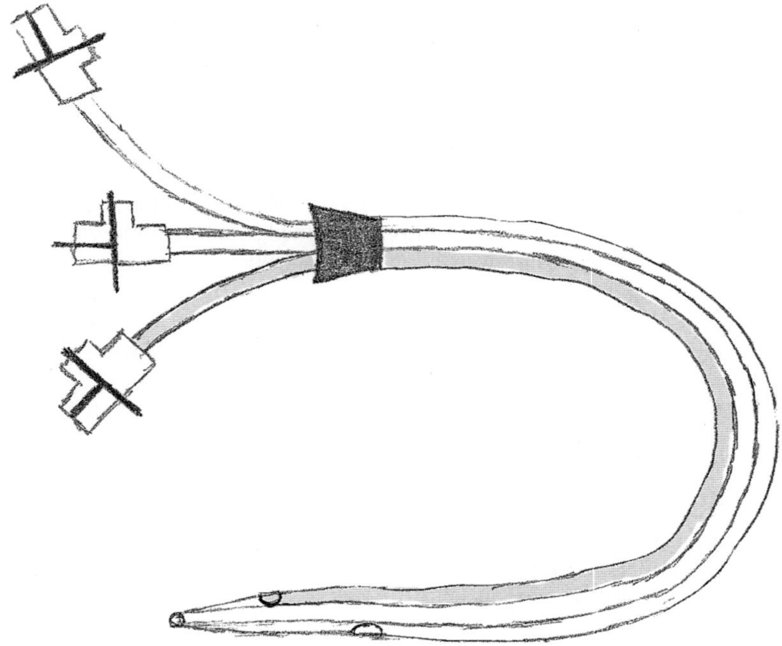

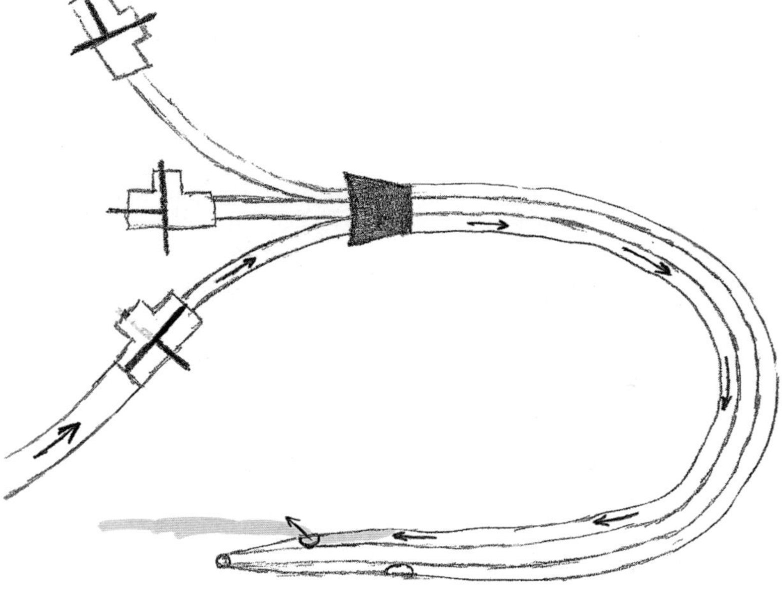

Abb. 107 und 108:
Dreilumiger Venenkatheter

Beispiel 2:
Über einen einlumigen, peripher liegenden, zentralen Venenkatheter läuft eine Elektrolytlösung »frei« (als Schwerkraftinfusion ohne Rücklaufventil) mit 50 ml/h. Zusätzlich soll ein Katecholamin-Perfusor® mit 2 ml/h angehängt werden. Sie schließen den Katecholamin-Perfusor® an, starten das Gerät und verlassen den Raum. Nach ca. 2 Stunden gibt der Monitor »Alarm«, der Patient hat einen Blutdruck von 200/100 mmHg und eine Pulsfrequenz von 130.

Ursache für die Veränderung:
Der Patient hat sich nach ca. 1 Stunde und 40 Minuten auf die Seite gedreht, den Arm mit dem peripheren ZVK angewinkelt und geschlafen. 20 Min. später drehte er sich auf den Rücken und streckte den Arm wieder aus. In diesen 20 Min. war der ZVK durch den angewinkelten Arm abgeknickt und der Durchfluss unterbrochen. Der Perfusor konnte das Katecholamin in dieser Zeit ohne Widerstand in das geöffnete System der Schwerkraftinfusion fördern. Als durch Ausstrecken des Armes der Durchfluss wieder frei wurde, erhielt der Patient durch die Schwerkraftinfusion plötzlich die Katecholamindosis von 20 Min. (ca. 0,7 ml). Dies kann für den Patienten u. U. lebensgefährlich sein. Als Ursache einer lebensbedrohlichen Krise wird dieser Mechanismus dennoch selten erkannt, da die Infusion wieder normal weiterläuft. Das einzige Zeichen, das diese Störung hinterlässt, ist ein Anstieg des Flüssigkeitsspiegels in der Tropfkammer (bei 0,7 ml ist dieser kaum erkennbar).

15.8 Komplikationen der Infusionstherapie

- **Verwechslungen:** Falscher Patient, Infundieren falscher Lösungen oder Medikamente.
- **Infusionsgeschwindigkeit:** Bei zu langsamer Infusion kann es zu Wirkungsverlust von speziellen Medikamenten (z. B. Antibiotika) oder einem unzureichenden Wirkstoffspiegel im Blut kommen. Eine zu rasche Infusion kann zu Volumenüberlastung mit kardialer Dekompensation, Übelkeit, Venenschmerzen und Hitzegefühl kommen. Die schnelle Verabreichung von Arzneimittelinfusionen führt zu Überdosierung mit entsprechenden Folgen. Bei rascher Infundierung hoch dosierter Antibiotika kann es zu erhöhten Serumspiegeln mit nachfolgender Organschädigung kommen.
- **Inkompatibilität:** Bei Zusatz inkompatibler Medikamente oder bei der Infusion mehrerer Lösungen über das gleiche Kathetersystem.
- **Hygienische Risiken:** Unsteriler Umgang mit dem System, kontaminierte Lösungen, kontaminierte Systeme.

- **Thrombophlebitis.**
- **Embolie.**
- **Luftembolie:** Verursacht durch Undichtigkeiten im System, z. B. Beschädigung oder Abriss des Katheters/der Infusionsleitung, Lösen von Konnektionsstellen, ...; möglich auch bei der Druckinfusion mit belüfteten Kunststofflaschen.
- **Paravenöse Infusion:** Bei fehlerhafter Lage der Kanüle, z. B. durch Fehlpunktion, Dislokation (Verrutschen) der Kanüle, Durchstechen der Vene, ... Nachfolgend kann es zur Schädigung des Gewebes kommen.
- **Falsche Laborwerte:** Bei Blutentnahme oberhalb eines peripheren Venenkatheters, über den eine Infusion läuft, und bei Blutentnahme über ZVK-Lumen mit laufender Infusion.
- **Blutverlust:** Über undichte Stellen im Katheter- und Zuleitungssystem (Lösen der Konnektionsstellen, Beschädigung, Abriss, ...), bei Herausrutschen des Katheters/der Venenkanüle.
- **Verlegung kleiner Blutgefäße:** Durch Einschwemmen kleiner Partikel in das Gefäßsystem, z. B. kleine Gummiteilchen, die sich bei der Infusionsvorbereitung gelöst haben, Ausflockungen oder Kristalle bei Infusion kristallisierter Lösungen ohne Filter.
- **Hydrostatische Probleme:** Schwerkraftinfusionen sollten nicht ohne Rücklaufventil an Mehrwegehähne/Y-Verbindungen angeschlossen werden, wenn im Nebenanschluss eine Druckinfusion (über Infusomat® oder Perfusor®) läuft.
- **Unkontrollierte Arzneimittelgabe:** Bei ungenügender Durchmischung nach Zusatz von Medikamenten, bei Zusammenschluss von Schwerkraft- und Druckinfusionen.
- **Bolusgaben:** siehe Kap. 15.9.
- **Unverträglichkeit:** Übelkeit, Erbrechen, Hitzegefühl bei zu rascher Infusion, allergische Reaktion bei Unverträglichkeit bestimmter Infusionslösungen oder zugemischter Medikamente.
- **Infektionen:** Lokale Infektion im Bereich der Katheter-/Kanüleneinstichstelle, verursacht durch unsterile Vorgehensweise (Keimverschleppung) bei Verbandwechseln, beim Erneuern des Infusionssystems u. Ä. Systemische Infektion (septisches Fieber, BSG-Anstieg, Leukozytose) bei Infundierung kontaminierter Infusionslösungen mit nachfolgender Sepsis.

15.9 Bolusgabe über Spritzen- und Infusionspumpen

Ursache

Spritzen- und Infusionspumpen sind mit Druckalarmen ausgestattet. Bis zum Auslösen des Alarms bauen sie einen Druck zwischen 1 und 3 bar oder höher, den sog. Abschaltdruck, auf. Bei Stauung der Infusionsflüssigkeit dehnt sich die Infusionsleitung i. Abh. v. ihrer Elastizität. Je elasti-

scher das System ist, desto mehr Flüssigkeit kann es aufnehmen, bis der Abschaltdruck erreicht ist.
Mögliche Folge: Bis der eingestellte Abschaltdruck erreicht ist, wird dem Patienten bei Infusionsstopp kein Arzneimittelwirkstoff zugeführt. Diese Zeit verlängert sich, je elastischer das System ist. Je nach Behandlungsziel, Wirkstoffgehalt und Dosierung des zugemischten Arzneimittels kann diese Verzögerung zur Schädigung des Patienten führen. Wenn die angestaute Flüssigkeit im System nicht vor dem Öffnen des Verschlusses nach außen abgelassen wird, erhält der Patient durch den aufgebauten Überdruck einen Bolus. Auch dieser Bolus kann je nach Behandlungsziel, Wirkstoffgehalt und Dosierung des zugemischten Arzneimittels zur Schädigung des Patienten führen.

15.9.1 Verhindern von Komplikationen

Um eine Schädigung zu verhindern, sind folgende Punkte zu beachten:

Wichtige Maßnahmen

- Bevor die Infusionspumpe (nach dem Alarm) wieder gestartet wird, muss die angestaute Flüssigkeit, z. B. durch Öffnen des Dreiwegehahnes, nach außen abgeleitet werden.
- Nur Originalsysteme des jeweiligen Herstellers verwenden.
- Möglichst wenig Verlängerungs- oder sonstige Zwischenstücke verwenden.
- Keine elastischen Leitungen in Spritzenpumpen einlegen. Nur Spezialsysteme für Infusionspumpen verwenden.
- Möglichst wenige Infusionen über ein Katheterlumen infundieren. Wenig kompatible Infusionslösungen und hoch dosierte, stark wirksame Arzneimittellösungen nach Möglichkeit separat (ohne Zweitinfusion) laufen lassen. Schwerkraftinfusionen sollten nicht mit Druckinfusionen kombiniert werden. Werden mehrere Infusionen zeitgleich über ein Katheterlumen infundiert, sollten typgleiche Infusionspumpen desselben Herstellers verwendet werden.

15.9.2 Auswechseln von Perfusorspritzen mit Spritzenleitung (System)

Wird eine Perfusorspritze mit System erneuert, muss die Verbindung zum Venenkatheter unterbrochen werden (Schließen des Dreiwegehahnes oder Abklemmen der Zuleitung). Die Verbindung darf erst wiederhergestellt werden, wenn die neue Spritze ordnungsgemäß eingespannt und das System richtig angeschlossen ist.

> **Vorsicht:** Beim Wechseln der Spritze kann es durch Druck auf den Spritzenstempel zu Bolusgaben kommen.

16 Transfusionstherapie

(P. Manz)

Die Übertragung von Blut stellt eine Zellübertragung von einem Menschen auf einen anderen dar und ist somit ausschließlich dem Arzt vorbehalten.
Der Arzt stellt die Indikation und klärt den Patienten über die Notwendigkeit der Maßnahme und mögliche Risiken auf.

16.1 Anfordern von Blutderivaten in der Blutzentrale

Tabelle 22: Ärztliche und pflegerische Aufgaben bei der Anforderung von Blutkonserven

Aufgaben der Pflegenden	Aufgaben des Arztes
Bereitlegen des Anforderungsscheins.	Ausfüllen und Unterschreiben des Anforderungsscheines.
Bereitstellen eines unbeschrifteten EDTA-Blutröhrchens.	Nimmt nach Identitätssicherung das Kreuzblut ab, beschriftet das Röhrchen und unterschreibt darauf.
Versenden der Monovette und des ausgefüllten Anforderungsscheines an die Blutbank.	

Merke: Nur der Arzt darf die Kreuzblutprobe abnehmen. Die Laufzeit einer Kreuzblutprobe beträgt drei Tage, nach diesen drei Tagen endet auch die Bereitstellung von Blutkonserven in der Blutbank. Die Durchführung der Kreuzprobe ist für alle erythrozytenhaltigen Präparate notwendig. In akuten Notfällen ist eine lebensrettende Transfusion auch ohne Kreuzprobe möglich. Diese muss jedoch umgehend nachgeholt werden. Bei vitaler Bedrohung, wenn keine kompatible Blutkonserve (der identischen Blutgruppe) zur Verfügung steht, können Erythrozytenkonzentrate der Blutgruppe 0 rh− (mit negativem Rhesusfaktor) transfundiert werden.

16.2 Umgang mit Blutkonserven

16.2.1 Umgang mit Erythrozytenkonzentraten

Lagerung

Seit Oktober 2001 sind in Deutschland nur noch leukozytendepletierte Erythrozytenkonzentrate zugelassen, die bei +2 bis +4 °C gelagert werden. Der einwandfreie Zustand der Konserve ist abhängig von der strikten Einhaltung der Kühlkette. Wenn die Konserve eine Innentemperatur von über 10 °C erreicht hat, setzt schon nach 20 Min. der Verfall und eine messbare Hämolyse ein. Konserven, bei denen die Kühlkette unterbrochen wurde (z. B. Lagerung über 10 Min. bei Raumtemperatur oder Erwärmung auf 37 °C) sind zu kennzeichnen und müssen innerhalb von 6 Stunden transfundiert oder verworfen werden. Solche Blutkonserven dürfen keinesfalls wieder in den Kühlschrank gelegt werden.

> **Beachte:** Konserven dürfen nicht im Stationskühlschrank gelagert werden, sondern erfordern einen erschütterungsfreien Spezialkühlschrank mit kontinuierlicher Temperaturaufzeichnung und Alarm.

Transfusionsset

Die Transfusion von Erythrozytenkonzentraten erfolgt normalerweise über ein Transfusionsbesteck mit 200 µm-Filter. Bei Massentransfusion oder im Intensiv- und OP-Bereich sowie in der Pädiatrie können je nach Entscheidung des Arztes auch Transfusionsbestecke mit 40 µm verwendet werden. Dokumentation.

16.2.2 Umgang mit Thrombozytenkonzentraten

Lagerung

Thrombozytenkonzentrate dürfen niemals kühl gelagert werden. Sie müssen bei Raumtemperatur und unter langsamer, kontrollierter Bewegung gelagert werden. Die Haltbarkeit beträgt bei 20 bis 24 °C und kontrollierter Bewegung maximal 5 Tage. Die Transfusion sollte umgehend erfolgen und nach 30 Min. abgeschlossen sein. Die transfundierten Thrombozyten müssen die gleiche ABNull-Blutgruppe und den identischen Rhesusfaktor wie das Empfängerblut haben.

Transfusionsset

Die Transfusion von Thrombozytenkonzentraten erfolgt über herkömmliche Transfusionsbestecke mit 200 µm-Filtern. Dokumentation.

16.2.3 Umgang mit gefrorenem Frischplasma

Der Begriff »gefrorenes Frischplasma« (GFP) entspricht dem englischen »Fresh frozen plasma« (FFP).

Lagerung

Seit 1. 7. 1995 ist eine sechsmonatige Quarantänelagerung für alle Frischplasmen vorgeschrieben. Bei –30 °C kann GFP ein Jahr gelagert weden. GFP sollte mit dem Empfängerblut ABNull-identisch sein. Im Notfall kann AB-Plasma als Universalspenderplasma (bei allen Empfängerblutgruppen) transfundiert werden. Der Rh-Faktor spielt bei GFP keine Rolle. Der tiefgefrorene Beutel sollte möglichst schnell (um die Proteine zu schonen) aufgetaut und bis auf 37 °C erwärmt werden. Der Beutel muss vor der Transfusion auf Dichtigkeit und Gerinnsel kontrolliert werden. Nach vollständiger Erwärmung sollte GFP möglichst rasch transfundiert werden.

Transfusionsset

Die Transfusion von Frischplasma erfolgt über normale Transfusionsbestecke mit einem 200 μm-Filter. Die Transfusion muss dokumentiert werden (Name des Patienten, Datum, Uhrzeit, Chargennummer der Konserve, ggf. Reaktionen des Patienten, ...).

Anschlussstelle vorbereiten

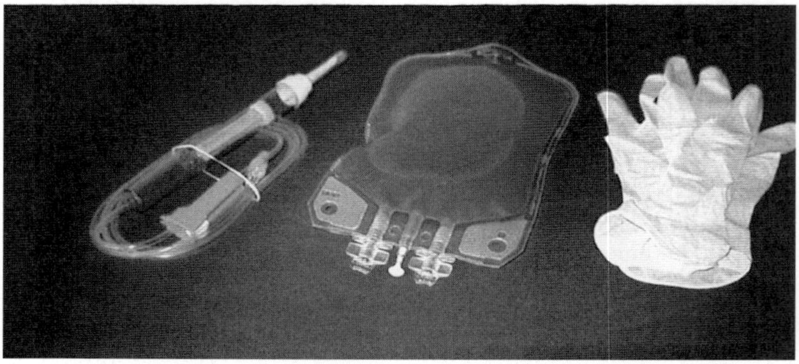

Abb. 109 a–h: Verwendung eines Transfusionsgerätes [10]

Schutzkappe vom Einstichdorn entfernen

Einstichdorn an vorgesehener Stelle einführen

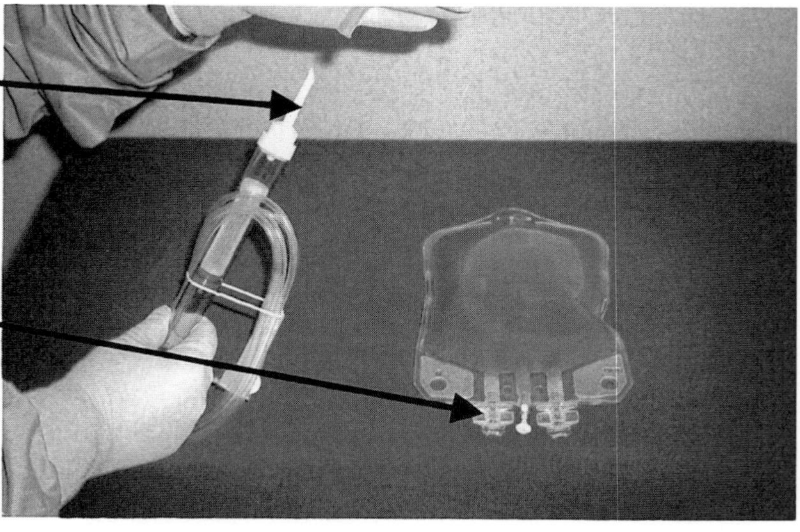

Abb. 109 b

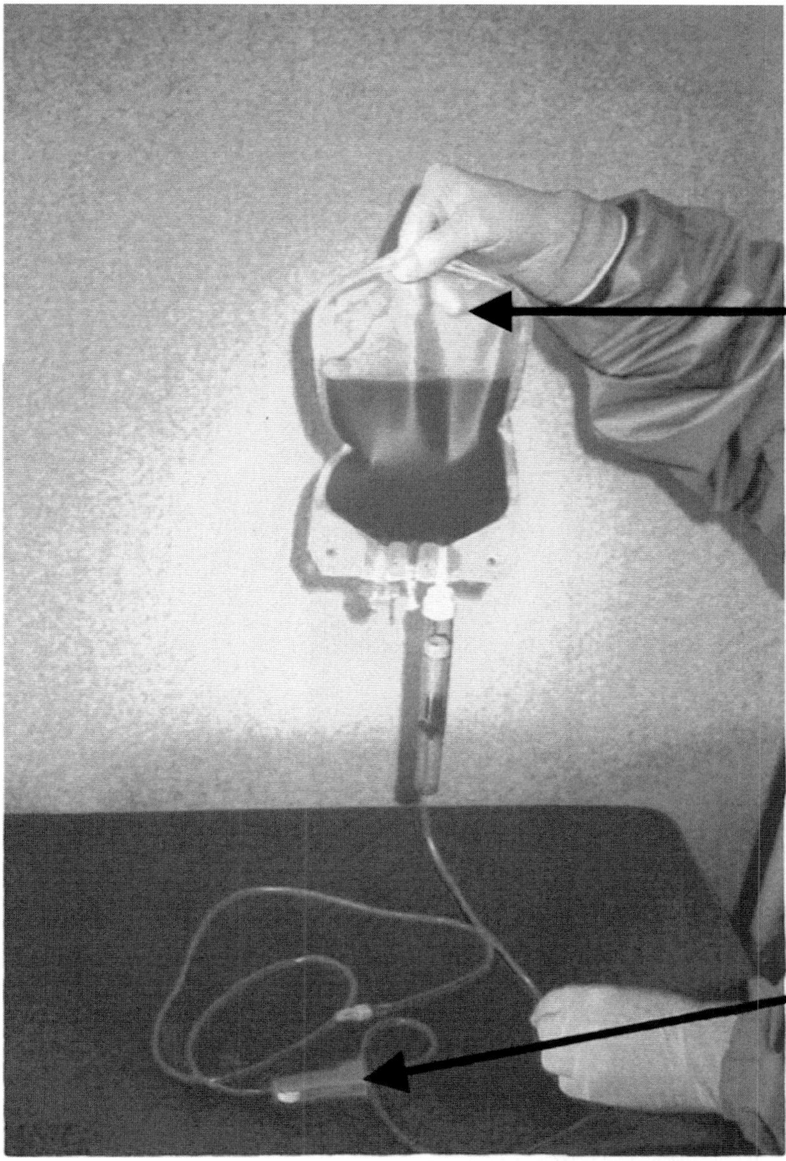

Blutbeutel mit Filterkammer nach oben halten und durch leichten Druck auf den Beutel obere Filterkammer mit Blut füllen.

Druckflussregler schließen

Abb. 109 c

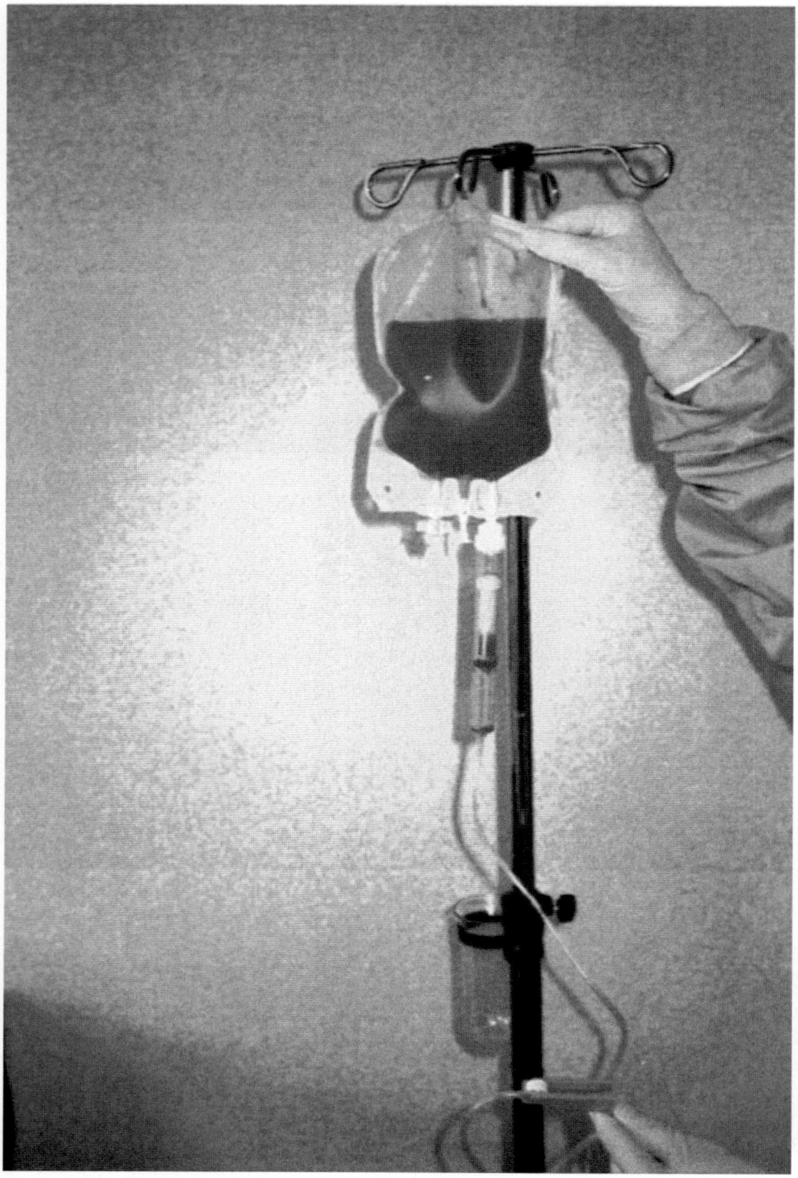

Beutel aufhängen

Abb. 109 d

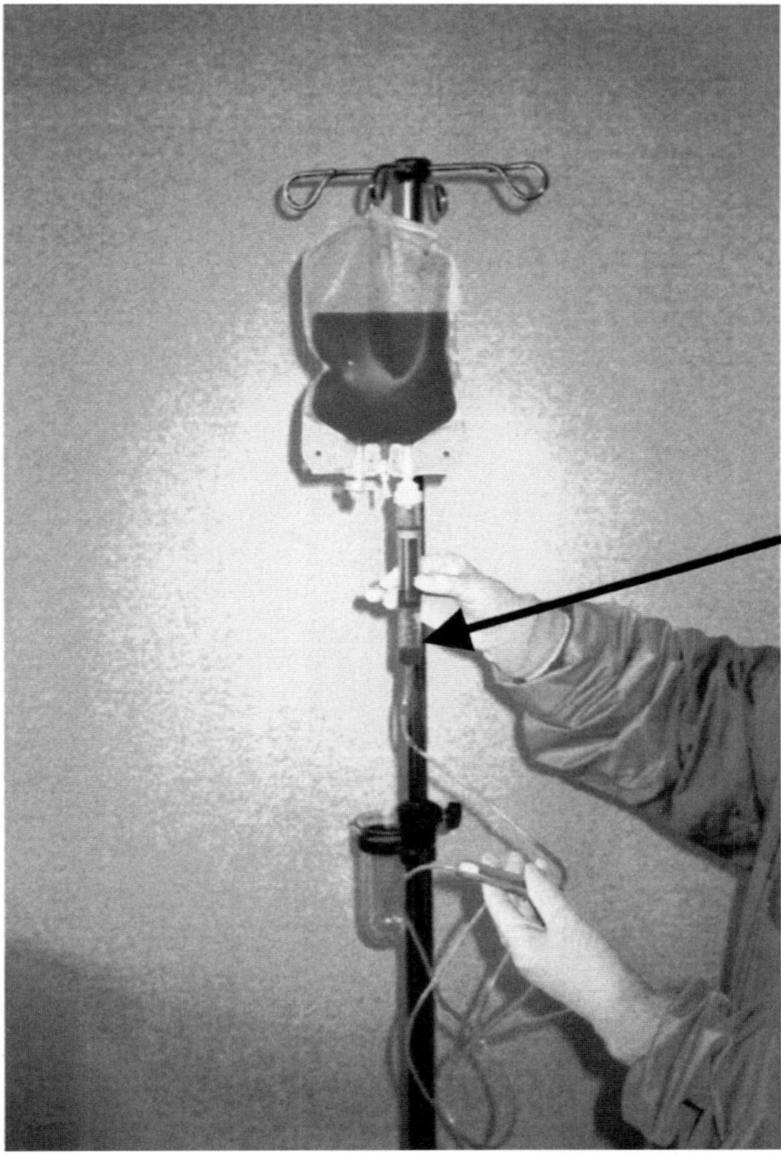

Durch Drücken und Freigeben untere Tropfkammer zu einem Drittel mit Blut füllen.

Abb. 109 e

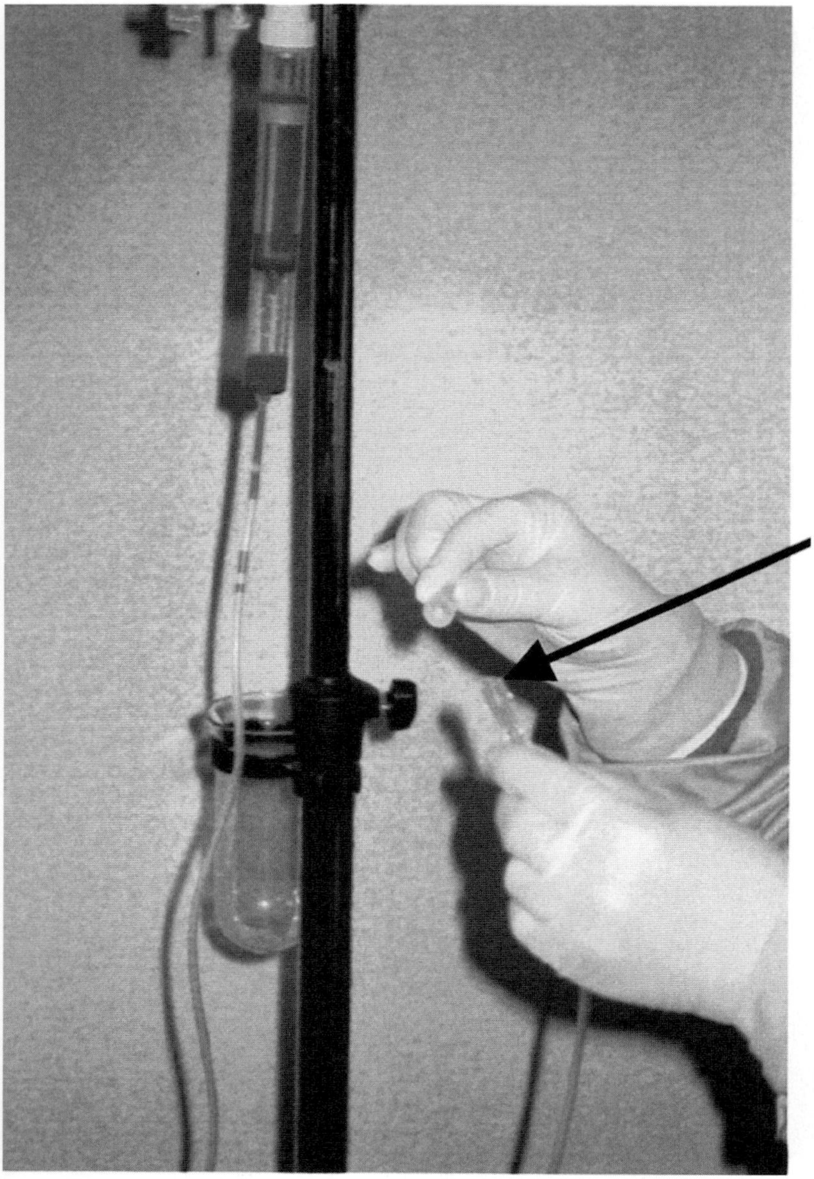

Schutzkappe vom Anschlusskonus entfernen

Abb. 109 f

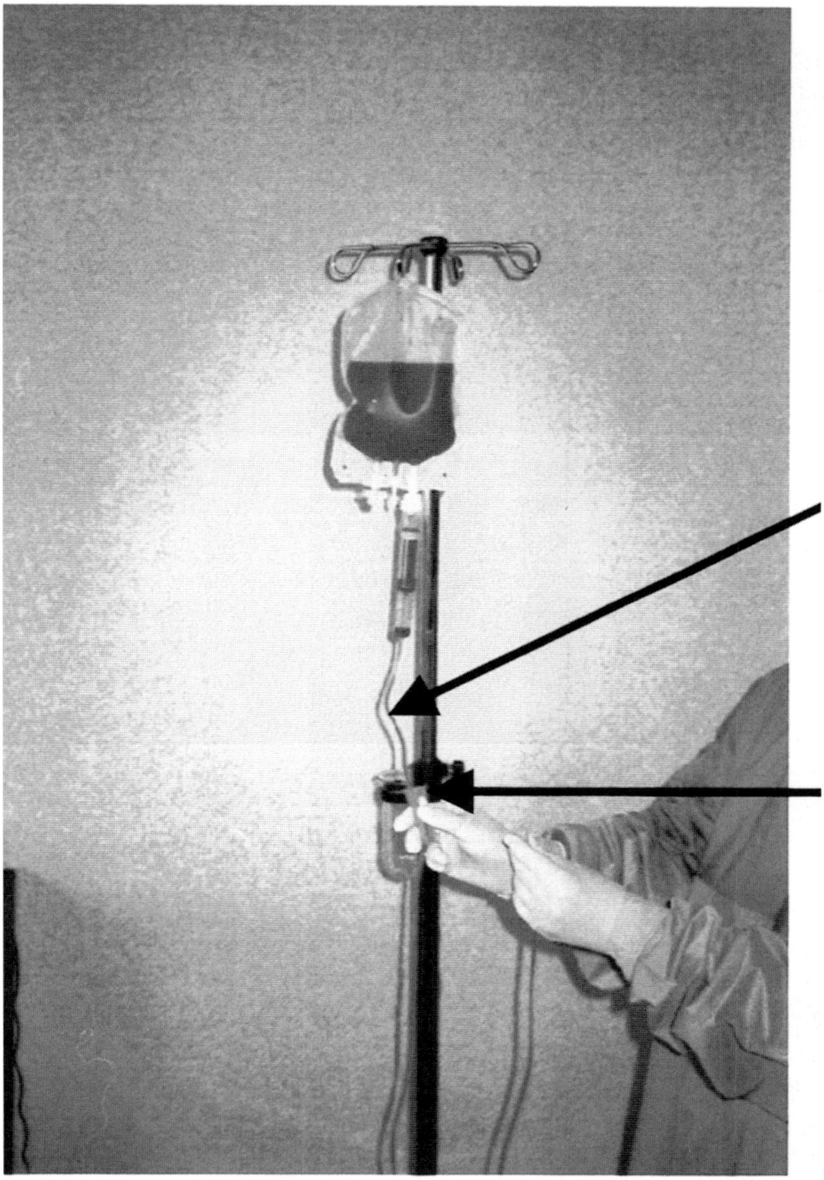

Durchflussregler langsam öffnen und Schlauch blasenfrei füllen.

Durchflussregler schließen.

Abb. 109 g

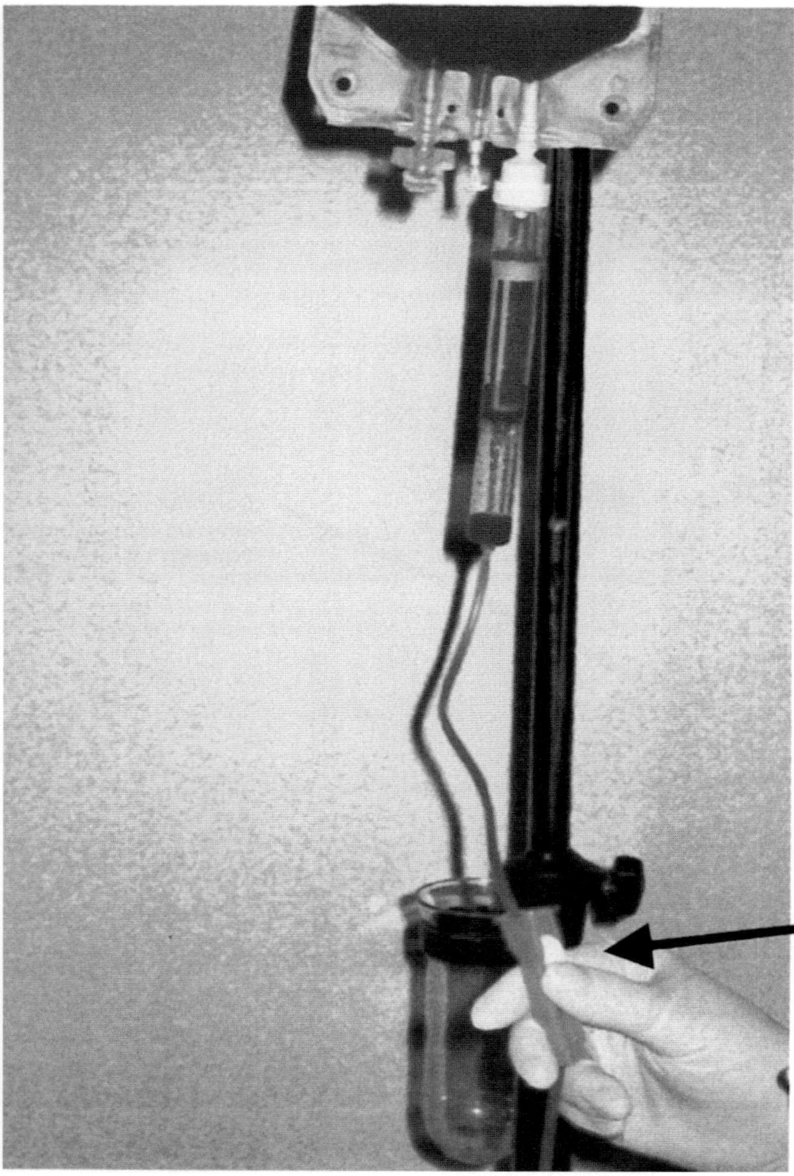

Gerät anschließen und nach Öffnen des Durchflussreglers gewünschte Tropfenzahl einstellen.

Abb. 109 h

16.3 Durchführung der Transfusion von Vollblut und Erythrozytenkonzentraten

Der Arzt muss unmittelbar vor der Transfusion prüfen, ob die angegebenen Daten (Patientenname, Blutgruppe, ...) übereinstimmen.

Durchführung des Bedside-Tests

Der **Bedside-Test** (Identitätskarte zur Testung der Blutgruppenkompatibilität der Obergruppen A, B, AB und Null) muss vom **transfundierenden Arzt** oder unter **seiner direkten Aufsicht** am Bett des Patienten durchgeführt werden, d. h. der Arzt muss mindestens neben dem Patienten stehen, eine Anwesenheit im Nebenraum erfüllt diese Forderung nicht. Der Bedside-Test muss vor jedem Transfusionsbeginn auch bei Notfalltransfusionen erfolgen. Die Bedside-Testkarte kann nach der Transfusion mit den leeren Konserven im Kühlschrank gelagert und nach 24 Std. verworfen werden.

Biologische Probe

Bei jeder Transfusion sollte darüber hinaus die sog. **»biologische Probe« nach Oehlecker** durchgeführt werden. Nach **Einlaufen der ersten 20 ml** Blut bzw. Erythrozytenkonzentrat wird eine **Transfusionspause von 2 Minuten** eingelegt, um Unverträglichkeitsreaktionen zu erkennen. Es können jedoch nur ABNull-Unverträglichkeitserscheinungen beobachtet werden. Rh-bedingte Zwischenfälle treten erst zu einem späteren Zeitpunkt auf.

Die Transfusion erfolgt üblicherweise über ein Transfusionsbesteck mit einem 200 µm-Filter. Die Tropfenzahl beträgt i. d. R. 40–60/Min., die Transfusionsdauer liegt zwischen 90 und 120 Minuten.

Rechtlicher Aspekt bei Transfusionszwischenfällen

Die **Verabreichung von Blut** muss aus rechtlichen Gründen (Nachweis und Beweisführung nach Transfusionszwischenfall, Rückverfolgungsverfahren) **dokumentiert werden.** Nach der Transfusion muss die **leere Blutkonserve** mit dem Transfusionssystem **24 Stunden (im Kühlschrank) aufbewahrt werden,** um bei Auftreten von Unverträglichkeitsreaktionen serologische und bakteriologische Kontrollen durchführen zu können.

16.4 Überwachung des Patienten während der Transfusion

Die Übertragung von Blutkonserven geht stets mit der Gefar von Transfusionszwischenfällen einher.

> **Merke:** Während der ersten 15 Minuten nach Transfusionsbeginn sollte der Patient genauestens überwacht werden!

16.5 Hämolytische Transfusionsreaktion

Symptome

Die klinischen Symptome einer hämolytischen Transfusionsreaktion sind:
- Röte oder Blässe des Gesichts,
- unterschiedliche Hautreaktionen, z. B. Urtikaria,
- Kopfschmerzen,
- Tachykardie,
- Blutdruckabfall,
- Atemnot,
- blasse, kalte Akren,
- Ausbruch von kaltem Schweiß,
- Schock,
- Schüttelfrost mit Fieber,
- Übelkeit und Erbrechen.

Vorsicht: Bei bewusstlosen oder mit Kortison behandelten Patienten können diese Anzeichen stark abgeschwächt sein.
Bei Auftreten einer Transfusionsreaktion ist die Transfusion sofort abzubrechen. Ggf. Notfallmaßnahmen (z. B. zur Schockbekämpfung) einleiten. Der Arzt und die Blutbank müssen sofort verständigt werden.

16.6 Maßnahmen bei Transfusionszwischenfall

16.6.1 Vorgehensweise bei Verdacht auf Transfusionsreaktion

Maßnahmen

Folgende Maßnahmen müssen eingeleitet werden:
- Transfusion sofort abbrechen, System abklemmen.
- Falls erforderlich Notfallmaßnahmen einleiten.
- Genaue Dokumentation der Transfusionsreaktion.
- Diensthabenden Arzt rufen und transfusionsmedizinische Abteilung informieren.
- 5 ml EDTA-Blut und 20 ml Vollblut entnehmen; ggf. weitere angeordnete Blutentnahmen.
- Bluttransfusionsbeutel (abgebrochene Transfusion) mit Infusionsbesteck, Begleitpapieren (Protokoll, ...) und entnommenen Blutproben in die Blutbank zur immunhämatologischen Untersuchung geben.
- Laboruntersuchung einleiten: 5 ml EDTA-Blut und 10 ml venöses Blut ohne Zusätze zur Überprüfung von Hämolyseparametern (freies Hämoglobin im Serum, Bilirubin, Haptoglobin, LDL).
- Bei Verdacht auf transfusionsinduzierte Bakterieninfektion/Sepsis Blut entnehmen und Blutkulturen anlegen; unter Mitteilung der klinischen Daten umgehend an das mikrobiologische Labor senden.

- Bei Verdacht auf HLA-Antikörper: I. Abh. v. Schweregrad der Reaktion und der klinischen Situation 5 ml Serum zum Nachweis von HLA-Antikörpern ins Labor senden.

16.6.2 Behandlungsmaßnahmen

Therapie: Behandlung der Schocksymptome.
Behandlung der Verbrauchskoagulopathie.
Verhütung der Niereninsuffizienz und des Nierenversagens.
Evtl. Dialyse, Austauschtransfusion.

Besonderheiten bei der Transfusion von Blutkonserven:

- Transfusionen sollten über ein eigenes Katheterlumen laufen. Das zeitgleiche Verabreichen von Infusionen und Medikamenten über das gleiche Lumen ist nicht zulässig. Das transfundierte Blut könnte bei Kontakt mit hyperosmolaren Lösungen hämolysieren. Bei kalziumhaltigen Lösungen betseht die Gefahr, dass die Blutgerinnung aktiviert wird. Es ist sinnvoll, einen zweiten venösen Zugang mit möglichst großem Lumen zu legen, über den das **Blut separat transfundiert** werden kann.
- **Erwärmung von Blutkonserven:** Kalte Blutkonserven können bei rascher Gabe über einen ZVK zu Herzrhythmusstörungen mit Bradykardie, zu Extrasystolie oder Kammerflimmern führen. Erwärmte Blutprodukte weisen eine geringere Viskosität auf, was eine rasche Transfusion erlaubt. Blutkonserven dürfen wegen der **Eiweißdenaturierung** nicht über 40 °C erwärmt werden. Das Einlegen in ein Warmwasserbad ist wegen der Gefahr der Kontamination nicht zulässig. Tipp: Für eine Stroke Unit eignet sich ein **Durchlauferwärmer.** Das Gerät erfüllt die hygienischen Anforderungen, ist einfach zu handhaben und kann platzsparend aufgestellt werden. Die Bluttransfusion kann rasch erfolgen.
- Die **Wiederabkühlung** von Konserven ist **nicht statthaft.**
- **Konserven,** die auf Station **verfallen** oder aus anderen Gründen wie z. B. zu lange Unterbrechung der Kühlkette nicht zur Transfusion kommen, müssen zur **Vernichtung** an die Blutbank zurückgeschickt werden. Blutkonserven, die zur Vernichtung kommen, müssen deutlich markiert werden.

17 Tracheotomie

(P. Manz)

Indikationen

Indikationen für eine Tracheotomie sind mechanische Behinderungen oder eine Verlegung der oberen Atemwege durch:

- Stimmbandlähmung,
- Schleimhautentzündung.
- Ausgeprägtes Ödem, das zur Verlegung der Atemwege führt, z. B. nach einem Isektenstich.
- Missbildungen,
- Verätzung.
- Schwere Mund- und Gesichtsverletzungen, die eine Intubation unmöglich machen.
- Blutungen und Hämatome, die zur Verlegung der Atemwege führen.
- Tumoren,
- Fremdkörper, die nicht sofort entfernbar sind.

Erweiterte Indikationen sind zentrale Atemstörungen durch:

- bulbäre Krankheitsbilder,
- Apoplexie,
- Schädel-Hirn-Trauma,
- komatöse Zustände,
- Bewusstlosigkeit nach Schlafmittelvergiftung,
- Polyneuritiden,
- kardiopulmonale Prozesse.

Zielsetzung der Tracheotomie

In diesen Fällen wird die Tracheotomie durchgeführt, um:

- eine Aspiration zu vermeiden,
- die Atmung zu erleichtern,
- eine Langzeitbeatmung durchzuführen.

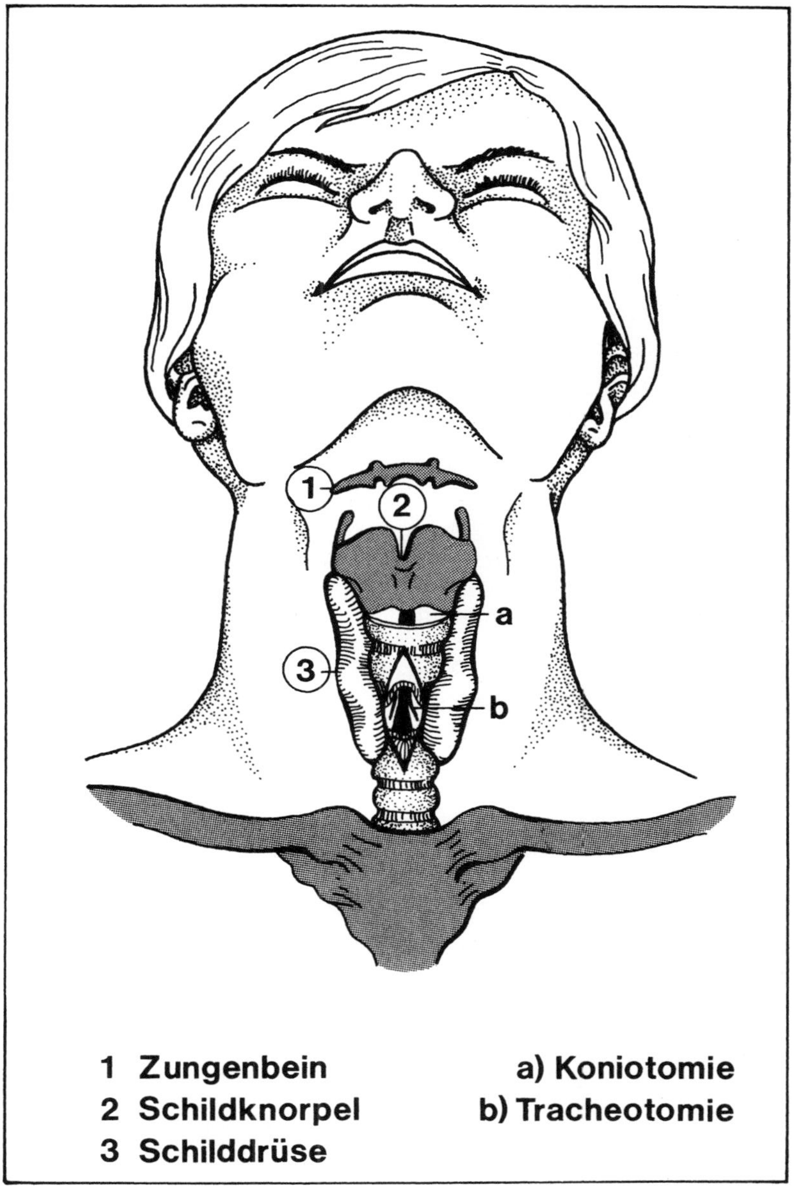

Abb. 110: Tracheotomie [11]

17.1 Trachealkanülen

Postoperativ wird eine Trachealkanüle mit Metallspirale eingesetzt. Sie verhindert, dass die Kanüle durch ein postoperativ entstehendes Wundödem eingedrückt wird und die Atemwege verlegt (siehe Abb. 111).

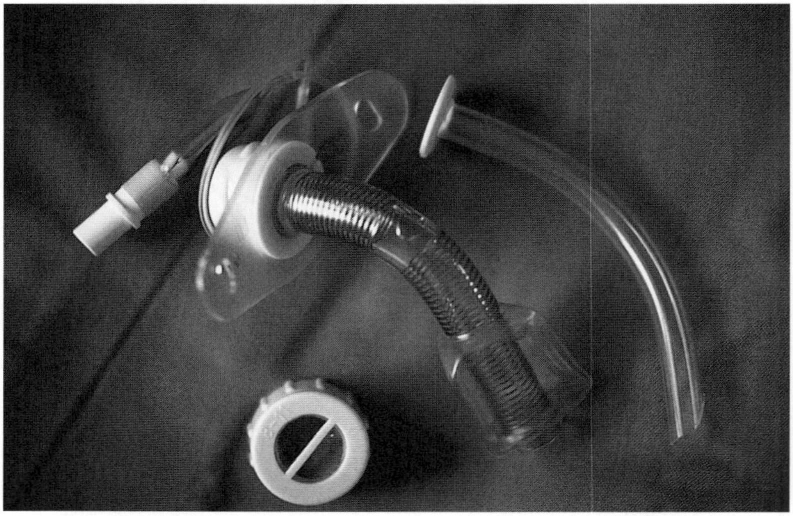

Abb. 111: Trachealkanüle mit Metallspirale [15]

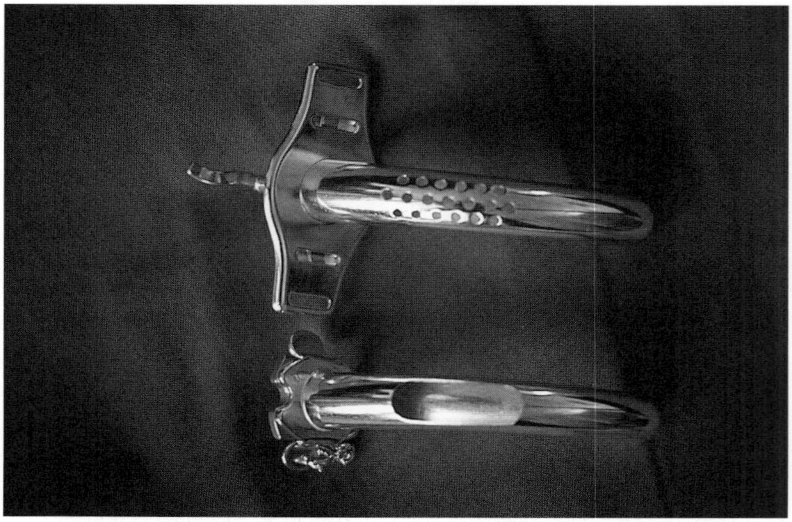

Abb. 112: Silberkanüle zum Sprechen [16]

17.2 Pflege eines tracheotomierten Patienten

Grundsätze

Folgendes Material sollte für eine Notfallsituation, in der die Kanüle schnell gewechselt werden muss, bei jedem tracheotomierten Patienten bereitliegen:

Material für Notfallsituation

- Eine Trachealkanüle mit dem gleichen Innendurchmesser wie die liegende. Eine weitere Trachealkanüle mit kleinerem Lumen.
- Ein langes Nasenspekulum, um das Tracheostoma bei Bedarf spreizen zu können.
- Spritze zum Blocken und Cuffdruckmesser,
- Gleitmittel,
- Haltebändchen,
- Metalline- oder Schlitzkompressen,
- Hautdesinfektionsmittel,
- künstliche Nase mit Sauerstoffanschluss,
- Absaugeinheit mit verschiedenen Absaugkathetern,
- Beatmungsbeutel mit Maske.

17.2.1 Tracheostomapflege

Um Schleimhautläsionen, Druckulzera und Infektionen am Tracheostoma und in der Trachea zu vermeiden, sind folgende Punkte zu beachten:

- Vermeiden von Zug an der Kanüle.
- Regelmäßige Überwachung des Cuffdruckes.
- Verbandwechsel unter sterilen Kautelen.

Vermeiden von Zug an der Kanüle

Vor allem bei Mobilisations-, Lagerungs-, Transport- und Umlagerungsmaßnahmen (z. B. beim CT), besteht die Gefahr, dass Zug auf die Trachealkanüle ausgeübt wird (beispielsweise durch Zug an der Sauerstoffleitung bei Umlagerungsmaßnahmen), und die Kanüle an der Trachealwand anliegt. Hierdurch besteht die Gefahr von Verletzungen und Druckschäden im Bereich der Trachea und an der Tracheostomaöffnung. Die Atmung des Patienten kann beeinträchtigt sein. Aus diesem Grund muss immer auf eine **achsengerechte Lage der Trachealkanüle in der Luftröhre** geachtet werden.

Lage der Kanüle

Regelmäßige Überwachung des Cuffdruckes

Cuffdruck

Um Schäden an der Trachealschleimhaut zu vermeiden, sollte der **Cuffdruck so gering als möglich** gehalten werden. Da die kapillare Perfusion ab einem Druck von 30 cm H_2O stark abnimmt, sollte der **Cuffdruck 22–26 cm H_2O** möglichst nicht überschreiten. Der Druck sollte nur im Notfall (z. B. bei plötzlicher Cuffundichtigkeit) erhöht und danach mit einem **Cuffdruckmanometer** (Abb. 113) kontrolliert werden. Der Cuffdruck sollte mindestens 1mal pro Schicht kontrolliert und dokumentiert werden.

Erhöhter Cuffdruck

Ein erhöhter Cuffdruck ist vorhanden, wenn:
- eine **zu kleine Trachealkanüle** verwendet wird,
- mit **großem Druck beatmet** wird.

Erniedrigerter Cuffdruck

Zeichen für eine **Undichtigkeit des Cuffs** oder **zu geringer Blockung** sind:
- Brodeln in den oberen Atemwegen.
- Plötzliches starkes Husten (Aspirationshinweis).
- Bei Beatmung: Abfall des Atemminutenvolumens und des Beatmungsdruckes.
- Kanüle bewegt sich z. B. beim Husten in der Trachea hin und her.

Einstellung des Druckes

Mit dem **VBM-Cuffdruckmanometer** kann der gewünschte Cuffdruck eingestellt werden.

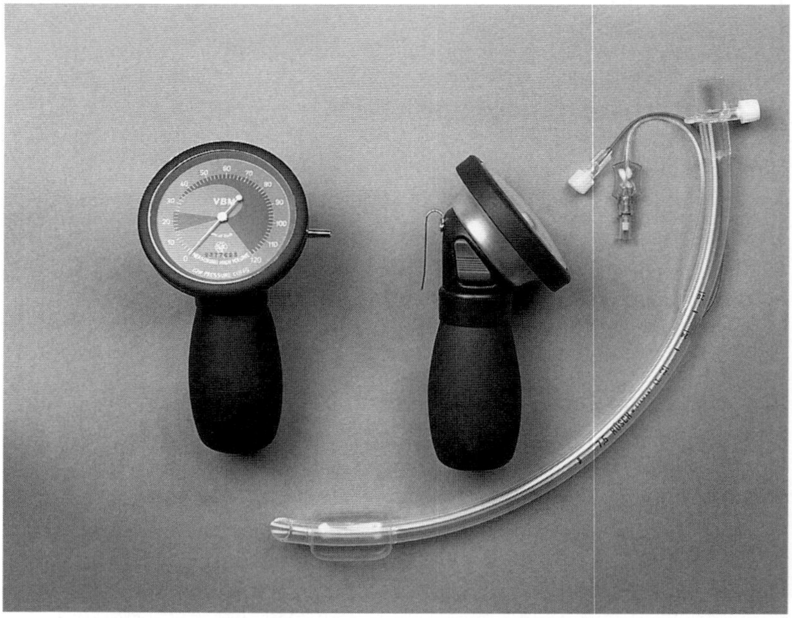

Abb. 113: Cuffdruckmanometer [14]

Tracheostomapflege unter sterilen Kautelen

Das Tracheostoma und seine Umgebung sollten sauber und trocken gehalten und die Haut durch Salbe und Verband geschützt werden. Vor allem bei frisch tracheotomierten Patienten sammelt sich in der postoperativen Phase viel Sekret, Blut oder Schleim oberhalb des Cuffs an und tritt aus dem Tracheostoma aus. Unmittelbar nach dem Eingriff sind daher häufige Verbandwechsel nötig. Der **erste Verbandwechsel** wird von einem **Arzt** durchgeführt, der auch die evtl. liegende Tamponade zieht. Als **Verbandmaterial** eignen sich in den ersten beiden Tagen **sterile Kompressen,** da sie größere Blutmengen und Wundsekret hinreichend aufnehmen. Im weiteren Verlauf werden **Metalline-Kompressen** aus weichem Vliesstoff verwendet, die auf der Rückseite mit Aluminium bedampft sind. Die silberfarbene metalline Beschichtung hat eine antibakterielle und entzündungshemmende Wirkung. Auch **Stomahesiveplatten** eignen sich als Wundabdeckung. Bei extremer **Sekretabsonderung** sollten **stark saugfähige Kompressen** verwendet werden.

Verbandwechsel

Zur Befestigung und Fixierung der Trachealkanüle verwendet man ein **Kanülentrageband.** Unmittelbar nach der Operation, bei empfindlichen Narben im Halsbereich (nach HNO-Operationen) und bei bettlägerigen Patienten sollte ein gepolstertes Kanülentrageband verwendet werden. Für Silberkanülen verwendet man ein elastisches Trageband.

Kanülenfixierung

17.2.2 Durchführung

- Händedesinfektion.
- Einmalhandschuhe anziehen.
- Bei starker Sekretion Absaugeinheit überprüfen und Absaugkatheter vorbereiten.
- Kanülentrageband kontrollieren; bei Feuchtigkeit oder Verschmutzung neues Bändchen durchziehen und zur späteren Fixierung vorbereiten.
- **Wichtig: Trachealkanüle mit einer Hand fixieren.** Fixationsband lösen und Stomaverband entfernen.

Fixierung der Kanüle beim Verbandwechsel

- Die Halshaut sollte gereinigt und mit Lotion, Salbe oder Öl gepflegt werden.
- Wund- und Hautreinigung mit Aqua dest. oder NaCl 0,9 %, starke Verunreinigungen evtl. mit Öl entfernen. Bei starker Sekretion wird zuvor vorsichtig abgesaugt.
- Trachealkanüle und Halteplatte ebenfalls mit einem Watteträger oder Tupfer reinigen.
- Wundränder mit einem desinfizierenden Mittel (z. B. Sanalind®- oder PVJ®-Lösung) behandeln.
- Bei Bedarf Hautschutzsalbe oder Öl mit sterilem Watteträger auftragen.
- Trachealkompresse mit einer sterilen Pinzette unter die Platte der Trachealkanüle legen.
- Trachealkanüle mit Kanülentrageband fixieren (evtl. verschmutztes Kanülentrageband entfernen).
- Künstliche Nase aufsetzen. Bei Sprechkanülen die gewünschte Abdeckung anbringen.
- Lage des Kanülentragebandes kontrollieren (druckgefährdete Hautareale etc.)
- Trachealkanülenfixierung kontrollieren. Beim Abheben des Haltebandes sollte ein zwei Finger breiter Abstand vorhanden sein.

17.3 Notfallmäßiger Kanülenwechsel

17.3.1 Indikationen für einen sofortigen Wechsel

Gefahr:
- Massive Verlegung der Kanüle (Sekret, Ballonhernie → bedrohliche Komplikation),
- undichter Cuff,
- versehentliche Dekanülierung.

17.3.2 Symptome

- Patient wird unruhig.
- Blutdruckanstieg, Tachykardie.
- Bei schwerer Hypoxie Blutdruckabfall und Bradykardie.
- Bei Beatmung Druckalarm und bei versehentlicher Dekanülierung Volumenalarm, lautes Blasen und Brodeln.

17.3.3 Maßnahmen bei sofortiger Wechselindikation

Die folgenden Abläufe müssen der jeweiligen Situation angepasst und i. Abh. v. vorliegenden Notfall ggf. geändert werden.

17.3.3.1 Verlegte Trachealkanüle

Handlungskette bei Verlegung der Trachealkanüle

Hinreichende Sauerstoffversorgung durch Erhöhung der O_2-Zufuhr gewährleisten.

↓

Absauggerät einschalten.

↓

Kanülenhalteband lösen.

↓

Absaugkatheter in die Trachealkanüle einführen.

↓

Cuff entblocken.

↓

Kanüle bei gleichzeitigem Absaugen entfernen.

↓

Sauerstoffzufuhr über das Tracheostoma; evtl. Absaugkatheter einführen.

↓

Neue Kanüle (aus dem Notfallset) einlegen.

↓

Bei Bedarf erneut absaugen.

↓
Anschluss der Sauerstoffzufuhr über die Kanüle.
↓
Lagekontrolle (Kanüle) mit dem Stethoskop.

17.3.3.2 Undichtigkeit des Cuffs

Handlungsablauf bei undichtem Cuff

Hinreichende Sauerstoffversorgung durch Erhöhung der O_2-Zufuhr gewährleisten.
↓
Absauggerät vorbereiten, bei Bedarf absaugen.
↓
Neue Kanüle zum Wechsel vorbereiten.
↓
Kanülenhalteband lösen.
↓
Die noch verbliebene Luft wird aus dem Cuff abgezogen.
↓
Kanüle entfernen.
↓
Neue Kanüle einlegen.
↓
Anschluss der Sauerstoffzufuhr über die Kanüle.
↓
Lagekontrolle (Kanüle) mit dem Stethoskop.

17.3.3.3 Versehentliche Dekanülierung

Schrittweises Vorgehen bei Dekanülierung

Hinreichende Sauerstoffversorgung durch Erhöhung der O_2-Zufuhr gewährleisten.
↓
Absauggerät vorbereiten, bei Bedarf absaugen.
↓
Neue Trachealkanüle vorbereiten und einlegen.
↓
Anschluss der Sauerstoffzufuhr über die Kanüle.
↓
Lagekontrolle mit dem Stethoskop.

17.3.3.4 Vorgehensweise bei kollabiertem Tracheostoma

Handlungskette bei kollabiertem Tracheostoma

Sauerstoffzufuhr über den Mund-, Nasen-, Rachenraum.
↓
Kopf nach hinten überstrecken.
↓
Trachealspreizer (langes Nasenspekulum) in das Tracheostoma einführen.
↓
Tracheostoma spreizen; evtl. Absaugkatheter einführen.

↓
Sauerstoffzufuhr über das Tracheostoma.
↓
Neue Trachealkanüle vorbereiten und einlegen.
↓
Anschluss der Sauerstoffzufuhr über die Kanüle.
↓
Lagekontrolle mit dem Stethoskop.

Merke: Wenn keine Verlegung der oberen Atemwege vorliegt, kann der Patient bei kollabiertem Tracheostoma mit dem Beatmungsbeutel und einer Maske beatmet werden.

17.4 Geplanter Kanülenwechsel

17.4.1 Allgemeines

Wechselintervalle

Trachealkanülen werden üblicherweise **alle 3–4 Tage** (2 x pro Woche) gewechselt. Der Wechsel wird von einem Arzt oder nach Anordnung von erfahrenem Pflegepersonal durchgeführt. Ein geplanter Kanülenwechsel sollte immer von zwei Personen durchgeführt werden, um einen reibungslosen Ablauf zu gewährleisten. Verschiedene Arbeitsschritte müssen gleichzeitig durchgeführt werden, mitunter müssen geplante Arbeitsabläufe plötzlich geändert werden. Die durchführende Pflegeperson muss den Ablauf eines Kanülenwechsels kennen, um bei evtl. auftretenden Komplikationen (z. B. Obstruktion) richtig reagieren zu können. Die einzelnen Kanülenhersteller liefern ihre Produkte i. d. R. mit ausführlichen und anschaulichen Gebrauchsanleitungen, die nützliche Informationen enthalten.

17.4.2 Vorbereiten des Materials

Erforderliches Material

- Sterile Kanüle (bei kurzfristig geplanter Kernspintomographie sollte evtl. eine Vollkunststoffkanüle eingesetzt werden). Silberkanülen müssen nicht steril sein.
- Ersatzkanüle bereithalten.
- Tracheostomaspreizer (langes Nasenspekulum),
- Gleitmittel (z. B. Silikonspray, Gleitgel o. Ä.)
- Blockerspritze (20 ml),
- Cuffdruckmesser,
- Kanülenhalteband,
- sterile Schere, sterile Pinzette,
- sterile Kompressen,

- Schlitz- oder Metalline-Kompresse (Kanülenverband),
- Desinfektionsmittel,
- NaCl 0,9 % oder Öl zur Reinigung des Tracheostomas und der umgebenden Haut.
- Sterile Watteträger und Pflegesalbe.
- Lichtquelle (Lampe, Halogenstrahler o. Ä.)
- Stethoskop,
- Absaugeinheit mit verschiedenen Absaugkathetern,
- Abwurf,
- Einmalhandschuhe.

17.4.3 Durchführung bei nicht beatmeten Patienten

- Der Patient muss ausreichend informiert werden.
- Sauerstoffzufuhr sichern und Patienten evtl. präoxygenieren.
- Kanüle vorbereiten (**Herstellerangaben beachten**):

  Vorbereiten der Trachealkanüle

  - Gleiche Kanülengröße verwenden, (evtl. etwas kleinere Ersatzkanüle bereithalten).
  - Set auf Vollständigkeit überprüfen.
  - Cuff auf Dichtigkeit prüfen (ca. 5 Min. geblockt lassen und auf Druckverlust prüfen).
  - Kanüle gleitfähig machen (z. B. mit Silikonspray oder Gleitgel). Der Schaftbereich des Tubus, auf dem die Halteplatte fixiert wird, darf nicht mit Gleitmittel benetzt werden.
  - Die Kanülenhalteplatte muss auf dem Tubus beweglich (nicht festgeschraubt) sein.
  - Mitgelieferten Absaugkatheter gleitfähig machen (z. B. mit Silikonspray) und so in die Kanüle einführen, dass seine Spitze etwa 2–3 cm über die Kanüle hinausragt.
  - Cuff vor dem Einführen vollständig entblocken.
- Absaugsystem vorbereiten.
- Für ausreichende Beleuchtung sorgen.
- Inspektion von Mund- und Rachenraum, (evtl. Mundpflege durchführen).
- Neues Kanülentrageband einlegen.
- Tracheostomaverband entfernen und Tracheostoma reinigen.
- Mund- und Rachenraum gründlich absaugen.
- Kanülentrageband lösen, dabei die Kanüle mit der Hand fixieren.
- Tracheostoma desinfizieren.
- Tracheostoma inspizieren.
- Künstliche Nase abnehmen.
- Leere 20 ml-Blockerspritze aufstecken.
- Absaugkatheter in die Trachealkanüle einführen.
- Cuff der liegenden Kanüle entblocken.
- Kanüle unter leichtem Sog entfernen.
- Neue **Kanüle einführen, sofort blocken,** Kanüle mit einer Hand **fixieren.**

  Einführen der Kanüle

  - Die obere Begrenzung des Cuffs sollte etwa 1–2 cm unterhalb des Stomaniveaus liegen.
  - Der Tubus muss, ohne Druck auf die Trachealspangen auszuüben, spannungsfrei im Tracheostoma liegen.
- Absaugkatheter, falls noch eingeführt, entfernen.

Beobachtungsmaßnahmen

- **Atmung** und **Zustand des Patienten** beobachten.
- Bei normaler Atmung und gutem Allgemeinzustand des Patienten wird die **Belüftung der Lunge** mit dem Stethoskop kontrolliert.
- Bei **Atemstörungen, Zyanose der Haut** o. Ä. muss die Lage der Trachealkanüle korrigiert werden.
- Künstliche Nase aufsetzen und Sauerstoffversorgung anschließen.
- Tracheostoma erneut reinigen und evtl. Hautschutzsalbe auftragen.

Kanülenverband und Fixierung

- **Kompressenverband** anlegen.
- **Kanülenhalteplatte einstellen,** ohne die Position des Tubus zu verändern und in dieser Position fixieren.
- Halteplatte mit Kanülentrageband **fixieren.**
- Kanülentrageband einstellen: Zwischen Haut und Kanülentrageband sollte beim Anheben des Bandes ein zwei Finger breiter Abstand vorhanden sein.
- Cuffdruck mit Druckmesser einstellen.
- Zustand des Patienten durch Beobachten der Atmung, Hautfarbe etc. und mittels Monitoring überprüfen.

Nachbereitung

- Abfall entsorgen.
- **Pflegeplatz ordnen,** Material auf Vollständigkeit überprüfen und fehlendes Material auffüllen.
- Kanülenwechsel **dokumentieren.**

17.5 Sonstiges

- Wenn Kunststofftrachealkanülen mit Innenkanülen verwendet werden, sollte man diese mit etwas Silikon oder einem Tropfen Kanülenöl gleitfähig machen. Wenn Kunststoffe aneinander haften, können sie je nach Temperatur, Druck und Feuchtigkeit miteinander verkleben. In diesem Fall ist das Entfernen der Innenkanüle bei liegender Trachealkanüle nur schwierig oder gar nicht möglich.

Kanülenwechsel bei liegender Magensonde

- Bei liegender Magensonde sollte vor dem Kanülenwechsel der Mageninhalt abgeleitet oder abgesaugt werden (**Aspirationsprophylaxe**).
- Werden Gazestreifen, z. B. Jodoform-Gaze o. Ä. in das Tracheostoma eingelegt, müssen sie, um einer Aspiration vorzubeugen, an der Halteplatte der Trachealkanüle befestigt werden, z. B. durch beidseitiges Verknoten.

17.6 Komplikationen

- **Fehllage der Trachealkanüle**
  Gefahr besteht vor allem beim ersten Wechsel. Wenn der Tracheostomakanal noch nicht hinreichend ausgebildet ist, kann die Kanüle leicht via falsa (auf falschem Weg) subkutan gelegt werden.
- **Verlegung des Kanülenlumens**
  durch Sekret, Blut oder eine Cuffhernie.
- **Einengung des Kanülenlumens**
  durch Knicken.
- **Druckulzera in der Trachea**
  bei zu hohem Cuffdruck → Druck mit Cuffdruckmesser einstellen.
- **Hautemphysem**
  Entsteht, wenn der Cuff nicht ausreichend geblockt ist. Die Luft entweicht nicht nach außen, sondern dringt in das Subkutangewebe ein. Hörbar ist das sog. »Schneeballknirschen«.
- **Infektion**
  verursacht durch unhygienische Vorgehensweise bei der Stomaversorgung.
- **Vagusreiz → Bradykardie → Asystolie**
  z. B. beim Kanülenwechsel oder durch unzureichend fixierte, hin und her rutschende Kanüle.
- **Tracheoösophageale Fistel**
  Drucknekrosen oder Ulzera neigen zur Fistelbildung.
- **Versehentliche Dekanülierung**
  Gefahr bei Lagerungsmaßnahmen, Mobilisation oder Transport des Patienten.
- **Aspiration**
  Stille Aspiration bei undichtem Cuff oder unzureichender Blockung.
- **Tracheomalazie (Luftröhrenerweichung)**
  Nekrose der Trachealknorpel durch Druckeinwirkung eines Trachealkanülencuffs.
- **Verlegung des Tracheostomas**
  Kollabiertes Tracheostoma beim Kanülenwechsel oder Verlegung durch Halsweichteile beim Husten oder Pressen, evtl. auch durch Ansammlung von Borken oder Sekret.
- **Blutungen**
  Durch Verletzungen am Tracheostoma beim Kanülenwechsel oder durch Scheuerbewegungen einer unzureichend fixierten Kanüle. Blutungen auch aus kleinen Gefäßen können für den Patienten lebensgefährlich sein, wenn das Blut in die Trachea läuft (Aspirationsgefahr).

18 Absaugen

(P. Manz)

18.1 Absaugen von Atemwegssekret oder aspirierten Stoffen mit Absaugkathetern aus den Atemwegen

Pneumonieprophylaxe

Aspiration

Um die Belüftung der Lunge zu gewährleisten und Atelektasen oder Pneumonien vorzubeugen, muss **Atemwegssekret,** das **nicht oder nur unzureichend abgehustet** wird, abgesaugt werden. **Feste** oder **flüssige Fremdkörper,** die durch **Aspiration** in die Atemwege gelangt sind, müssen ebenfalls abgesaugt werden. Abgesaugt wird, wenn die Atemwege sichtbar oder hörbar (Brodel- oder Rasselgeräusche) verlegt sind und auf ärztliche Anordnung.

Die Häufigkeit des Absaugens richtet sich nach der Menge des Sekrets.

18.2 Absaugtechniken

Orales Absaugen

Absaugen von Atemwegssekret oder aspirierten Substanzen über den Mund.

Nasales Absaugen

Absaugen von Atemwegssekret oder aspirierten Stoffen über die Nase.

Endotracheales Absaugen

Absaugen von Atemwegssekret oder aspirierten Substanzen über die Trachealkanüle oder einen Endotrachealtubus.

Bronchoskopisches Absaugen durch den Arzt

Absaugen von Sekret oder aspirierten Stoffen mit einem Bronchoskop.

18.3 Vorbereitung des Materials

Absauggerät

Stationäre und transportable Absauggeräte

Absauggeräte, die ausschließlich am Bettplatz verwendet werden, arbeiten mit **Sog vom zentralen Vakuumanschluss** (oder über Druckluft mit einem Druck-Sog-Wandler) und sind nicht für den Transport geeignet. Absauggeräte, die für den Transport geeignet sind, arbeiten mit einer **Elektropumpe** (Akku) oder mit einer **Sauerstoffflasche mit einem Druck-Sog-Wandler.**
Absauggeräte sollten einen Sog von **0,6 bar** (Manometer) aufbauen. Bei endotrachealer Absaugung über einen **Tubus** oder das **Tracheostoma** sollte der **Sog 0,4** bar nicht überschreiten, da bei höherem intrapulmonalen Sog Atelektasen entstehen können.

Absaugschlauch

Um den notwendigen Sog zwischen Absauggerät und Absaugkatheter aufrechterhalten zu können, müssen die Absaugschläuche sorgfältig und luftdicht mit dem Auffanggefäß und dem Vakuumanschluss konnektiert werden. Absaugschläuche sind **Einmalartikel,** sie werden **täglich gewechselt.** Nach jedem Absaugvorgang sollte man sie mit etwas Wasser **durchspülen,** da das Sekret sonst im Schlauch zurückbleibt und diesen verschließt.

Hygienemaßnahmen

Fingertipp

Der Fingertipp dient der Sogregulierung. Er kann im Absaugkatheter integriert sein, oder er verbindet als separates Teil den Absaugschlauch mit dem Absaugkatheter.

Absaugkatheter

Sie bestehen aus weichem, knickfestem und durchsichtigem Kunststoff und sind einzeln steril verpackt. Man unterscheidet herkömmliche von atraumatischen Absaugkathetern. **Atraumatische Absaugkatheter** haben an ihrer Spitze einen **wulstigen Ring** und dahinter vier sehr **kleine Öffnungen,** wodurch ein **Festsaugen** an der Schleimhaut **verhindert** wird. Man verwendet sie, wenn häufiges Absaugen erforderlich ist, um Schleimhautschäden zu vermeiden. Der Nachteil ist, dass sich zähes Sekret nur schwer absaugen lässt. Beim Erwachsenen eignen sich für orales Absaugen Katheter mit einem Durchmesser von 14–20 Ch, für nasales Absaugen Katheterstärken von 10–16 Ch (Ch = Charrière, 1 Ch ≙ $1/3$ mm, 1 mm ≙ 3 Ch). Beim Absaugen über einen Endotrachealtubus oder eine Trachealkanüle sollte der Katheterdurchmesser nicht größer als $2/3$ des Tubusinnendurchmessers sein.

Atraumatische Absaugkatheter

Handschuhe

Bei jedem Absaugvorgang sollten Einmalhandschuhe getragen werden. Beim oralen und nasalen Absaugen verwendet man unsterile Handschuhe. Beim endotrachealen Absaugen über einen Tubus sollte man bei beatmeten Patienten zusätzlich einen sterilen Handschuh für die Hand verwenden, die den Absaugkatheter hält.

Abwurf

Der Abwurf sollte in direkter Nähe positioniert werden.

Wasserbehälter

Der Absaugschlauch wird nach dem Absaugen und Entsorgen des Absaugkatheters mit etwas Wasser durchgespült, um ein Verstopfen durch zurückbleibendes Sekret zu vermeiden. Der Wasserbehälter steht neben dem Absauggefäß.

Sonstiges

Gleitmittel (z. B. Silikon-Spray, Gleitgel, NaCl 0,9 % o. Ä.), Nasen- und Mundpflegemittel, Kanülenöl, Nasentropfen, Stethoskop, Atembeutel mit Masken usw. sollten bereitgelegt werden.

18.4 Vorbereitung des Patienten

Meist haben die Patienten große Angst vor der Maßnahme. Daher ist es wichtig, ihnen möglichst genau zu erklären, was geplant ist, z. B.:

Informationen des Patienten

- **Vorgehensweise** beim Absaugen des Sekrets und Erfordernis, dass ein Katheter über Mund oder Nase eingeführt werden muss.
- Patienten auf mögliche **Missempfindungen** hinweisen. Beispiele: Bei nasalem Absaugen wird der Patient einen Druck verspüren, wenn der Katheter die Nasenhinterwand berührt. Berührt der Katheter den Kehlkopf, kann ein Husten- oder Würgereiz ausgelöst werden. Um dies zu vermeiden, sollte der Patient versuchen, tief durchzuatmen und sich zu entspannen.

18.5 Sonstiges

Pflegehinweise

Das Absaugen sollte **vorsichtig** und **ohne Hektik** vor sich gehen, da der Patient sonst noch unruhiger wird.
Nach Möglichkeit sollte der Patient **vor dem Absaugen husten und tief durchatmen.**
Patienten möglichst in **Oberkörperhoch- oder Seitenlage** absaugen (**Aspirationsprophylaxe**).
Falls erforderlich **Mund und Nase** vor dem Absaugen **reinigen.**

18.6 Orales Absaugen

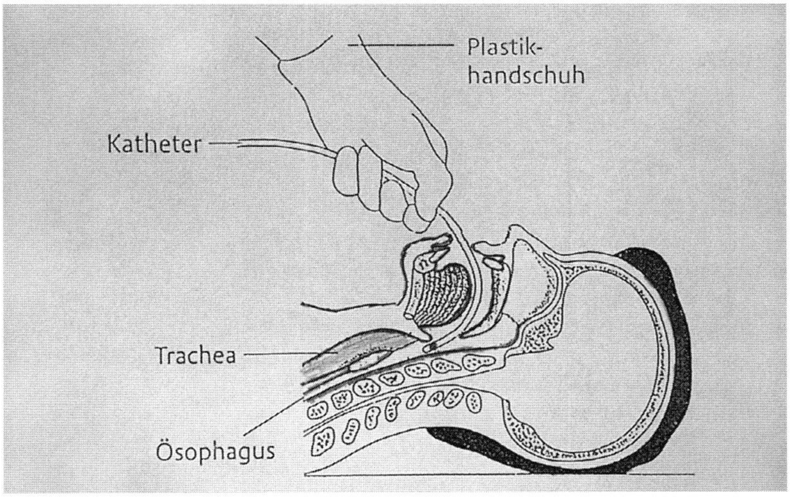

Abb. 114: Orales Absaugen

- Vor der Durchführung genaue Beobachtung von: HF, RR, Sauerstoffsättigung, Hautfarbe, Atemqualität, etc.
- Patienten informieren.
- **Oberkörperhochlage ca. 45°, Kopf** etwas nach hinten **überstreckt.** Lagerung
- Evtl. Lätzchen anlegen, Nierenschale und Papiertücher bereitlegen.
- Bei liegender Magensonde Sekretbeutel unter Magenniveau hängen, dass der Mageninhalt bei Brechreiz abfließen kann.
- Hände desinfizieren.
- Evtl. Mund auswischen.
- Patienten auffordern, mehrmals tief durchzuatmen und zu husten (O_2-Zufuhr nach Anordnung, um eine optimale Sauerstoffversorgung zu gewährleisten).
- Evtl. QRS-Ton am Monitor aktivieren, um auf evtl. Rhythmusstörungen während des Absaugens aufmerksam zu werden.
- Wenn möglich SaO_2-Überwachung durchführen.
- Handschuhe anziehen.
- Bei sehr unruhigen Patienten sollte eine zweite Pflegekraft anwesend sein, um den Patienten zu beruhigen und ggf. festzuhalten.
- Katheter auf den Absaugschlauch aufstecken und in der Verpackung lassen.
- Vakuum aufdrehen und kontrollieren (Fingertipp schließen, der Katheter saugt sich in der Verpackung fest).
- Katheter aus der Packung gleiten lassen und ca. 20 cm hinter der Katheterspitze fassen, sodass der einzuführende Teil steril bleibt.
- Katheter ohne Sog in den Mund einführen und bis in den unteren Rachenbereich (= Hypopharynx) vorschieben.
- Öffnet der Patient den Mund nicht weit genug, evtl. Güdeltubus einlegen.

- Fingertipp mit dem Daumen schließen und den Katheter unter Sog zurückziehen. Um ein Festsaugen des Katheters zu vermeiden, muss der Sog evtl. intermittierend mittels Fingertipp unterbrochen werden.
- Der Absaugvorgang sollte nicht länger als 5–10 Sek. dauern, da der Patient während dieser Zeit nicht atmen kann, und die in der Lunge vorhandene Luft zum Teil mit abgesaugt wird.

Beobachtung des Patienten

- Der Patient muss während des Absaugens **genau beobachtet** werden. Nützlich ist die Überwachung des **Pulssignals** und der **Sauerstoffsättigung.**
- Absaugkatheter unter Sog entfernen.
- Nach dem Absaugen den Katheter abwerfen.
- Absaugschlauch durchspülen und Sog abstellen.
- Evtl. O_2-Gabe.
- Dokumentation: Häufigkeit des Absaugens, Reaktionen des Patienten beim Absaugen (z. B. Bradykardie, Abwehrbewegungen), Sekretmenge, Farbe und Konsistenz des Sekretes.
- Evtl. Proben für die Bakteriologie.

18.7 Nasales Absaugen

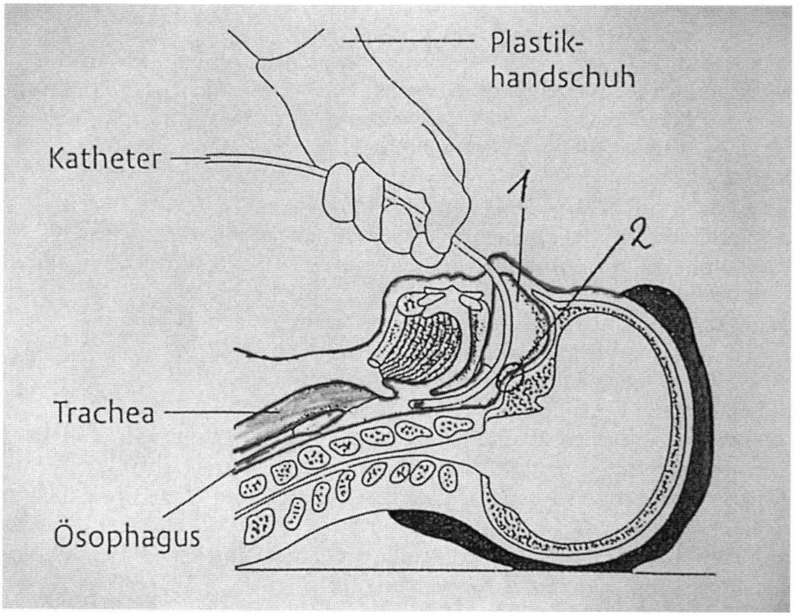

Abb. 115: Nasales Absaugen

1. Die Schleimhaut der Nasenscheidewand kann beim Einführen des Katheters leicht verletzt werden. Der Knochen bzw. Knorpel wird direkt von der dünnen, gut durchbluteten Schleimhautschicht überzogen, was diese äußerst verletzlich macht.

2. Wird der Absaugkatheter über die Nase eingeführt und vorgeschoben, kann er bei Kontakt mit den Rachenmandeln Blutungen verursachen.

- Genaue Beobachtung vor der Durchführung (HF, RR, SaO_2, Hautfarbe, Atemqualität, etc.)
- Patient informieren.
- Oberkörperhochlage ca. 45°, Kopf etwas nach hinten gestreckt.
- Bei liegender Magensonde den Sekretbeutel unter Magenniveau hängen, damit der Mageninhalt bei Brechreiz abfließen kann.
- Gleitmittel ins Nasenloch einbringen (evtl. zuvor Nasentropfen verabreichen).
- Patienten auffordern, mehrmals tief durchzuatmen und zu husten (evtl. O_2-Zuspeisung nach Anordnung, um eine optimale Sauerstoffversorgung zu gewährleisten).
- Hände desinfizieren.
- Evtl. QRS-Ton am Monitor aktivieren, um auf Rhythmusstörungen während des Absaugens aufmerksam zu werden.
- Wenn möglich SaO_2-Überwachung durchführen.
- Handschuhe anziehen.
- Bei sehr unruhigen Patienten sollte eine zweite Pflegeperson anwesend sein.
- Katheter auf den Absaugschlauch aufstecken und in der Verpackung belassen.
- Vakuum aufdrehen und kontrollieren (Fingertipp schließen, der Katheter saugt sich in der Verpackung fest).
- Einführtiefe im **seitlichen Kopfbereich abmessen:** Die Katheterspitze, (die sich noch in der Verpackung befindet), wird am Ohrläppchen angelegt und der Abstand zur Nasenspitze gemessen. Die ermittelte Länge entspricht dem Abstand zwischen Nasenöffnung (Einführbereich des Katheters) und unterem Rachenbereich (Hypopharynx).

Ermitteln der Einführtiefe

- Katheter am ermitteltem Punkt festhalten und so aus der Verpackung gleiten lassen, dass der einzuführende Teil steril bleibt.
- Den Katheter ohne Sog durch das vorbereitete Nasenloch einführen und bis in den unteren Rachen vorschieben.
- Fingertipp mit dem Daumen schließen und Katheter unter Sog zurückziehen. Um ein Festsaugen des Katheters zu vermeiden, muss der Sog evtl. intermittierend mittels Fingertip unterbrochen werden.
- Der Absaugvorgang sollte nicht länger als 5–10 Sek. dauern, da der Patient während dieser Zeit nicht atmen kann, und die in der Lunge vorhandene Luft zum Teil mit abgesaugt wird.
- Der Patient muss während des Absaugens genau beobachtet werden. Nützlich ist die Überwachung des Pulssignals und des SaO_2.
- Katheter unter Sog entfernen.
- Nach dem Absaugen den Katheter um den Finger wickeln, den Handschuh über den Katheter stülpen und entsorgen.
- Absaugschlauch durchspülen und Sog abstellen.
- Evtl. O_2-Gabe.
- Dokumentation: Häufigkeit des Absaugens, Reaktionen des Patienten beim Absaugen (z. B. Bradykardie, Abwehrbewegungen), Sekretmenge, Farbe, Konsistenz, Hygieneproben.

18.8 Endotracheales Absaugen über eine Trachealkanüle ohne Beatmungsgerät

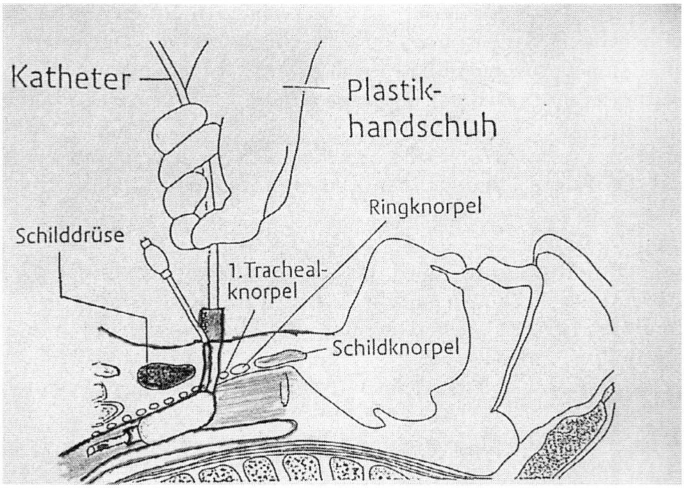

Abb. 116: Endotracheales Absaugen über eine Trachealkanüle

- Genaue Beobachtung vor der Durchführung (HF, RR, SaO_2, Hautfarbe, Atemqualität etc.).
- Patienten informieren.
- Evtl. O_2-Zuspeisung nach Anordnung (Präoxygenierung), um eine optimale Sauerstoffversorgung zu gewährleisten.
- Gefahrenhinweis: Evtl. **QRS-Ton am Monitor** aktivieren, um auf **Rhythmusstörungen** während des Absaugens aufmerksam zu werden, (zu langes Absaugen kann eine **Bradykardie** oder sogar einen **Herzstillstand** auslösen).
- Wenn möglich SaO_2-Überwachung durchführen.
- Hände desinfizieren.
- Bei unruhigen Patienten sollte eine zweite Pflegeperson unterstützend anwesend sein.
- Unsterile Einmalhandschuhe anziehen.
- Katheterstärke: Absaugkatheter auf den Absaugschlauch (Fingertipp) aufstecken und in der Verpackung lassen. Der Absaugkatheter sollte nicht größer als ²/₃ des Tubusinnendurchmessers sein. **14-Ch-Katheter** sind für Erwachsene im Allgemeinen geeignet. Mit **zu großen Kathetern** wird häufig ein zu starker Sog erzeugt, wodurch die **Atelektasenbildung** begünstigt wird. Um die Atelektasenbildung zu verhindern, kann man nach dem Absaugen die Lunge mit einem Atembeutel blähen.
- Sog einstellen und überprüfen (Fingertipp schließen, der Katheter saugt sich in der Verpackung fest). Sogstärke regulieren, maximaler

Sog 0,2–0,4 bar; ist der Sog stärker, vergrößert sich die Gefahr von Atelektasenbildung und Gewebeschädigungen durch Festsaugen.

- Künstliche Nase am Tracheoflex etwas lockern, dass sie später ungehindert mit einer Hand entfernt werden kann.
- Evtl. sterilen Handschuh über die Hand ziehen, die den Katheter führen soll.
- Katheter aus der Verpackung gleiten lassen und ca. 15 cm hinter der Katheterspitze fassen.
- Künstliche Nase mit der anderen Hand abnehmen und das Tracheoflex während des Saugvorganges halten.
- Absaugkatheter ohne Sog einführen. Bei starker Verschleimung kann der Katheter in die ersten 3 cm der Kanüle auch mit Sog eingeführt werden. Bei spürbarem Widerstand wird der Katheter etwa 1 cm ohne Sog zurückgezogen (nicht weiter vorschieben oder »stochern«).
- Sollte der Absaugkatheter nicht ungehindert durch die Kanüle gleiten, kann er mit etwas Silikonspray gleitfähig gemacht werden. Falls erforderlich kann die Trachealkanüle mit 1–2 ml NaCl 0,9 % oder etwas Kanülenöl benetzt werden. Vorsicht: evtl. starker Hustenreiz.
- Fingertipp mit dem Daumen schließen und den Katheter unter Sog mit leichter Drehbewegung zurückziehen. Der Absaugvorgang sollte max. 10 Sekunden dauern.

Beobachtung während des Absaugens

- Der Patient muss während des Absaugens genau beobachtet werden. Nützlich ist die **Überwachung des Herzfrequenzsignals** und der **Sauerstoffsättigung.**
  Katheter unter Sog entfernen.
- Nach dem Absaugen den Katheter entsorgen.
- Absaugschlauch durchspülen und Sog abstellen bzw. Absaugvorgang nach wenigen Minuten wiederholen.
- Künstliche Nase wieder aufsetzen. Evtl. O_2-Gabe.
- Lungen ggf. mit einem Atembeutel blähen.
- Dokumentation: Häufigkeit des Absaugens, Reaktionen des Patienten beim Absaugen (z. B. Bradykardie, Abwehrbewegungen), Sekretmenge, Farbe und Konsistenz des Sekrets; evtl. Proben für die Bakteriologie.

18.9 Komplikationen

Vagusreizung

Führt zu Herzrhythmusstörungen, Bradykardie oder Asystolie → Absaugvorgang sofort beenden und Katheter entfernen. O_2-Gabe. Bei Bedarf medikamentöse Therapie mit Atropin. Bleibt die Wirkung aus, wird Alupent® verabreicht. Bei Asystolie Durchführung der Herzmassage und Applikation von Suprarenin®.

Hypoxämie, Hypoxie

→ Genaue Beobachtung der Hautfarbe und der Vitalparameter, Kontrolle der BGA, Berücksichtigung vorheriger Vermerke (Pflegedokumentation). Besondere Vorsicht beim Absaugen gefährdeter Patienten (z. B. mit erhöhter Krampfneigung). Genaue Beobachtung während des Absaugens. Der Absaugvorgang sollte nicht länger als 10 Sek. dauern. Nach Anordnung O_2-Gabe vor und nach dem Absaugen. Evtl. Hyperventilation mit dem Atembeutel vor und nach dem Absaugvorgang.

Atemstillstand

→ Beatmung mit dem Atembeutel (Hyperventilation), Intubation.

Atelektasenbildung

→ Mehrfaches Blähen mit dem Atembeutel nach dem Absaugen. Vorbeugung ist durch Verwendung der richtigen Kathetergröße möglich. Bei Verwendung großlumiger Katheter ist die Sogwirkung zu stark. Einstellen der richtigen Sogstärke, bei endotrachealer Absaugung nicht über 0,4 bar.

Infektionen

→ Strenge Einhaltung hygienischer Richtlinien.

Verletzung der Trachealschleimhaut (Ulzera, Blutungen, Ödeme)

→ Absaugkatheter vorsichtig, aber gezielt einführen, kein »Stochern« während des Absaugens. Die maximale Sogstärke von 0,4 bar sollte nicht überschritten werden, um ein Festsaugen des Katheters an der Trachealschleimhaut zu vermeiden. Absaugkatheter nie gegen Widerstand vorschieben.

Perforation der Trachea durch die Katheterspitze bei vorgeschädigtem Gewebe (z. B. bei Karzinom)

→ Sehr vorsichtiges Absaugen, Katheter nur minimal einführen, nicht »stochern«.

Verlust der Trachealkanüle beim Husten

→ Vor dem Absaugen Trachealkanülenbändchen prüfen. Die Kanüle sollte nicht zu locker fixiert sein (knapp zwei Finger breiter Abstand zwischen Bändchen und Haut). Die Hand, die den Fingertipp während des Absaugvorgangs bedient, fixiert die Trachealkanüle.

Erhöhung des intrakraniellen Druckes

→ Absaugen erst nach genauer Indikationsstellung durch den Arzt. Absaugkatheter nur minimal einführen. Meist ist es ausreichend, das Sekret in und 1–2 cm unterhalb der Kanüle abzusaugen, um möglichst keinen stärkeren Hustenreiz auszulösen. Nach ärztlicher Anordnung können sedierende und den Hustenreiz lindernde Medikamente verabreicht werden.

Broncho- und Laryngospasmus

→ Bemerkt man während des Absaugens, dass der Patient Atemnot bekommt, zieht man den Katheter sofort zurück und gibt Sauerstoff, bevor ein Laryngospasmus ausgelöst wird. Es sollte keine grobe Kraft angewendet werden, auch wenn der Katheter nur schwer zurückgezogen werden kann. Man lässt den Katheter in der Luftröhre, löst die Verbindung zwischen Fingertipp und Katheter und verwendet diesen zur Sauerstoffzufuhr. Lässt der Laryngospasmus nach, entfernt man den Katheter und gibt die gewünschte Sauerstoffmenge weiter.

Schlecht durchgängige, verlegte Kanüle

→ Evtl. mit etwas NaCl 0,9 % durchspülen. Kanülenöl verwenden. Absaugkatheter mit Gleitmittel (z. B. Silikonspray) benetzen.

19 Handling auf Stroke-Unit-Einheiten

(C. von Arx)

Anregungen für die Pflege aus Sicht der Physiotherapie

Definition: Der Begriff »Handling« kommt aus der Kinderkrankenpflege (das Bobath-Konzept wurde zunächst bei Kindern angewandt) und meint die Art und Weise der »Handhabung« und des Umgangs mit dem Säugling. Dieser Begriff wird auch für Erwachsene benutzt. (aus: Lothar Urbas. Pflege eines Menschen mit Hemiplegie nach dem Bobath-Konzept. Thieme, Stuttgart 1996, S. 129).

19.1 Einführung

Bobath-Konzept

Seit vielen Jahren wird das Bobath-Konzept erfolgreich im Rahmen der Therapie von Schlaganfallpatienten angewendet. Es beinhaltet u. a. ein besonderes Handling und die Betreuung des Patienten über 24 Stunden (24-Stunden-Konzept).

Das Bobath-Konzept besteht aus zwei Teilen:

- die **Bobath-Therapie,** die vorwiegend von Physio- und Ergotherapeuten angewendet wird,
- das **Bobath-Management,** an dem sich alle an der Versorgung und Rehabilitation des Patienten Beteiligten orientieren.

Bobath-Therapie

Die **Bobath-Therapie** zielt darauf ab, die Ressourcen des Patienten optimal zu fördern und unphysiologische Bewegungsmuster zu verhindern. Das Fernziel ist die maximal erreichbare **Selbstständigkeit und Unabhängigkeit** des Pflegebedürftigen. Dazu werden beispielsweise Alltagsbewegungen gezielt vorbereitet und in Sequenzen geübt. **Beachte:** Die Grenzen des Patienten liegen besonders in der Frühphase weit unter den Anforderungen des Alltages! Oft muss in besonderen Ausgangssituationen langsam und mit gezielter Führung gearbeitet werden.

Bobath-Management

Das **Bobath-Management** beruht auf der Tatsache, dass **Grundbedürfnisse** des Patienten, wie Körperpflege, Mobilisation, Ernährung usw. in **relativ kurzer Zeit** durchgeführt werden müssen. Dafür sind spezielle **Handgriffe und Transfertechniken** entwickelt worden. Sie sind zwar nicht ideal, dafür aber einfacher zu erlernen, schneller anzuwenden und für die Entwicklung des Patienten durchaus förderlich. Auch Therapeuten wenden diese Techniken an, z. B. wenn sie einen Patienten rasch zur Toilette bringen müssen.

Orientierung am Patienten

Viele »Dogmen« haben sich aus dem Bobath-Management entwickelt. Sie sollten der einheitlichen Teamarbeit dienen, sind aber kontraproduktiv, wenn sie falsch verstanden werden. In ähnlichen Pflegesituationen gibt es stets mehrere Möglichkeiten der Versorgung und unterschiedliche Vorgehensweisen. Ob die entsprechende **Vorgehensweise »richtig« oder »falsch«** ist, kann erst bei der **Beobachtung des Patienten** beurteilt werden! Kann die Pflegemaßnahme von der Hilfsperson und dem Betroffenen mühelos ausgeführt werden ist die Vorgehensweise wahrscheinlich richtig. Wenn unnatürliche Bewegungsabfolgen auftreten, muss nach Alternativen gesucht werden. Es ist auch zu berücksichtigen, dass sich das Konzept und insbesondere die Art, es zu unterrichten, seit der Gründung gewandelt haben, und es unterschiedliche Schulen gibt. Die Grundprinzipien sind aber gleich geblieben.

Merke: Durch die Anwendung der optimalen Pflegetechnik können Kraft und Mühe gespart werden.

Darüber hinaus wird die Gesundheit der Pflegekräfte unterstützt (rückenschonende Arbeitsweise). Empfehlenswert sind Bobath- und Kinästhetik®-Kurse mit zusätzlicher Anleitung im Stationsalltag. Bei fehlendem theoretischen Grundwissen und unzureichender praktischer Anleitung verbessert sich das Handling bei der täglichen Versorgung von Schlaganfallpatienten kaum. Ein **aktuelles** Bobath-Management-Buch mit Illustrationen sollte auf keiner neurologischen Station fehlen.

Empfehlung: Hinweise auf weiterführende Literatur sind im Literaturverzeichnis zu finden.

Die nachfolgenden Abschnitte befassen sich mit verschiedenen Alltagsproblemen des Schlaganfallpatienten und möglichen Lösungsstrategien.

19.2 Tagesplanung

Zur Orientierung dient ein für alle sichtbar im Stationszimmer angebrachter Übersichtsplan, auf dem Untersuchungs- und Therapietermine aller Patienten eingetragen werden. Darüber hinaus wird ein individueller Tagesplan für jeden einzelnen Patienten am jeweiligen Pflegeplatz angebracht.

19.3 Orientierung und Wahrnehmung

Mögliche Einschränkungen des Patienten

Der Patient findet sich in der Akutphase der Erkrankung unerwartet in einer ihm fremden Umgebung und Situation wieder. Seine Körperwahrnehmung hat sich verändert. Er hat das Gefühl, dass ihm sein eigener Körper fremd ist. Viele für uns selbstverständliche Fähigkeiten können verlorengegangen sein. Der Patient kann unter verschiedensten Einschränkungen leiden, z. B. **Bewegungseinschränkungen** und **Koordinationsstörungen, Kommunikationsstörungen** (Verständnis- oder Sprechstörungen), Orientierungsstörungen (eingeschränktes Erkennen von Gegenständen, Unfähigkeit, Gesichter wiederzuerkennen oder Mimik und Gestik zu deuten), **fehlende Kontrolle über die Ausscheidungen u. a.**

Das Pflegepersonal sollte in dem Bewusstsein auf den Patienten zugehen, dass evtl. entsprechende Störungen vorliegen. Durch situationsadäquates Verhalten können dem Pflegebedürftigen Ängste genommen werden. Über unterschiedliche Kommunikationsformen und -wege erreicht man, dass der Pflegebedürftige Mitteilungen versteht und Situationen besser einschätzen kann. Beobachtung, Erfahrung und der Austausch mit anderen Betreuern und Angehörigen sind hilfreich.

Spürinformationen

Deutliche **Spürinformationen** sind Grundbedingung für die Bewegungen und Orientierung des Patienten. Bei der Lagerung und Mobilisation des Kranken sind feste Unterlagen (z. B. feste Matratzen, stabiles Lagerungsmaterial, fest stehende Tische usw.) zu verwenden.

Bei Umlagerungen und Transfers sind verbale Hilfestellungen meistens verwirrend; das Führen des Patienten in einer klar gestalteten Umwelt ist hilfreicher. Das Bett sollte beispielsweise so eingestellt werden, dass der Kranke beim Sitzen am Bettrand Bodenkontakt mit den Füßen hat.

Vergleichendes Beispiel:
Das Verlassen der Achterbahn nach einer schwindelerregenden Fahrt wird durch verbale Anweisungen der Zuschauer kaum erleichtert, wohl aber durch das Ertasten von Geländern, Stufen, Seitenwänden oder das Ergreifen einer dargebotenen Hand.

Bevorzugung der nicht betroffenen Körperseite

Schlaganfallpatienten neigen dazu, sich zur nicht betroffenen Körperseite zu orientieren und sie bei allen Aktivitäten zu bevorzugen. Mehr oder weniger ausgeprägte Lähmungen sind ein Grund dafür. Andere Störungen verstärken diese Neigung.

Sensibilitätsstörungen auf der betroffenen Seite

Der Patient spürt die betroffenen Körperbereiche nicht. Ohne hinzuschauen kann er nicht beurteilen, in welcher Stellung sie sich befinden.

Beispiel: Anziehen der Schuhe
Der Helfer fragt den Patienten, ob der Schuh auf der betroffenen Seite gut sitzt. Der Patient antwortet, dass er es nicht spürt oder nicht weiß. Gleichzeitig wird er nachsehen, ob der Fuß im Schuh ist.

Hemianopsie (Gesichtsfeldausfall auf der betroffenen Seite)

Die Augenmotorik ist normal und seitengleich. Die visuelle Wahrnehmung ist aber nur mit dem Auge der gesunden Gesichtshälfte möglich. Der Patient muss den Kopf drehen, um den Raum und die Gegenstände auf der betroffenen Seite sehen zu können.

Beispiel: Nahrungsaufnahme
Der Patient (mit linksseitiger Hemianopsie) blickt auf das Tablett und fragt nach der Gabel. Da sie auf der linken Seite des Tabletts liegt, hat er sie nicht gesehen. Erst nach einem Hinweis der Pflegeperson nimmt er die Gabel wahr.

Neglect (Vernachlässigung der betroffenen Körperhälfte)

Der Neglect-Patient ignoriert alle Reize, die von der betroffenen Seite kommen. Er übersieht Gegenstände und überhört Geräusche. Auch Berührungsreize werden nicht wahrgenommen. Er beachtet die betroffene Körperhälfte nicht und führt alle Tätigkeiten mit der gesunden Seite aus. Sogar die Idee, sich zu dieser Seite hinzuwenden, fehlt.

Beispiel: Nahrungsaufnahme
Vor einem Patienten mit linksseitigem Neglect steht ein Teller. Das Fleisch ist auf der linken Tellerhälfte angerichtet, das Gemüse auf der rechten. Der Patient fragt, warum es zum Mittagessen kein Fleisch gibt. Nachdem der Pfleger den Teller um 180° gedreht hat, nimmt der Patient das Fleischstück wahr, vermisst aber die Beilagen. Der Pfleger teilt ihm mit, dass sie auf der linken Tellerseite liegen. Der Patient blickt suchend nach rechts, kann das Gemüse aber nicht finden. Die Pflegeperson versucht, den Kopf des Patienten aktiv zur linken Tellerseite zu wenden, spürt jedoch seinen Widerstand. Der Patient blickt noch immer nach rechts.

Alle geschilderten Störungen können kombiniert und mehr oder weniger ausgeprägt auftreten. Sie bilden sich teilweise oder mitunter vollständig zurück. Darüber hinaus können weitere, seltenere Wahrnehmungsstörungen auftreten.
Häufige Beschäftigung mit dem Patienten, die Durchführung gezielter Maßnahmen und das Trainieren von Bewegungsabläufen können die Wahrnehmung auf der betroffenen Seite stark fördern. Die Aufmerksamkeit des Kranken muss dabei immer wieder auf das Geschehen und auf seine betroffene Seite gelenkt werden.

19.4 Atmung

Schlaganfall-Patienten ohne Begleiterkrankungen haben auch in der Akutphase selten Atemprobleme. Dennoch darf die Pneumonie- und Bronchitisprophylaxe nicht außer Acht gelassen werden. Der dorso-basale Bereich der Lunge (Unterlappen hinten) ist bei ausgeprägter Parese und Rückenlage über einen längeren Zeitraum schlecht belüftet. **Wechsellagerung** und **mehrfache tägliche Mobilisation** sind die wichtigsten prophylaktischen Maßnahmen. Die **Bauchlage** (etwas zur Seite gedreht) ist bei Patienten, die sie tolerieren, besonders zur Pneumonieprophylaxe geeignet. Bei der Umlagerung muss der Patient über die gesunde Seite gedreht werden, damit die gelähmte Schulter nicht verletzt wird.

Pneumonieprophylaxe

Atemstörungen

Hat der Patient bereits Atemprobleme, müssen die von den Physiotherapeuten eingeleiteten Maßnahmen fortgeführt werden (z. B. **regelmäßige Anwendung des Giebelrohres**).

19.5 Lagerung

Die Lagerung in der Akutphase unterscheidet sich nicht wesentlich von der Lagerung Halbseitengelähmter auf der normalen Pflegestation. Da die Patienten anfangs meist ausgeprägte Orientierungsstörungen haben, sollte überwiegend mit festem Lagerungsmaterial (z. B. mit Schaumstoffblöcken) gearbeitet werden. Weiche Kissen und Matratzen vermitteln dem Patienten den Eindruck, keinen Halt zu finden. Viele Schlaganfall-Patienten fühlen sich unsicher, verspannen sich oder werden in dieser Situation unruhig. Sie beginnen zu »nesteln«.

Oberkörperhochlagerung

Seitenlage

Um den venösen Abfluss aus dem Hirngewebe zu verbessern, wird bei hirndruckgefährdeten Patienten die Oberkörperhochlagerung in Rückenlage vom Arzt verordnet. Bei nachlassender Gefährdung sollte der Patient wieder vermehrt auf der Seite gelagert werden. Für die **Seitenlage** mit 30°-Hochlagerung ist es günstig, das **Kopfteil des Bettes** nur um **10° hochzustellen** und das ganze **Bett** um **20° fußwärts zu neigen.** Die Halswirbelsäule sollte dabei gerade sein.

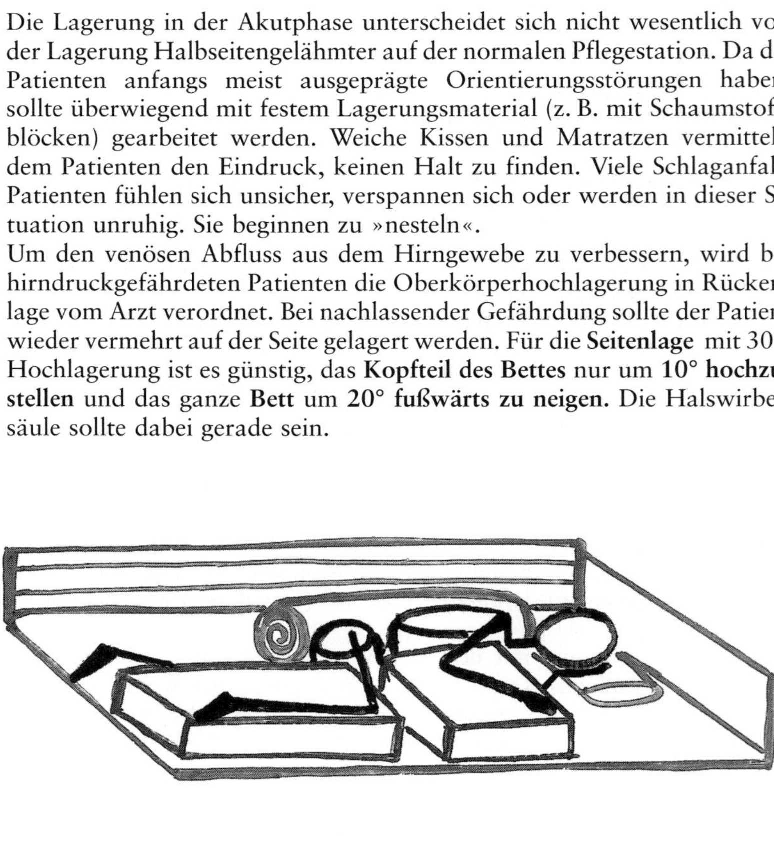

Abb. 117: Seitenlagerung

Abb. 118: Seitenlagerung des Schlaganfallpatienten mit 30°-Hochlagerung

19.6 Gelenke

Die Gelenke der gelähmten Seite sind nicht mehr durch die normale Muskelspannung vor Überdehnung und Fehlstellungen geschützt. In der Akutphase ist die Muskelgrundspannung bei den meisten Patienten sehr gering oder u. U. gar nicht vorhanden. Besonders gefährdet ist das **Schultergelenk,** das bei unzureichendem Muskeltonus zu Luxationen neigt. Hartnäckige **Schulterschmerzen** als Folge **schlechten Handlings** und **ungeeigneter Lagerungsmethoden** treten häufig auf und beeinträchtigen die Rehabilitation.

Schultergelenk

Aus diesem Grund sind folgende **Maßnahmen** angezeigt:

- Der gelähmte Arm sollte stets vorsichtig bewegt werden.
- Arm nicht über 90° anheben oder seitlich abspreizen,
  Bei sämtlichen Bewegungen ist die Gefährdung des Schultergelenkes am geringsten, wenn der Ellbogen des Patienten an der Körperseite anliegt.
- Patienten bei der Umlagerung nicht am Arm, sondern im Bereich des Schulterblattes fassen.
- Der betroffene Arm sollte stets gelagert werden.

Eine Schädigung des Hüftgelenkes tritt v. a. bei Außenrotation des Beines in Rückenlage des Patienten auf (häufiger Lagerungsfehler).

Röntgenaufnahme des Thorax im Bett

Eine potenzielle Gefährdung für die Schultergelenke stellt das Aufrichten des Patienten im Bett dar, z. B. beim Betten oder bei Erstellen von Thorax-Röntgenaufnahmen im Bett. Auf keinen Fall sollte die Pflegeperson die Achseln des Patienten untergreifen, um ihn aufzurichten. Das Umgreifen der Schulterblätter ist günstiger (siehe Abb. 119).

Abb. 119: Umlagern des Patienten

19.7 Mobilisation

Erstmobilisation

Transfer

Die erste Mobilisation ist für den Patienten ein wichtiger Vorgang. U. U. wird ihm erst hierbei das Ausmaß seiner Behinderung bewußt. Die Mobilisation ist häufig mit Angst verbunden. Der Transfer vom Bett in den Rollstuhl und das Zurückbringen ins Bett müssen sorgfältig geplant und ausgeführt werden, damit der Patient Vertrauen gewinnt.

Mobilisationsdauer

Die Mobilisation sollte zeitlich begrenzt sein, sodass der Halbseitengelähmte noch die Kraft hat, sich aktiv am Zurücksetzen zu beteiligen. Eine **Mobilisationsdauer** von **10–20 Minuten** ist meist ausreichend. Die Überwachungsvorrichtungen sollten nicht unnötig entfernt werden.

Die Mobilisation wird von zwei Pflegepersonen durchgeführt. Eine kümmert sich um den Transfer, die zweite um die Überwachung und das Material.

Sitzen im Stuhl/Rollstuhl

Eine **gute Sitzposition** im Rollstuhl/Stuhl mit Tisch ist auch für kurze Zeit wichtig und sinnvoll. Das Sitzen an der Bettkante ist instabil und dient ausschließlich dem Übersetzen in den Stuhl. Es ist ideal, wenn das Sitzen im (Roll-)Stuhl **mit** einer **angenehmen Tätigkeit** verbunden ist. Im Laufe der Zeit kann die Mobilisationsdauer i. d. R. gesteigert werden. Es ist jedoch besser, den Patienten mehrmals täglich über einen kurzen Zeitraum als einmal über eine längere Zeitspanne zu mobilisieren. **Wiederholte, kurze Mobilisationseinheiten** sind unter anderem für den Kreislauf, die Atmung, die Orientierung und die Aufmerksamkeit günstiger. Ein Teil der Transfers kann durch die Therapeuten im Rahmen ihrer Behandlung ausgeführt werden. Das Mobilisieren im Zusammenhang mit der täglichen Versorgung des Patienten ist Aufgabe der Pflegenden.

19.8 Hinweise zum Transfer

Richtiges Umlagern und Übersetzen kann am besten in der Praxis (Kurse, Anleitung) erlernt werden.

Grundsätze

Es gelten folgende Prinzipien und allgemeine Grundsätze:
Der Patient muss über die geplante Maßnahme und die Vorgehensweise informiert sein. Vor dem Transfer sollte ihm der Stuhl gezeigt werden, in den er mobilisiert werden soll. Es ist günstig, wenn der Patient die Sitzfläche des Stuhles mit der Hand ertasten kann. **In gelähmten Bereichen benötigt der Patient Unterstützung; wo er beweglich ist, braucht er Freiraum.** Die Hilfsperson sollte auf ihre eigene Lage, Körperspannung und Bewegungen achten; sie übertragen sich auf den Patienten.
Eine günstige Voraussetzung für den Transfer des Patienten ist die gleiche Höhe der beiden Sitzflächen (Matratze und Stuhl). Befinden sich Bettkante und Sitzfläche nebeneinander, ist es möglich, sich umzusetzen, ohne ganz aufzustehen; siehe Kap. 19.8.5, S. 314 »Transfer über den Stand«.

Empfehlung: Bei der Mobilisation kann ein breiter, niedriger Fußschemel als Hilfsmittel eingesetzt werden. Er ist vielseitig verwendbar und benötigt wenig Platz. Er kann als Fußstütze verwendet werden, wenn der Pflegebedürftige vorübergehend an der Bettkante sitzt, dient als Fußstützenersatz für den Rollstuhl oder den Toilettenstuhl und kann zum Ausgleich von Höhenunterschieden dienlich sein. Beim Transfer gleicht er Größenunterschiede zwischen der Pflegeperson und dem Patienten aus.
Geeignet sind stabile, standfeste Schemel mit rutschfester Metalloberfläche (30 x 50 cm groß und 5 bis 10 cm hoch), die leicht zu reinigen und desinfizierbar sind.

Der Größenunterschied zwischen der Hilfsperson und dem Patienten spielt bei der Mobilisation eine erhebliche Rolle. U. U. müssen zwei Pflegepersonen beim selben Patient verschiedene Techniken anwenden.

19.8.1 Transfer mit dem Rollbrett

Das Rollbrett wird verwendet, wenn der Patient schonend und schnell von einer Liegefläche zur anderen umgelagert werden soll (z. B. von der Transportliege in das Bett, vom Bett auf den Röntgentisch usw.)

Vorbereitung:

Vorbereitende Maßnahmen

- Beide Liegeflächen direkt nebeneinander platzieren und Bremsen feststellen.
- Den Patienten seitlich drehen und das Rollbrett etwas unter den Körper schieben. Das Rollbrett befindet sich auf der Seite des zweiten Bettes bzw. der Liege, auf welche der Patient gelagert werden soll.

Abb. 120: Transfer mit dem Rollbrett

Ausführung:

Durchführung

- Patienten in Rückenlage Schritt für Schritt auf dem Rollbrett lagern: zuerst die Füße, dann das Becken, dann den Brustkorb mit verschränkten Armen.
- Durch seitliches Verschieben wird der Patient Richtung Liege/Bett bewegt.

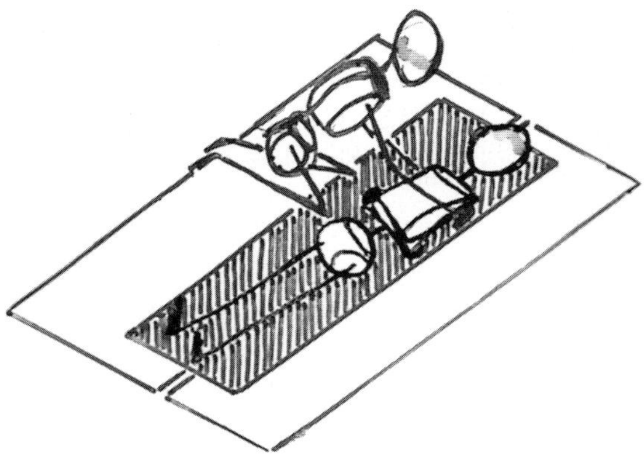

Abb. 121: Transfer mit dem Rollbrett

19.8.2 Tiefer Transfer

Der tiefe Transfer eignet sich zum Übersetzen des Patienten von der Bettkante in einen Stuhl bzw. von einem Stuhl in den anderen. Die Seitenlehne des Stuhls muss bei den tiefen Transfers entfernt werden.
Der Patient steht nicht auf, beugt sich aber nach vorne und hebt sein Gesäß von einer Sitzfläche zur anderen. Dieser Transfer gelingt fast immer und ist ideal, wenn der Patient noch nicht sicher auf dem betroffenen Bein stehen kann. Es handelt sich um eine sichere Methode, die von einer oder zwei Pflegepersonen durchgeführt werden kann.

Vorbereitung:

- Patienten in die richtige Sitzposition bringen. Beim Übersetzen nach links befindet sich die linke Gesäßhälfte an der vorderen Bett-/Stuhlkante, beim Transfer nach rechts ist die rechte Gesäßhälfte vorn.
- Die Beine des Patienten werden so angewinkelt, dass die Knie etwas über 90° gebeugt sind.

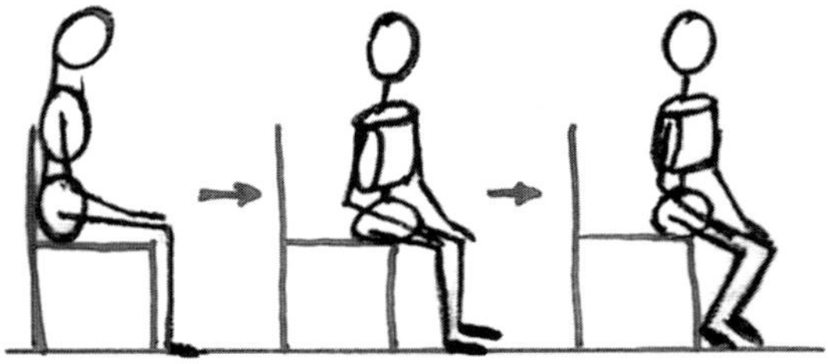

Abb. 122: Sitzposition vor dem tiefen Transfer

Ausführung:

- Das gelähmte Bein wird im Bereich des Kniegelenks abgestützt, dass es nicht nach vorne wegrutscht.
- Der Patient neigt den Oberkörper soweit vornüber, bis sich das Gesäß von der Sitzfläche abhebt.
- Das Gesäß wird von einer Sitzfläche zur anderen geführt. Die Pflegeperson unterstützt den Patienten, indem sie vor ihm steht, ihn von vorne umgreift und das Gesäß fasst. Sie **vollzieht gemeinsam mit dem Patienten die Drehbewegung** in den bereitgestellten Stuhl und setzt ihn auf der Sitzfläche ab. Es ist günstig, in mehreren Etappen vorzugehen, um die Füße nachstellen zu können und dem Patienten die Gelegenheit zum Mitmachen zu ermöglichen.

Unterstützung durch die Pflegeperson

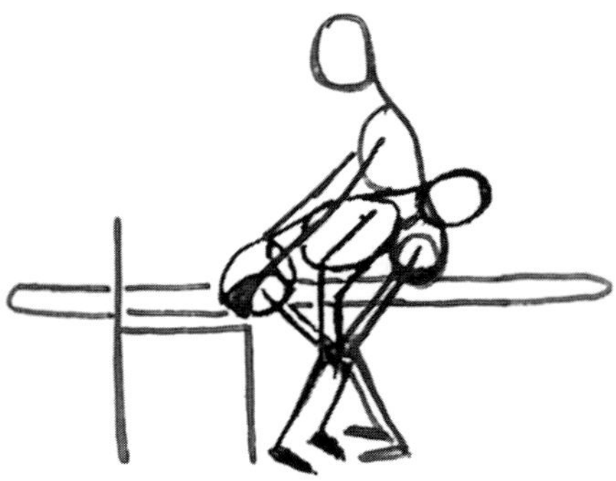

Abb. 123: Durchführung des tiefen Transfers

Ist eine zweite Pflegeperson anwesend, kann diese den Patienten vom Rücken her unterstützen. Sie umfasst das Becken des Pflegebedürftigen und führt es. Die andere Pflegeperson stützt den Patienten von vorne. Diese Technik ist u. a. dann von Vorteil, wenn der Höhenunterschied zwischen den Sitzflächen groß ist.

Abb. 124: Unterstützung des tiefen Transfers durch eine zweite Pflegeperson

Übergewichtige und inkontinente Patienten

Bei übergewichtigen Personen ist es ratsam, beim Transfer eine **stützende Unterlage,** z. B. Safetex® zu verwenden. Auch inkontinente Patienten sollten mit einer **Schutzunterlage** umgesetzt werden. Die Unterlage muss vor dem Aufsitzen am Bettrand positioniert werden.

Abb. 125: Transfer mit Schutzunterlage

19.8.3 Oberschenkeltransfer

Transfertechnik aus der Kinästhetik

Es handelt sich um eine Transfertechnik, die aus der Kinästhetik® kommt. Das Übersetzen wird nach dem gleichen Prinzip wie der tiefe Transfer ausgeführt. Die Methode ist sehr sicher und eignet sich besonders für **schwierige Transfersituationen.** Der Nachteil besteht darin, dass die betroffene Seite nicht gefördert wird. Das gelähmte Bein wird entlastet.
Die Vorbereitung entspricht der beim tiefen Transfer.

Ausführung:

- Die Pflegeperson setzt sich neben den Patienten (gelähmte Körperseite) auf die Bettkante. Die Füße der Pflegeperson sollten guten Bodenkontakt haben (Bett maximal ablassen oder Schemel verwenden).

- Die Pflegeperson legt den gelähmten Oberschenkel des Patienten auf den eigenen Oberschenkel. Das gesunde Bein des Patienten sollte sicher auf dem Boden stehen.
- Der gelähmte Arm des Patienten wird quer auf seinem Bauch gelagert, das Handgelenk gefasst.
- Der Patient beugt sich über den eigenen Oberschenkel vornüber, bis sich das Gesäß anhebt. Die Pflegekraft führt den Kranken Richtung Stuhl. Der Patient stellt sich auf das gesunde Bein, vollzieht die Drehbewegung des Rumpfes nach und stützt sich mit der gesunden Hand seitlich an der Sitzfläche des Stuhles ab.

Abb. 126: Oberschenkeltransfer

- Die Unterstützung durch eine zweite Pflegeperson kann ähnlich dem tiefen Transfer erfolgen.

19.8.4 Übersetzen mit dem Rutschbrett

Anwendungsbereich

Das Rutschbrett eignet sich v. a. zur **Mobilisation des Patienten aus dem Bett in den Rollstuhl.** Es wird meist zur Mobilisation von Pflegebedürftigen mit **stärkeren Bewegungseinschränkungen** eingesetzt, z. B. bei Perso-

Abb. 127: Übersetzen mit dem Rutschbrett

nen mit **begrenzter Hüftbeugung** (mit TEP, Schmerzen o. Ä.), die sich nicht mit dem Oberkörper vornüberbeugen und schlecht stehen können.
Bei diesem Transfer steht der Stuhl parallel zum und direkt am Bett. Die innere Armlehne des Stuhles muss entfernt werden. Die Sitzflächen müssen etwa auf gleicher Höhe sein. Das Rutschbrett wird unter die dem Stuhl zugewandte Gesäßhälfte geschoben. Die Pflegeperson steht gleich wie beim tiefen Transfer und lässt den Patienten schrittweise über das Bett rutschen.

19.8.5 Transfer über den Stand

Geeignete Personengruppe

Dieser Transfer ist nur für Patienten geeignet, die auf ihrem gelähmten Bein relativ **sicher stehen** und **einige Schritte gehen** können. Der Patient muss in der Lage sein, das Körpergewicht auf einer Seite zu halten, um einen Schritt mit dem Bein der gegenüberliegenden Seite machen zu können. Bei ausgeprägten Lähmungen ist es eine schwierige Technik, die selten korrekt ausgeführt wird.
In diesem Fall sollte ein anderer Transfer (s. o./s. u.) bevorzugt werden.

19.8.6 Transfer durch Auswechseln des Stuhles

Methode zur Mobilisation über den Stand ohne Schritte. Der Patient steht mit Unterstützung einer Pflegeperson auf der gelähmten Körperseite auf. Eine zweite Pflegekraft stellt einen Stuhl hinter den Pflegebedürftigen bzw. wechselt den Stuhl aus (z. B. Toilettenstuhl gegen Rollstuhl o. A.)

Beachte:
- Knie und Becken der gelähmten Seite müssen besonders kontrolliert werden.
- Der gelähmte Arm sollte – falls erforderlich – vorsichtig bewegt werden.

Der Patient setzt sich langsam mit Unterstützung der Pflegeperson in den bereitgestellten Stuhl.

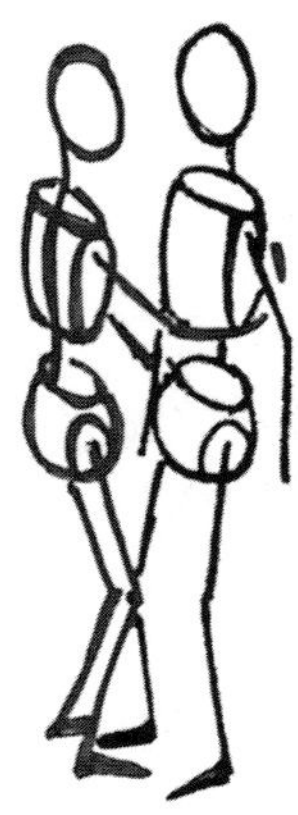

Abb. 128: Transfer durch Auswechseln des Stuhls

19.8.7 Mögliche Probleme beim sitzenden Patienten

Problem: Der Patient ist im Stuhl nach unten gerutscht.
Die Sitzposition muss korrigiert werden. Die Pflegeperson steht hinter dem Stuhl, fasst den Patienten im Bereich des Trochanter und zieht ihn zu sich (nach hinten oben). Eine andere Möglichkeit besteht darin, den Patienten wie beim tiefen Transfer zu mobilisieren und ihn richtig in den Stuhl zu setzen.
Um ein wiederholtes Abrutschen zu verhindern, kann folgende Maßnahme ergriffen werden:

Aufrechte Sitzposition (Abstützen des Rückens) durch Einbringen eines Keilkissens. Das schmale Kissenende befindet sich im Lendenbereich, das breite im Bereich des Brustkorbs.

Abb. 129: Korrektur der Sitzposition

Abb. 130: Korrektur der Sitzposition

Abb. 131: Aufrechte Sitzposition durch Einbringen eines Keilkissens

Problem: Der Patient kollabiert im Rollstuhl.
Ruhe bewahren, den Rollstuhl kippen, Situation einschätzen und Transfer ins Bett vorbereiten.

Abb. 132: Kippen des Rollstuhls bei Kollaps des Patienten

19.9 Notfallsituationen

19.9.1 Notfalltransfer

Rautek-Griff

Im Notfall ist es am günstigsten, den **Rautek-Griff** anzuwenden, um den Patienten rasch ins Bett oder auf eine Liege zu transferieren.
Der Helfer umgreift den Oberkörper des Patienten von hinten. Die Unterarme des Patienten befinden sich quer vor dem Brustkorb. Die Pflegeperson fasst die Handgelenke so, dass ihre Daumen Richtung Körper weisen. Der gelähmte Arm muss besonders gesichert werden (seitliches Wegrutschen des Armes durch festes Umfassen verhindern), um Schulterverletzungen vorzubeugen.

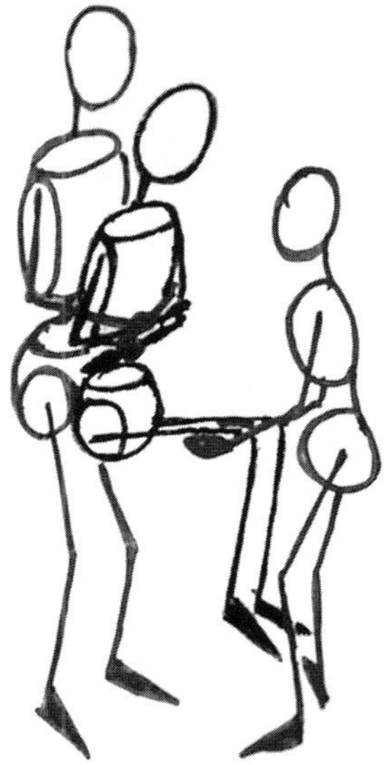

Abb. 133: Notfalltransfer

19.9.2 Pusher-Symptomatik

> **Definition:** Abgeleitet vom Englischen: »to push«: schieben, drücken. Manche Patienten drücken oder schieben ihren Körper aus einer normalen Position heraus und fallen zur gelähmten Seite. Sie haben Angst, die gesunde Körperseite zu belasten, obgleich sie auf der gelähmten Seite keinen Halt finden.

Patienten, die pushen, haben den Eindruck, schräg zu liegen bzw. schief zu sitzen oder zu stehen, wenn sie sich in gerader oder aufrechter Position befinden. Sie sind stets versucht, ihre Lage durch seitliches Wegdrücken zu verändern. Manche Betroffene sind in der Lage, ihre Position auf Anfrage richtig zu beschreiben und sie auf Anforderung willkürlich zu ändern. Das Pushen verstärkt sich in Stresssituationen, bei weicher Unterlage (unsicheres Liegen, Sitzen oder Stehen) und in erhöhter Position (im Stehen ist das Pushen ausgeprägter als im Liegen).
Die Ursache des Pushens ist nicht gänzlich geklärt.

Versorgung des Patienten

Vorgehensweise bei der Versorgung pushender Patienten, **wenn herkömmliches Handling nicht durchführbar ist:**

- Langsame Bewegungen, Stress vermeiden.
- Patienten über die nicht betroffene Seite mobilisieren.
- Pflegebedürftigen in Seitenlage (gesunde Körperseite) bringen. Der Patient sollte Zeit haben, sich an die Seitenlage zu gewöhnen. Knie- und Hüftgelenke gut anwinkeln. Patienten über die Seite aufsetzen.

Abb. 134a: Pusher-Symptomatik

- Im Sitzen und im Stand Orientierungshilfen auf der nicht betroffenen Seite anbieten, den Patienten verbal darauf aufmerksam machen, dass er sich dorthin bewegen soll.
- Beim Sitzen an der Bettkante kann eine Kiste auf die nicht betroffene Seite gestellt werden. Der Patient legt Ellbogen und Unterarm darauf ab. Mit dieser Hilfe sitzt er meistens gerade.

Abb. 134b: Abstützen des pushenden Patienten

- Wenn alle aktiven Transferversuche misslingen, wird der Patient gebeten, überhaupt nicht mitzuhelfen. Er kann dann passiv übergesetzt werden (z. B. mittels Oberschenkeltransfer mit beiden Patientenbeinen auf dem Oberschenkel).

19.10 Zusammenfassung

Es gibt zahlreiche Methoden zur Lagerung und zum Transfer des Schlaganfall-Patienten. Viele Transfertechniken, die zur Mobilisation bewegungseingeschränkter Patienten auf herkömmlichen Pflegestationen angewendet werden, können bei Halbseitengelähmten angepasst eingesetzt werden.
Treten Schwierigkeiten bei Lagerung und Mobilisation auf, ist ein Austausch und die Beratung zwischen Pflegepersonal und Physiotherapeuten notwendig und wichtig. Häufig führen schon geringe Änderungen in der Vorgehensweise zum erwünschten Ziel. Bei jeder Maßnahme ist die Beobachtung des Patienten und seiner Reaktion wichtig. Ggf. muss die Vorgehensweise angepasst werden.
Bei Unsicherheiten oder vermeintlichen Widersprüchen bei der Durchführung ist die Rücksprache mit dem Therapeuten und ein gegenseitiger Austausch (Pflegende – Physiotherapeuten) sinnvoll, um ein gemeinsames und zielgerichtetes Konzept zu verfolgen.
Der Größenunterschied zwischen der Hilfsperson und dem Patienten spielt bei der Mobilisation eine erhebliche Rolle. Unter Umständen müssen zwei Pflegepersonen beim gleichen Patienten verschiedene Techniken anwenden.

Abb. 135: Mobilisation des Patienten durch Anwenden der geeigneten Technik

I. d. R. kann ein Großteil der Schlaganfall-Patienten durch Anwendung einer geeigneten Technik mit geringem Kraftaufwand mobilisiert werden. Die nötige Kompetenz erwerben Pflegekräfte durch Fortbildung und praktische Anleitung. Durch wiederholte Übung werden die erworbenen Kenntnisse gefestigt. Bei der Häufigkeit der Umlagerungen und Transfers im Stationsalltag ist praktisches Wissen unabdingbar. Fundierte Kenntnisse gewährleisten die Effizienz der Pflegemaßnahmen und sichern den reibungslosen Stationsablauf. Sie dienen nicht zuletzt dem Wohl der Patienten und sind für die Gesundheit der Pflegenden förderlich, da sie die Gefahr von Wirbelsäulenschäden durch unphysiologische Belastung beim Umlagern, Stützen und Mobilisieren der Patienten reduzieren.

20 Literaturverzeichnis

Affolter, F.: Wahrnehmung, Wirklichkeit und Sprache. Neckar-Verlag 2001.

Allardt, A.; Zunker, P.; Deuschl, G.: Primär- und Sekundärbehandlung des ischämischen zerebralen Insultes. Steinkopff-Verlag 1997.

Allgeier, M.: Anästhesie und Intensivpflege in Theorie und Praxis. Gustav Fischer 1995.

Ambu: Bedienungsanleitung Ambu Beatmungsbeutel Mark III, Ambu International A/S 10/1997.

Bastigkeit, M.: Medikamente in der Notfallmedizin, 2. Aufl., Edewecht, Stumpf & Kossendey mbH 1993.

Birkenfeld, R.: Überwachung und Pflege des beatmeten Patienten. Gustav Fischer 1988.

Bobath, Berta: Die Hemiplegie Erwachsener. Thieme 1998.

Boenninghaus, H.: Hals-Nasen-Ohrenheilkunde, 9. Auflage, Springer Verlag 1993.

Bone, H.; Marquardt, U.: Pulsoxymetrie – Eine Übersicht für Anwender, in: mt-Medizintechnik 04/99.

Boonen, A.; Heindl-Mack, J.: Pflege in der Intensivmedizin. Thieme Verlag 1996.

Codman: Codman Drainage-Systeme Gebrauchsanweisung. USA: Johnson & Johnson Professional, 04/1998.

Danz, H.; Hoffmann, Ch.: Pflege von Patienten, in: Intensiv 06/98.

Deutsche Liga zur Bekämpfung des hohen Blutdruckes e. V.: Empfehlungen zur Selbstmessung des Blutdrucks 1998.

Dirks, B.: Pharmaka in der Intensiv- und Notfallmedizin. Springer Verlag 1995.

Duus, P.: Neurologisch-topische Diagnostik, 4. überarb. Auflage, Thieme Verlag 1987.

Eckert, S.: Die Blutdruckmessung im Wandel der Zeit, in: Deutsche Hochdruckliga 02/99.

Feneis, H.: Anatomisches Bildwörterbuch, 5. überarb. u. erw. Aufl., Thieme Verlag 1982.

Fleischer, K.: Hals-Nasen-Ohren-Heilkunde für Krankenpflegeberufe, 6. überarb. Aufl., Thieme Verlag 1994.

Geisseler, T.: Halbseitenlähmung: Hilfe zur Selbsthilfe. Springer Verlag 1999.

Gilly, H.; Fitzal, S.: Prinzip und Praxis der invasiven arteriellen Druckmessung, in: Anaesthesist/95.

Gorgaß, B.; Ahnefeld, F.; Rossi, R.: Rettungsassistent und Rettungssanitäter, 5. überarb. u. erw. Auflage, Springer Verlag 1998.

Hatch, F.; Maietta, L.; Schmitt, S.: Kinästhetik. Interaktion durch Berührung und Bewegung in der Pflege. DBfK-Verlag 1996.

Hewlett-Packard: Anleitung zur physiologischen Drucküberwachung für invasives Monitoring.

Hewlett-Packard: Gebrauchsanweisung Patientenmonitor (HP CMS), 9. Auflage, Band 2, 12/1995.

Isermann, H./Bonse, M.: Neurologie und neurologische Pflege, 7. Auflage, Kohlhammer Verlag 2001.

Juchli, L.: Pflege, 8. überarb. Auflage, Thieme Verlag 1997.
Klein-Tarolli, E., Müller P.: Unterstützung der Bewegung anstelle schematischer Lagerungen © bei den Autoren 1999. E. Klein-Tarolli, Bitziusstr. 43, CH-3006 Bern.
Kretz, F.: Intensivmedizin für Pflegeberufe, 3. Auflage, Thieme Verlag 1994.
Kroczek, G.: Krankengymnastik in einer Stroke Unit, in: Krankengymnastik 02/99, S. 229–236.
De Lange, J.: Die Signalübertragung bei invasiver Blutdruckmessung 1989.
Larsen, R.: Anästhesie und Intensivmedizin, 2. überarb. u. erw. Auflage, Springer Verlag 1987.
Latasch, L; Ruck, K.; Seiz, W.: Anästhesie-Intensivmedizin-Intensivpflege, Urban & Fischer 1999.
Leimer, H.; Peinbauer, Ch.; Sigl, R.; Neuhauser, D.; Mandl, M.: Standards der Intensivpflege. Springer Verlag 1998.
Lexikon Medizin. Urban & Schwarzenberg 1997.
Masuhr, K.; Neumann, M.: Neurologie, 3. überarb. u. erw. Auflage, Hippokrates Verlag 1996.
McGuire, G.: Pflegeprobleme Intensivmedizin. Springer Verlag 1994.
Morgalla, M.; Fisch, J.: Die externe Ventrikeldrainage, in: Die Schwester/Der Pfleger 07/99. Bibliomed-Verlag.
Prosiegel, M.; Michael, C.: Neuropsychologische Störungen und ihre Rehabilitation. Pflaum-Verlag 2002.
Pschyrembel Klinisches Wörterbuch, 256. Auflage, de Gruyter 1990.
Rüsch: Gebrauchsanleitung, Tracheoflex. Stuttgart: Henkeldruck.
Sacks, Oliver: Der Mann, der seine Frau mit einem Hut verwechselte. Rowohlt-Verlag 1987.
Sacks, Oliver: Der Tag, an dem mein Bein fortging. Rowohlt-Verlag 1989.
Scherer, R.; Schöngart, C.: Anästhesie und Intensivmedizin, 3. Auflage, Bibliomed 1989.
Schmitz-Eggen, L.: Die Möglichkeiten der Pulsoxymetrie, Rettungs-Magazin Sept./Okt. 1999.
Schäffler, A.; Menche, N.; Bazlen, U.; Kommerell, T.: Pflege Heute, Gustav Fischer Verlag 1998.
Schwab, S.: Moderate Hypothermie zur Behandlung des malignen Mediainfarktes, in: Nervenarzt 06/99. Springer Verlag.
Sielbernagl, S.; Despopoulos, A.: Taschenatlas der Physiologie, 2. überarb. u. erw. Auflage, Georg Thieme Verlag 1983.
Siemens: Gebrauchsanweisung SC 7000, Siemens AG 1998.
SMT: Hilfsmittelbroschüre für Tracheotomierte, Ausgabe 07/97.
Stiftung Deutsche Schlaganfall-Hilfe: Broschüre Schlaganfall 1998.
Stöhr, M.; Brandt, T.; Einhäupl, K.: Neurologische Syndrome in der Intensivmedizin, 2. Auflage, Kohlhammer Verlag 1998.
Thomé, U.: Neurochirurgische und Neurologische Pflege. Springer Verlag 1997.
Urbas, L.: Pflege eines Menschen mit Hemiplegie nach dem Bobath-Konzept. Thieme Verlag 1996.
Vereinigung der Bobath-Therapeuten Deutschlands e. V. München (Hrsg.): Zum Gedenken an Dr. h.c. Berta Bobath und Dr. med. Karel Bobath. 1991.
Weihrauch, T. R.: Internistische Therapie, 11. Auflage, Urban & Schwarzenberg 1996.
Winter, R.: Kompass Neurologie. Thieme Verlag 1997.
Wolffers, I.: Kursbuch Medikamente, 2. Auflage, Byblos Verlag 1996.
Zoll: Gebrauchsanweisung Defibrillator 1994.

21 Quellennachweise der Abbildungen

[1] Isermann, H./Bonse, M. (2001): Neurologie und neurologische Pflege, 7. Auflage, Kohlhammer Verlag Stuttgart

[2] Mielke, R./Hufnagl, J. M./Hacke, W. (1996): Von zerebralen Durchblutungsstörungen zur vaskulären Demenz. Reihe Psychiatrie/Neurologie. Aktuelles Wissen Höchst Marion Roussel 1996

[3] Schwartz, A. (1996): Neurologie systematisch. UNI-MED Verlag Bremen

[4] Stöhr, M./Brandt, Th./Einhäupl, K. M. (Hrsg.) (1998): Neurologische Syndrome in der Intensivmedizin, 2. Auflage, Kohlhammer Verlag Stuttgart

[5] Deschka, M. (2000): EKG-Monitoring. Kohlhammer Verlag Stuttgart

[6] Mit freundlicher Genehmigung der Deutschen Hochdruckliga, Heidelberg, Berliner Straße 46, 69120 Heidelberg (www.hochdruckliga.de)

[7] modifiziert nach Mumenthaler, M. (1986): Neurologie, 8. Auflage. Georg Thieme Verlag Stuttgart

[8] Knoll Therapiekonzept Parkinson: Sprechübungen. Aus: Morbus Parkinson - Das Handbuch. Deutsche Parkinson Vereinigung e.V. (dPV)

[9] Hilfsmittel für die häusliche Pflege, den Alltag und die Rehabilitation (1998). Mit freundlicher Genehmigung der Fa. Ortopedia GmbH, Kiel

[10] Mit freundlicher Genehmigung der Fa. Oriplast GmbH, Neunkirchen

[11] Beck, Ch. (1989): Hals-, Nasen-, Ohrenkrankheiten, 5. Auflage. Kohlhammer Verlag Stuttgart

[12] Mit freundlicher Genehmigung der Fa. Siemens, Deutschland

[13] Anleitung zur physiologischen Drucküberwachung. Mit freundlicher Genehmigung der Fa. Hewlett Packard, Deutschland

[14] Mit freundlicher Genehmigung der Fa. VBM Medizintechnik GmbH, Sulz am Neckar

[15] Mit freundlicher Genehmigung der Fa. W. Rüsch, Deutschland

[16] Mit freundlicher Genehmigung der Fa. Servox, Köln

[17] von der Mosel, H. A. (1992): Medizintechnik für Pflegekräfte. Bibiomed Verlag Melsungen

[18] Gorgaß/Ahnefeld/Rossi (1998): Rettungsassistent und Rettungssanitäter, 5. Auflage, Springer Verlag Heidelberg

[19] Brandt, Th./Wirtz, S. (2002): Erste Hilfe im Einsatzdienst. Rotes Heft 19. Kohlhammer Verlag Stuttgart

22 Stichwortverzeichnis

D

E

F

G

H

I

Q

R

S

T

U

V

W

Z